Anna Langheiter

Trainingsdesign

Wie Sie gut durchdachte, lebendige und passgenaue Weiterbildungskonzepte entwickeln

managerSeminare Verlags GmbH – Edition Training aktuell

Anna Langheiter
Trainingsdesign
Wie Sie gut durchdachte, lebendige und passgenaue
Weiterbildungskonzepte entwickeln

3. Aufl. 2022
Endenicher Str. 41, D-53115 Bonn
Tel: 0228-977910, Fax: 0228-9779199
info@managerseminare.de
www.managerseminare.de/shop

Printed in Germany

ISBN: 978-3-95891-043-0

Herausgeber der Edition Training aktuell:
Ralf Muskatewitz, Jürgen Graf, Nicole Bußmann

Lektorat: Vera Sleeking
Grafiken: Martina Lauterjung
Cover: Martina Lauterjung
Druck: Eberl & Kœsel GmbH und Co. KG, Krugzell

Inhalt

Prolog 5
Vorwort von Ina Weinbauer-Heidel 7
Trainingsdesign – Eine Definition 9
In diesem Buch 11

1. Kapitel: Was braucht es für ein gutes Trainingsdesign? 13
Grundprinzipien 15
Lernfaktoren 24
Der Gesamtprozess – ein Überblick 29
Was Trainingsdesigner können müssen 33

2. Kapitel: Der Designprozess 35
Eine Trainingsbedarfsanalyse erstellen 39
Inhalte erarbeiten 61
Training designen 80
Pilottraining durchführen 104

3. Kapitel: Der Trainingsprozess 111
Der Navigator – das Planungstool für Trainingsdesigner 116
Fokus 124
Information 141
Erfahrung 169
Transfer 186
Training und Tag beginnen 197
Recaps 213
Energiser 223
Tag und Training beenden 235

4. Kapitel: Der Transferprozess **243**

Was steckt hinter erfolgreichem Transfer? 247

Drei Phasen des Transferprozesses 258

Toolbox – Transfer 264

5. Kapitel: Der Evaluierungsprozess **293**

Grundlagen des Evaluierungsprozesses 296

Das Evaluationsmodell nach Donald Kirkpatrick 304

Toolbox – Evaluierung 310

6. Kapitel: Trainingsdesign in der Praxis **319**

Fallbeispiel „Prozessverbesserung Light“ 322

Trainingsdesignprozess Advanced 332

Danke! 343

Literatur 344

Stichwortverzeichnis 348

Für David und Jacob

Prolog

Eines Morgens saß mir beim Frühstück mein Coach gegenüber und fragte: *„Anna, wie heißt dein Buch zum Thema Trainingsdesign?"* Ich sah ihn verblüfft an. Und er ergänzte: *„Deine Augen leuchten immer, wenn du über Trainingsdesign sprichst."*

Ich hatte zu dem Zeitpunkt Trainings für internationale Trainingsprojekte analysiert, konzipiert und mit internen Trainern* erfolgreich weltweit ausgerollt. Und dennoch hatte mir die Idee gefehlt, Trainingsdesign offiziell zum Kern meines Arbeitens zu machen. Diese Frage des Coachs – das war der Beginn meiner Reise in das Land des Trainingsdesigns. Was ist es für mich, warum liebe ich es so sehr? Wo ist der Witz, der Charme, das Handwerk und die Kunst?

Bis zum Buch brauchte es dann viele Schritte. Zuerst war da die Begriffsdefinition, dann ein Messeauftritt zum Thema Trainingsdesign und dann die Entwicklung der „Weiterbildung zum Trainingsdesigner". Es war eine Entdeckungsreise, denn mit meiner Erfahrung tat ich sehr vieles intuitiv in logischer Weise. Und jetzt war ich gefragt, mein Wissen zu ordnen, zu strukturieren und in eine gute Trainingslogik zu bringen. Dazu kam eine intensive Recherche vor allem in der englischsprachigen Literatur, mit der ich mich oft so viel leichter tue.

Während ich ein Training für angehende Trainingsdesigner entwickelte, merkte ich, dass die Teilnehmenden permanent in zwei Rollen gleichzeitig sein würden: erstens in der Rolle des Teilnehmers, der mittendrin steckt und etwas Neues lernt und ausprobiert und zweitens in der Rolle des Trainingsdesigners, der aus einer Metaebene draufschaut, was da gerade passiert.

* Selbstverständlich sind in diesem Buch Frauen und Männer gleichermaßen angesprochen, und doch verwende ich der Einfachheit halber die männliche Form. Aus purer Lust an der Lesbarkeit!

Um diesen Wechsel im Training sichtbar zu machen, suchte ich eine Metapher, die ich in Form eines Ballons bzw. einer Ballonfahrt fand. Ist der Ballon auf der Erde, sind die Teilnehmenden mitten im Geschehen. Dann steigt er wieder auf und wir betrachten die Dinge – das Design und die Überlegungen dahinter – aus der Metaebene. Und so kommt es, dass im Buch immer wieder ein **Ballon** zu sehen sein wird. Dann nämlich, wenn es gilt die Sicht des Trainingsdesigners im Besonderen zu beachten.

In den Trainings erlebte ich dann, wie meine Ideen auch bei gestandenen Trainern mit viel Konzeptionserfahrung auf fruchtbaren Boden fielen.

Ganz wichtig ist mir die Perspektive, dass neben den Teilnehmenden und der Organisation das Design eines Trainings eine gleich wichtige Rolle einnimmt und ich bin froh, wenn das immer öfter wahrgenommen wird.

Dieses Buch ist die Summe der Erfahrungen meiner Teilnehmenden in der Weiterbildung sowie meine eigene Trainings- und Trainingsdesignerfahrung. Es ist für interne und externe Trainer, Fachexperten, die interne Trainings durchführen und Personalentwickler gleichermaßen gedacht.

Ich habe ganz bewusst immer die Rolle des Trainingsdesigners eingenommen, also der Person, die Trainings entwickelt und nicht die der Person, die diese trainiert. Manche der Geschichten aus dem echten Leben schildere ich allerdings aus beiden Sichten: der der Designerin und der der Trainerin, da ich beide Rollen eingenommen habe und immer wieder einnehme.

Viel Vergnügen beim Abnicken von Bekanntem, Entdecken von Neuem, bei echten Ahas, beim Malen und Kritzeln von Anmerkungen und Anreicherungen, beim Lustbekommen, etwas gleich auszuprobieren und beim Sickernlassen, was diese Information denn jetzt für Auswirkungen hat.

Willkommen in der Welt des Trainingsdesigns!

Vorwort von Ina Weinbauer-Heidel

Stellen Sie sich vor, Sie sind Sternekoch. Sie waren morgens auf dem besten Markt in Ihrer Nähe, haben dort nur die feinsten Zutaten ausgesucht, um am Abend ein verblüffend wunderbares Menü zu kochen. Das sind die besten Voraussetzungen, oder? Aber in dem Moment, wo es so weit ist, sind Sie unsicher, was Sie in welcher Reihenfolge mischen, was zuerst in den Topf kommt und ob Sie Muskatnuss nun in die Soße geben oder besser schon zum Würzen des Fleisches verwenden. Ihnen als Sternekoch ist klar – erst die optimale Zubereitung und Komposition macht aus den feinen Zutaten einen vollendeten Gaumenschmaus.

Trainer haben die feinsten, hoch spannenden Inhalte und bewährte Methoden. Und doch bleibt – wie bei Sternenköchen – häufig die Frage der optimalen Komposition: ein Trainingsdesign, das sicherstellt, dass die Teilnehmenden begeistert sind und darüber hinaus auch noch gezielt dafür sorgt, dass sie das Gelernte in ihrem Alltag auch anwenden. Genau das hat Anna Langheiter zu ihrem Lebens- sowie zu diesem Buchthema gemacht hat: wirksames Trainingsdesign.

Es gibt einen riesigen Markt für die unterschiedlichsten Trainerkompetenzen. Wie agiere ich mit der Gruppe? Wie gestalte ich ein Flipchart? Wie erstelle ich eine tolle Präsentation? Diese Komponenten gehören alle zu einem guten Trainer, aber das ist nur ein Teil des Handwerks. Für einen Trainingsdesigner reicht es nicht, dass die Teilnehmenden nur begeistert sind. Für ihn ist es erst ein gelungenes Training, wenn der Inhalt auf Wirksamkeit trifft.

Selbst aus der Transferforschung kommend, weiß ich, welchen entscheidenden Stellenwert das Trainingsdesign in puncto Wirksamkeit hat und wie sehr Trainer durch den Einsatz forschungsbasierter, transferfördernder Tools und Maßnahmen Veränderung erzielen und sich vom Mitbewerb abheben können.

Anna Langheiter verpackt entscheidende Ergebnisse der Transferforschung und andere trainingsrelevante Erkenntnisse in ihr großes Konzept des Trainingsdesigns und macht es zu einer pragmatischen Methode, die State of the Art ist. Davon konnte ich mich als Teilnehmerin ihrer Weiterbildung zum Trainingsdesigner selbst überzeugen.

Bemerkenswert ist darüber hinaus Annas Fähigkeit, in ihren Trainings stets ihre Teilnehmer in den Fokus zu nehmen, statt ihr immenses Wissen auszustellen. Sie geht selbst immer wieder in die Selbstreflexion und schaut genauer hin. Diese analytisch-strukturierte und gleichzeitig ewig-hungrige Anna Langheiter schenkt ihren Teilnehmern mit dieser Weiterbildung ein Feuerwerk an Ideen.

Mit diesem aus der Weiterbildung entstandenen Buch schließt die Autorin eine Lücke, die eine Bewegung in der Trainerszene auslösen wird. Für einen Trainer mit Wirksamkeitsanspruch ist es eben nicht nur ausschlaggebend, dass er seine Inhalte gut kennt und Experte in seinem Fachbereich ist. Ihm geht es auch darum, die Inhalte auf geniale Art zusammenzumischen und dabei stets den Fokus auf das zu legen, was am Ende dabei herauskommen soll. Für mich leistet dieses Buch den entscheidenden Beitrag, um die Weiterbildungsbranche eine Stufe höher zu heben.

Trainingsdesign – Eine Definition

Wenn das Budget in Unternehmen knapp wird, gibt es zwei Bereiche, bei denen sofort gespart wird: bei den Reisekosten und beim Training*. Das ist beim Thema Training so zu erklären, als nur selten der Eindruck entsteht, dass Training wirklich einen Mehrwert hat. Einer der führenden Experten im Bereich Wirksamkeit und Evaluierung, Professor Robert O. Brinkerhoff, benennt den Grund für diesen Eindruck (Weinbauer-Heidel, 2016):

- Circa fünfzehn Prozent der Teilnehmer wenden das Gelernte erfolgreich an,
- siebzig Prozent probieren es aus, lassen es aber wieder sein
- und ungefähr fünfzehn Prozent probieren erst gar nicht, das Gelernte anzuwenden.

Ob Trainings wirken, für Unternehmen nachhaltig sind und einen echten Mehrwert bieten, darüber entscheidet maßgeblich ihr Design.

„Trainingsdesign ist der Prozess, prägnante Lernerfahrungen zu gestalten, die den Lernenden befähigen, das gewünschte Ziel zu erreichen."

- ***„Trainingsdesign ist der Prozess ..."***
  Trainingsdesign ist ein Prozess und beinhaltet eine systematische Planung, Entwicklung und Evaluierung von Lernumgebungen und Lernmaterialien.

* Die Begriffe Training und Seminar werden in diesem Buch gleichwertig verwendet. Beide haben das Ziel, bestimmte Inhalte zu schulen und das Gelernte im Unternehmen anzuwenden. Ein Workshop ist ergebnisoffen: Hier wird der Ablauf geplant, die Inhalte sind jedoch von den Teilnehmern und deren Themen abhängig. Unter Workshop fällt unter anderem auch ein Meeting und/oder ein Teambuilding.

- ***„... prägnante Lernerfahrungen"***
  Die meisten Lernvorgänge erfolgen durch Wiederholung und unter Einsatz aller Sinnesorgane. Daher ist es notwendig, den Teilnehmenden genau solche Erfahrungen anzubieten, sodass Lernen passiert.

- ***„... die den Lernenden befähigen"***
  Nach dem Training soll für die Teilnehmenden etwas anders sein: Sie sollen im Stande sein, das Gelernte auch anzuwenden. Dazu benötigt es die entsprechenden Inhalte, die notwendige Übungszeit und auch eine intensive Auseinandersetzung mit dem Transfer in den Alltag.

- ***„... das gewünschte Ziel zu erreichen."***
  Das Ziel kann ein rein persönliches oder auch ein Unternehmensziel sein. Das Ziel muss klar sein und das ganze Trainingsdesign zielt darauf ab, dass es auch erreicht wird und die Veränderung dargestellt werden kann.

Gutes Trainingsdesign wird mehr Transferwirksamkeit und somit mehr Nutzen für die Teilnehmenden und für das Unternehmen bringen und durch Evaluierungsergebnisse aufzeigen, dass eine Veränderung erzielt wurde.

Anders gesagt, wer in gutes Design investiert, spart sinnlosen Aufwand. So beschreibt der Instructional Designer Tom Kuhlmann Trainingsdesign: *„Without instructional design, the learners might or might not get the information they need. Because of instructional design, you can get the learners to cut through a lot of extraneous information and get right to the important stuff."*

Für mich persönlich ist Trainingsdesign auch die „Tribologie des Lernens". Tribologie bezeichnet die Lehre von der Reibung und der erforderlichen Schmierung und inkludiert die Entwicklung von Technologien zur Optimierung von Reibungsvorgängen. Auch Lernen erzeugt Reibung: Immerhin bedeutet es, Bekanntes gegen Neues auszutauschen oder etwas ganz Neues zu integrieren. Der „Lerntribologe" hilft also durch gutes Trainingsdesign beim Schmieren von Lernvorgängen. Möge es uns allen gelingen, dass Lernen wie geschmiert geht!

In diesem Buch

Wie ein Training so designt wird, dass sowohl das gewünschte Ziel nachhaltig erreicht als auch die Umstände des jeweiligen Trainings berücksichtigt werden, beschreibt dieses Buch Schritt für Schritt.

Im **ersten Kapitel** erfahren Sie, welche Prinzipien einem guten Trainingsdesign zugrunde liegen. .... S. 13

Im **zweiten Kapitel** lernen Sie, wie das Design des Trainings vorbereitet wird, wie die Inhalte grundsätzlich erarbeitet und aufbereitet werden und wie das Training pilotiert wird. .... S. 35

Im **dritten Kapitel** werden die einzelnen Module unter die Lupe genommen, aus denen sich ein Trainingstag zusammensetzt. Dieses Kapitel bietet Ihnen einen Fundus an Tools sowie Hinweise, was bei der Konzeptionierung der einzelnen Module und der ganzen Trainingstage zu beachten ist. .... S. 111

Ziel des Trainings ist ein gelungener Transfer in den Alltag. Daher nimmt das **vierte Kapitel** den Transfer in den Fokus, für den Sie als Trainignsdesigner ebenfalls zuständig sind. .... S. 243

Ob ein Transfer gelungen ist, wird über Evaluierungen festgestellt. Im **fünften Kapitel** erfahren Sie daher, wie die Evaluierung eines Trainings so designt wird, dass zuverlässige und hilfreiche Daten gewonnen und berücksichtigt werden. .... S. 293

Um sich einen Eindruck eines gesamten Trainingsprozesses machen zu können, finden Sie im **sechsten Kapitel** ein Training in Ausschnitten inklusive beispielhaften, durch den Trainingsdesigner dazu erstellten Unterlagen. Für große Trainingsprojekte, beispielsweise bei einem weltweiten Rollout durch interne Trainer, kann ein Trainingsdesigner weitere Schritte einplanen, die hier kurz vorgestellt werden. .... S. 319

Zur Vertiefung finden Sie im **Anhang des Buches** eine Liste mit weiterführender Literatur. Wenn Erklärungen zu einzelnen Begriffen benötigt werden, finden Sie dort auch ein Stichwortverzeichnis, auf das Sie zurückgreifen können. .... S. 344

Zum Anhang gehören zudem zahlreiche Checklisten, Tabellen und weiteres Anschauungsmaterial, das Sie online herunterladen können. Dieses Icon macht Sie darauf aufmerksam, wenn Ihnen ein Dokument als **Download-Ressource** zum Buch zur Verfügung steht. Möchten Sie darauf zugreifen, dann geben Sie dazu den Link ein, der auf der inneren Umschlagklappe dieses Buches steht.

Kapitel 1

Was braucht es für ein gutes Trainingsdesign?

Inhalt des ersten Kapitels

Grundprinzipien ... 15
- Training from the back of the room ... 15
- Have the end in mind. Immer! ... 18

Lernfaktoren ... 24
- Die Vision des Trainingsdesigns ... 28

Der Gesamtprozess – ein Überblick ... 29

Was Trainingsdesigner können müssen ... 33

Grundprinzipien

Bevor in die komplexen Feinheiten des Trainingsdesigns eingestiegen wird, gilt es einen Blick auf das zu werfen, was hinter einem gut designten Training steht. Es gibt zwei wichtige Prinzipien, die all den Prozessen und Tools zugrunde liegen und die die Voraussetzung für ein gelungenes Training sind. Diese zwei Prinzipien ziehen sich dementsprechend auch durch dieses Buch: „Training from the back of the room" und „Have the end in mind". Dass sie für den ganzen Prozess des Trainingsdesigns relevant sind, werden Sie auch daran merken, dass sie in diesem Buch immer wieder auftauchen. Während der ganzen Gestaltung des Trainings wird regelmäßig die Frage aufkommen: Sind diese beiden Prinzipien eingehalten?

Zwei Prinzipien als Voraussetzung für gelungenes Training

Training from the back of the room

Unter „Training from the back of the room" verstehe ich, dass Training so designt wird, dass der Teilnehmer so viel wie möglich arbeitet/lernt und der Trainer so wenig wie möglich Inhalte doziert.

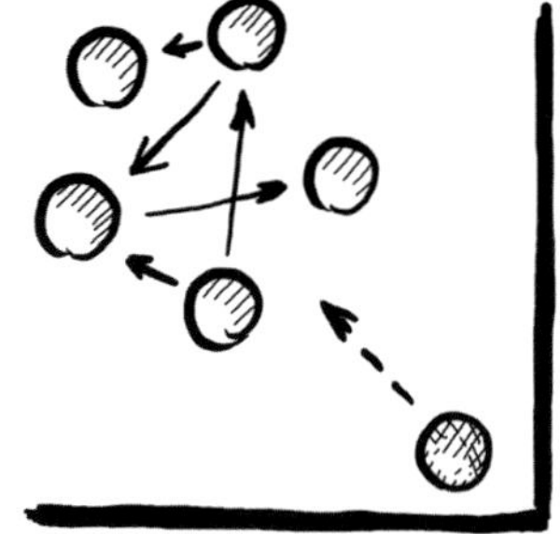

Ein Drittel Inhalt, zwei Drittel Üben

In meiner ersten Trainerausbildung brachte mir der Trainer bei, dass maximal ein Drittel der Zeit für den Inhalt und mindestens zwei Drittel der Zeit für das Üben aufgewendet werden sollten. Diese Regel findet aber nicht ausreichend in Seminaren Anwendung. Und so kommt es dann zur Inhaltslawine, was dazu führt, dass die Teilnehmenden sich an nichts erinnern können, geschweige denn etwas anwenden.

Dieses Drittelprinzip war nur die Grundlage für den weiteren Schritt: Ist es wirklich notwendig, dass der Trainer als Allwissender sogar noch das eine Drittel lehrt oder kann man sogar diesen Teil den Lernenden in Form von – gut geplanten – Übungen übergeben? Der nächste Schritt brachte dieses Denken noch weiter: Kann man nicht die Teilnehmenden eine Erfahrung machen lassen und die Inhalte mit klugen Fragen aus den Köpfen holen? Sodass das Lernen in Interaktion mit Lernenden und Trainer passiert?

Der Trainer als Lernermöglicher

Je mehr man sich dieser Idee des Trainierens nähert, desto mehr ändert sich die Rolle des Lehrenden/Trainers zu der eines „Lernermöglichers". Damit das gelingt, wird das Training vom Trainingsdesigner entsprechend geplant. Im Raum selbst wird der durchführende Trainer bei einem so designten Training weit flexibler reagieren müssen. Die Teilnehmenden bekommen Lernaufgaben und lernen von- und miteinander. Der Trainer vermittelt nicht mehr ausschließlich die Inhalte und kann sich mehr auf die einzelnen Teilnehmenden konzentrieren. Ist ein Teilnehmer sehr schnell – braucht er eine größere Herausforderung? Ist ein Teilnehmer sehr langsam – wie kann dieser bestmöglich unterstützt werden?

Der Trainer als Lernermöglicher

Je mehr Trainings so designt werden, dass die Teilnehmenden so viel wie möglich vom Lernen selbst übernehmen, desto mehr wandelt sich die Rolle des Trainers und Wissensvermittlers also zu der Rolle des Lernermöglichers. Wie gut Lernen mit einem Lernermöglicher funktioniert, haben die meisten sicher schon mal in ganz unterschiedlichen Zusammenhängen erlebt. Auch selber habe ich in meiner Kindheit die Erfahrung gemacht, wie gut ein „Lernermöglicher" einem das Lernen ermöglicht.

S'Gschichtl

Ich komme aus einer Familie mit vier Kindern. Irgendwann beschloss meine Mutter, dass sie am Sonntag nicht mehr für die Familie kochen wollte. Stattdessen sollte jeden Sonntag ein anderes Kind diese Aufgabe übernehmen. Wenn man dann an der Reihe war, schritt man in die Küche und waltete seines verantwortungsvollen Amtes. Meine Mutter war bei jedem von uns in der Küche anwesend. Sie setzte sich an den Tisch und war zwar nicht aktiv beteiligt, und dennoch präsent. Und dann fing man eben an zu kochen, wohlbemerkt in beträchtlichen Mengen, schließlich waren wir daheim zu sechst.

Früher war ich so vermessen zu denken, dass meine Mutter dabeisitzt, weil das Ganze nett und unterhaltend war. Doch eigentlich war es wesentlich pfiffiger. Denn während sie dabeisaß, hat sie immer mal einen Tipp gegeben und dabei sehr weise ihre Formulierungen ausgewählt. Beispielsweise: *„Wenn du möchtest, dass die Nudeln gleichzeitig mit dem Fleisch auf den Tisch können, dann wäre es jetzt an der Zeit, das Nudelwasser aufzustellen."* Sie hat sich zurückgenommen, hat uns im Hintergrund zugeschaut und auf eine sehr liebevolle Art an den Stellen, wo wir es brauchten, einen ihrer Tipps eingestreut. Das Ergebnis? Wir lernten alle kochen: Kartoffeln, Nockerln, Nudeln, Reis, Gemüse, Salate, alle Fleischarten, ab und zu auch Fisch, Nachspeisen.

Meine Mutter hat etwas Wunderbares getan: Sie hat es nicht vorgemacht, nicht klare Ansagen und Vorgaben gegeben, sondern sie hat den Raum geschaffen, Lernen zu ermöglichen. Sie war eine Lernermöglicherin.

Ein Lernermöglicher ...

- hält sich als Trainer bewusst zurück.
- lässt Inhalte von den Teilnehmenden erarbeiten, wann immer möglich.
- traut den Teilnehmenden viel zu und mutet ihnen mehr zu.
- bringt die Teilnehmenden so oft wie möglich ins Tun.
- beobachtet viel und hat eine gute Übersicht über die Gruppe.
- kann Stärken und Schwächen erkennen und dadurch den Lernerfolg individuell steuern.
- fördert den Austausch zwischen den Teilnehmenden.
- gibt die Verantwortung für das Lernen an die Teilnehmenden ab.
- braucht Mut und Vertrauen, um sich auf diese Rolle einzulassen.
- erkennt die Vorteile: Es ist entspannter für den Trainer, entschleunigend, die Gruppe ist aktiver.

Um das zu erreichen, muss der Lernermöglicher:

- in den Inhalten sattelfest sein.
- die Methoden im Griff haben.
- das Zeitmanagement im Gesamten im Auge haben: Eine detaillierte Planung ist oft schwierig, weil man mehr auf die Teilnehmenden/Gruppen eingeht und die Zeiten nicht planbar sind.
- viel Zeit in die Vorbereitung investieren, damit den Teilnehmenden das Lernen überlassen werden kann.
- Widerstände überwinden können und konsumgewöhnte Teilnehmende ins Tun bringen.
- selbstbewusst sein.
- flexibel sein.

Die Teilnehmenden …

- sind aktiv involviert und lernen nachhaltiger.
- übernehmen Verantwortung für das Lernen.
- werden gut begleitet – jeder auf seinem Level.
- lernen gemeinsam und sind motivierter.
- erleben steigendes Selbstvertrauen und Selbstwirksamkeit.

Have the end in mind. Immer!

Ein zweites wichtiges Grundprinzip beim Trainingsdesign ist, jederzeit „das Ende im Kopf zu haben". Was immer die Teilnehmenden nach dem Training wissen, verstehen und anwenden sollen und wie das wiederum dem Unternehmen dient, ist die oberste Maxime jedes Designs.

Jedes Tool, jede Methode, jede Übung muss der Frage standhalten können: Dient das dem Teilnehmer und infolgedessen auch dem Unternehmen? Die Frage ist unangenehm, denn sie kann bewirken, dass ein „fertiges Design" nochmals komplett überarbeitet werden muss. Und gerade deshalb ist „Have the end in mind" so essenziell!

Der rote Faden – alles hängt zusammen

Dieses ganz klare Zusammenspiel von allem was im und auch vor und nach einem Training passiert, nenne ich den roten Faden. Dieser zieht sich vom gewünschten Ergebnis über den Transfer- und den Trainingsprozess bis zur Trainingsbedarfsanalyse. Vom roten Faden wird im Verlauf dieses Buches wieder die Rede sein, denn wenn alles zusammenspielt, kann man spüren, dass es stimmig ist und Erfolg haben wird.

Lernziele und erfolgreiches Lernen mit Kopf, Herz und Hand

Die Lernziele: Wissen, Verstehen und Anwenden

Was die Lernenden nach dem Training wissen (Kopf), verstehen (Herz) und anwenden (Hand) sollen, das ist die Frage nach den Lernzielen. Wenn ich dieses ganze Buch auf einige wenige Kernthemen reduzieren müsste, dann wäre dieses Thema auf jeden Fall dabei: die Lernziele und die Auswirkungen der Lernziele auf das Trainingsdesign.

Die Kenntnis und Anwendung dieser drei Lernzielarten, Kopf, Herz und Hand, ist eines der wichtigsten, wenn nicht das wichtigste Know-how eines Trainingsdesigners. Denn die Lernziele folgen dem Prinzip „Have the end in mind". Sie beschreiben den Zustand, der nach der Umsetzung des Gelernten im Alltag erreicht werden soll.

Die gewünschte Veränderung beschreiben

Die Bestimmung der Lernziele ist eine herausfordernde Aufgabe – für alle Beteiligten. Denn die relevanten Ansprechpartner lieben es, über Inhalte zu reden, die geschult werden sollen und tun sich schwer, das Verhalten, die Veränderung zu definieren, die sie eigentlich sehen wollen. Wenn es an die Beschreibung der eigentlichen Lernziele geht, ist es wichtig, dass diese immer mit mindestens einem Hauptwort und einem Verb beschrieben werden. Die Erklärung ist einfach: Sagt man „Nudeln", weiß niemand, ob man die Nudeln einkaufen, kochen oder essen will. Sagt man „essen", weiß niemand, ob man Fleisch, Fisch, Beilage oder Gemüse isst. Je genauer das Lernziel an dieser Stelle formuliert wird, desto leichter ist es später, das Training zu entwickeln und zu prüfen, ob die Lernziele erreicht werden.

Die drei Lernzielarten im Detail

- **Kopf:** Dieses Lernziel zielt darauf ab, was die Teilnehmenden wissen und kennen. Sie haben danach Theorie- und/oder Faktenwissen.

  Hilfreiche Formulierungen: wissen, kennen, Details kennen, erkennen.

- **Herz:** Dieses Lernziel zielt auf die Veränderung von Einstellungen, Interessen, Werten und Haltungen bei den Teilnehmern ab.

  Hilfreiche Formulierungen: verstehen, bedeuten, bewusst werden, anerkennen, würdigen, Auswirkung erkennen, wertvoll finden, verinnerlicht haben.

- **Hand:** Dieses Lernziel zielt darauf ab, was die Teilnehmer nach dem Seminar aufbauend auf dem Theorie- und/oder Faktenwissen anwenden können.

  Hilfreiche Formulierungen: anwenden, verwenden, durchführen, auswählen, analysieren, erstellen, kreieren, berechnen, umsetzen, erklären, aufsetzen, sehen.

S'Gschichtl

Derzeit werde ich von Firmen vermehrt für ein Training angefragt, das eine Mischung aus Trainingsdesign und Train-the-Trainer ist. Das bedeutet, dass der Fokus sehr auf das Vorbereiten des Trainings gelegt wird. Die Teilnehmenden sind dann interne Trainer, die kurze Schulungen durchführen, meist sechzig bis neunzig Minuten.

Wenn man diese Trainer fragt, was deren Teilnehmenden wissen, verstehen und anwenden können sollen, verstehen sie oft die Frage nicht. Bisher hatten sie vollgeladene PowerPoint-Präsentationen im Repertoire und hatten sich gar nie die Frage nach der Anwendung gestellt. Dabei ist das sogar der Knackpunkt: Die Teilnehmenden müssen ja z. B. keine Bilanz analysieren können, aber es wäre ein mögliches Lernziel, dass die wichtigsten Teile einer Bilanz einem anderen Mitarbeiter erklärt werden können. Denkt man das Training jetzt von hinten, dann verschieben sich sofort die Prioritäten im Training vom reinen Wissenstransfer zur Anwendungsorientierung.

Daher arbeitet der Trainingsdesigner mit diesen drei Lernzielarten in der Trainingsbedarfsanalyse auf der Ebene des gesamten Trainings. Später wird Kopf, Herz, Hand auf jedes einzelne zu trainierende Modul heruntergebrochen. Bei jedem einzelnen Schritt ist die Frage immer wieder: *„Was muss ein Teilnehmer nach dem Training wissen, verstehen und anwenden können?"* Da können bei jeder Lernzielart ein Bullet Point, aber auch mehrere stehen. Es ist auch wichtig zu wissen, dass es eine Übersetzung von Kopf in Hand gibt: Wenn der Teilnehmer durch das Training etwas wissen soll, dann soll er das, was er nach dem Training weiß, doch auch anwenden können.

Risiko: Viel Wissen, wenig Anwendung

Immer wenn sehr viel bei Wissen steht und wenig oder nichts bei der Anwendung, wird es kritisch. Das kann auf sogenannte Download-Sessions hindeuten, bei der auch bei genauerem Hinterfragen nicht klar wird, was die Teilnehmenden nachher anders machen sollten. Und da stellt sich dann die Frage: Warum das Training?

Ein Beispiel für das Berücksichtigen von Kopf, Herz und Hand im Trainingsdesign: Ein Unternehmen plant ein Training für alle Mitarbeiter, und zwar gleichermaßen für die Bereiche „Produktion" und „Administration". Ziel ist, dass eine kontinuierliche Verbesserung auf allen Ebenen stattfindet. In der Trainingsbedarfsanalyse wurden mit dem Auftraggeber folgende Lernziele für ein gesamtes Training zum Thema „Prozessmanagement" herausgearbeitet:

Lernziele für das gesamte Training

- Kopf:
  - Kontinuierliche Verbesserung verstehen und den Nutzen für mich und das Unternehmen kennen.
  - Die vier Schritte der Prozessverbesserung kennen.

- Herz:
  - Verstehen, dass jeder Mitarbeiter befugt ist, Veränderungen in seinem Arbeitsbereich vorzunehmen.

- Hand:
  - Die vier Schritte der Prozessverbesserung auf ein Problem im eigenen Arbeitsumfeld anwenden.

Lernziele für ein Modul des Trainings

Im Training wurde Kopf, Herz, Hand dann auf jedes Modul heruntergebrochen. Hier ein Beispiel für das Modul „Problem definieren“:

- Kopf:
  - Lernen, wie ein Problem definiert wird.
  - Wissen, wie Daten gesammelt und dargestellt werden.

- Herz:
  - Anerkennen, dass eine gute Problemdefinition die Grundlage für eine erfolgreiche Verbesserung ist.

- Hand:
  - Ein Problem für den eigenen Arbeitsbereich definieren können.
  - In der Lage sein, das Problem mit Daten zu untermauern.

S'Gschichtl

Beiden grundlegenden Prinzipien, „Have the end in mind“ und „Training from the back of the room“ möchte ich mit dem folgenden Beispiel noch mal Nachdruck verleihen. Es geht um ein Training, dessen Thema ein Statistik-Computerprogramm war.

Ein Teil eines Trainings, das ich über Jahre hinweg gehalten habe, war es, den Teilnehmenden Statistik und ein dazugehöriges statistisches Computerprogramm näher zu bringen. Das ist wie folgt abgelaufen: Zuerst ein paar PowerPoint-Folien mit den wichtigsten statistischen Grundbegriffen, dann eine Miniübung zur Berechnung und danach wurden zeitgleich ein Statistikprogramm präsentiert und anhand eines vorgefertigten, inhaltlich komplizierten Datensatzes Grafiken erklärt. Und das alles in relativ kurzer Zeit. Der Erfolg dieser Vorgehensweise war, dass die Teilnehmenden hinterher Statistik weiterhin als unmöglich und das Computerprogramm als schwierig ansahen. Der Lerntransfer war nur mäßig erfolgreich. Das hat mich dermaßen irritiert, dass ich meine beiden Designprinzipien auch auf dieses doch sehr spröde Thema anwendete.

Ich nahm die Teilnehmer in den Fokus und fragte sie erst mal nach ihrer Einstellung zum Thema Statistik. Von *„Ich habe keine Ahnung"* über *„Ich habe es nie verstanden"* und *„Es ist ganz okay"* bis zu *„Ich habe es studiert und finde es klasse"*, war alles dabei. An diesem Punkt kam der Lernermöglicher zum Tragen: Wie kann ich diese Extreme gut zusammenbringen? Wie kann ich die Skeptiker davon überzeugen, sich darauf einzulassen? Und wie kann ich das Training so gestalten, dass die Teilnehmer mit guten Statistikkenntnissen nicht schlafend vom Stuhl fallen?

Umgesetzt habe ich im Training dann Folgendes: Erst mal habe ich Pärchen gebildet. Stets eine Person mit guten Statistikkenntnissen und eine mit schlechteren Kenntnissen bildeten ein Team. Im Anschluss daran habe ich einen Stapel Spielkarten zu Hilfe genommen. Daraus, dass ich jede Karte einzeln habe fallen lassen, ergab sich ein zufälliger und ganz gruppenspezifischer Datensatz für das Training.

Die Theorie erarbeiteten sich nun die Teams selbst: Die statistischen Grundbegriffe zu kennen ist Grundvoraussetzung für späteres Verständnis. Statt den Teilnehmenden diese Begriffe mit Bedeutung zu präsentieren, stellte ich ihnen in ihren Zweiergruppen die Aufgabe, sich mithilfe des Internets und ihrer Unterlagen die vorgegebenen statistischen Grundbegriffe selbst zu erarbeiten. Nachdem das gut geklappt hatte, ließ ich sie die Begriffe auf unseren Spielkarten-Datensatz anwenden. Die Ergebnisse wurden auf großen Post-its® auf die Pinnwand geklebt.

So konnte direkt verglichen werden: Hatten alle Gruppen das gleiche Ergebnis? Wenn nein, was war der Unterschied? Was fehlte? Zuerst brachte ich immer die Gruppen selber in einen Austausch. Erst, wenn dann noch Fragen offen waren, erklärte ich die Details. Wir vertieften das erlangte Wissen, indem die Teilnehmenden unter Verwendung des Datensatzes sieben Diagramme selbst erarbeiteten und sie händisch zeichneten. Auch die Diagramme wurden untereinander verglichen.

Aus der gemeinsamen Diskussion konnten die Teilnehmenden neue Erkenntnisse mitnehmen, erkannten ihre Denkwege und Blockaden und lernten so gemeinsam.

Erst als letzten Schritt erklärte ich in aller Kürze das Statistikprogramm und ließ die Teilnehmenden mit dem schon bekannten Datensatz und dem Wissen über das Aussehen der Diagramme üben. Es war unglaublich, in welcher Geschwindigkeit diese nicht nur das Programm anwenden konnten, sondern auch Verständnis über die Aussagekraft der Grafiken erlangten. Das Schönste war das Fazit der Teilnehmenden: Statistik ist machbar und das Programm ist super. Wer also die beiden Designprinzipien „Training from the back of the room" und „Have the end in mind" für sich und seine Trainings ernst nimmt, kann unerreichbar scheinende Lernziele umsetzen.

Lernfaktoren

Wir alle haben gute und schlechte Lernerfahrungen und wenn ich die Teilnehmenden in Trainings frage, woran sie sich stärker erinnern, sind es meist die Negativbeispiele: langweilige Lehrer/Trainer/Vortragende, dunkle Räume, liebloses Ambiente, unklarer Nutzen. Und daraus resultierte oft Unlust und mäßiger bis gar kein Lernerfolg.

Teilnehmende sind in Trainings, damit sie etwas Neues lernen, das sie im Alltag umsetzen sollen und das geht besser bei lernförderlichen Bedingungen. Denn es geht darum, dass beim Lernen Informationen vom Gehirn als wichtig eingestuft und dauerhaft memoriert werden sollen. Und damit dies leichter gelingen kann, hilft die Anwendung der folgenden fünf Lernfaktoren

Fünf Faktoren helfen beim Lernen

- Eine positive Lernumgebung schaffen
- An Bekanntes anknüpfen
- Einen Nutzen für die Zukunft stiften
- Aktiv involvieren
- Lernerfolge messbar machen

Eine positive Lernumgebung schaffen

Zwei Dinge gehören zu einer positiven Lernumgebung: das Lernklima und der Raum.

- **Lernklima**
  Gutes Lernklima bedeutet, dass sich jeder so wohl fühlt, dass eine Bereitschaft fürs Lernen besteht und Lernen somit auch gelingen kann.

Zeit in den Beziehungsaufbau investieren

Dazu braucht es eine Umgebung, in der Vertrauen herrscht. Das wird erreicht, indem zu Beginn ausreichend Zeit in den Beziehungsaufbau zwischen den Menschen und zu den Inhalten investiert wird.

Zum Lernklima gehört ebenso eine Kultur des angemessenen Scheiterns, in der Fehler gemacht werden dürfen und daraus gelernt wird sowie ausreichend Zeit, das Neue ausreichend zu üben und einen klaren Plan für den Transfer in den Alltag zu haben.

Aus der Sicht des Trainingsdesigners

Hier gilt es, dem Trainer Übungen anzubieten, die ihm helfen, das notwendige Vertrauen in der Gruppe aufzubauen. Dies wird abhängig vom Inhalt, der Intensität und der Dauer des Trainings maßgeschneidert (vgl. S. 197 ff.).

Wenn die Teilnehmenden viel Zeit zum Üben bekommen, reduziert das automatisch die Menge an zu schulendem Material. Für den Designer wird „Zeit vs. Gewünschte Inhalte" immer Diskussionen mit dem Auftraggeber provozieren (vgl. S. 59).

- **Raum**

Der Raum wirkt neben dem Lernenden und dem Lehrenden als dritter Pädagoge. Somit unterstützt der Raum, was erreicht werden soll.

Der positive Einfluss auf das Lernen durch ansprechende Räumlichkeiten wurde bereits anhand von Studien mit Schülern und Studierenden mehrfach wissenschaftlich bestätigt. Dabei wurde der Zusammenhang zwischen Beleuchtung, Raumfarbe, Akustik etc. und Lerneffekt eindeutig beweisen.

Aus der Sicht des Trainingsdesigners

Das Thema „Raum" kann schon bei der Trainingsbedarfsanalyse geklärt werden und es kann auf die Auswirkungen des Raums auf das Training hingewiesen werden.

Eine Checkliste für den Organisator des Trainings kann helfen, dass der Trainer optimale Bedingungen vor Ort vorfindet (s. S. 101).

Was, wenn der Raum nicht passt?

Im Trainerhandbuch (s. S. 97) kann der Trainingsdesigner noch einen kurzen Notfallplan für den Trainer zur Verfügung stellen, was er vor Ort an kleinen Dingen tun kann, wenn der Raum gar nicht den erwarteten Kriterien entspricht. Wenn der Raum mit dem Trainingskonzept überhaupt nicht übereinstimmt, dann wird hier auch die Erlaubnis erteilt, ein Training gar nicht stattfinden zu lassen. Das kann zum Beispiel der Fall sein, wenn eine Simulation geplant ist, der zur Verfügung gestellte Raum aber festgeschraubte Konferenztische hat und somit der im Training gewünschte Effekt so nicht erzielbar ist.

An Bekanntes anknüpfen

Neue Erkenntnisse und Erfahrungen müssen sich mit den vorhandenen Wissens- und Erfahrungsmustern verknüpfen, damit Lernen gut stattfindet. Daher ist es wichtig zu klären: Was wissen die Teilnehmenden schon, was denken sie darüber und was haben sie schon gemacht? Mit welchen Erfahrungen tauchen sie im Training auf?

Vorher klären, was Teilnehmer kennen

Aus der Sicht des Trainingsdesigners

Die Trainingsbedarfsanalyse (vgl. S. 39 ff.) kann hier schon viel klären. Gleichzeitig gilt es, dem Trainer Tools an die Hand zu geben, mit denen er vor dem Training und im Training immer wieder den Bezug zu Bekanntem herstellen kann.

Nutzen für die Zukunft stiften

Lernen findet statt, wenn das Gelernte für den Teilnehmer Sinn macht und ein Nutzen für die Zukunft erkennbar ist. Die Aufgabe des Trainers ist, den Teilnehmenden zu ermöglichen, diesen Nutzen für sich selbst sowie für das Unternehmen zu erkennen. Dies gelingt besonders dadurch, dass die Anwendung der Lerninhalte relevant für die Problemlösung und den Unternehmensalltag ist.

Aus der Sicht des Trainingsdesigners

Schon in der Trainingsbedarfsanalyse kann hier die notwendige Sinnstiftung eingefordert werden, insbesondere dann, wenn das Training tatsächlich an eine strategische Neuausrichtung angebunden ist.

Aktiv involvieren

Trainer und Autor Ralf Besser bringt es auf den Punkt: *„Je emotionaler und förderlich aufregender Lernen geschieht, desto höher ist die Wirkung für das Behalten."*

Aktiv involvieren kann man auf geistiger, körperlicher und emotionaler Ebene. Je mehr Anregungen der Lernende auf diesen Ebenen und den Sinneskanälen (visuell, auditiv, kinästhetisch, gustatorisch, olfaktorisch) bekommt, desto eher wird es zum gewünschten Lernerfolg kommen. Daher: aktiv involvieren und das so oft wie möglich!

Aktiv involvieren und Sinne ansprechen

Aus der Sicht des Trainingsdesigners

Das Repertoire an Sprüchen, Geschichten, Videos, Bildern, Ideen für merkwürdige Präsentationen, Übungen für die unterschiedlichsten Trainingsthemen, Simulationen usw. ist hier die Grundlage für passgenaues Design (vgl. S. 111 ff.).

Lernerfolge messbar machen

Der Lernprozess bleibt oft unsichtbar und genau deshalb ist es für die Teilnehmenden und den Trainer wichtig, zu wissen, was das Lernen gebracht hat. Dies macht während und nach dem Training Sinn und ist dann optimal, wenn es auch nach dem Trainingsende begleitet wird.

Aus der Sicht des Trainingsdesigners

Eine wunderbare Methode zur Lernzielkontrolle während des Seminars ist das regelmäßige Wiederholen (vgl. S. 213 ff.), wobei die Vernetzung des Gelernten mit dem Nutzen und der Alltagsanwendung im Vordergrund stehen sollte.

Nach dem Seminar können Vorgesetzte, Kollegen oder der Trainer beim Begleiten und Sichtbarmachen des Lernerfolgs unterstützen (s. S. 243 ff.). Eine Evaluierung nach drei bis sechs Monaten kann den Transfererfolg auch für Außenstehende transparent machen (vgl. S. 293 ff.).

Evaluierung nach 3–6 Monaten

Die Vision des Trainingsdesigns

Werden sowohl die zwei Grundprinzipien als auch die Lernfaktoren beachtet, bedeutet das, dass die Bedürfnisse und Ziele der Lernenden systematisch berücksichtigt werden. Entsprechend lautet die Vision des Trainingsdesigns:

„Der Lernende steht immer im Fokus und lernt lebendig sowie nachhaltig."

- ***„Der Lernende ..."***
  Der Lernende kann jeder sein: Kind, Jugendlicher und Erwachsener – er steht im Zentrum des Designprozesses. Das bedeutet, dass der Trainingsdesigner seine Zielgruppe sehr genau kennen muss.

- ***„... steht immer im Fokus ..."***
  Der Trainingsdesigner achtet bei jedem Schritt darauf, dass das Training und die Lernmethoden perfekt auf die Lernenden und deren Ziele abgestimmt sind.

- ***„... lernt lebendig ..."***
  Die Lernmethoden sind erfahrungsorientiert und beim Lernen werden alle Sinne miteinbezogen.

- ***„... sowie nachhaltig."***
  Damit das Gelernte umgesetzt wird, ist es notwendig, eindrückliche Lernerfahrungen zu entwickeln, die den Lernenden zur Verhaltensänderung anregen. Bei einem guten Design wird sowohl der Lernende als auch dessen Umfeld einbezogen.

Der Gesamtprozess – ein Überblick

Zum Trainingsdesign kam ich über das Tun: Ich entwickelte gemeinsam mit einem großen Unternehmen Designs, die wir weltweit mithilfe von internen Trainern ausrollten. Wie ganz selbstverständlich evaluierten wir am Ende des Trainings einige Monate und zogen daraus unsere Schlüsse.

Bei der Planung der Weiterbildung zum Trainingsdesigner entdeckte ich, dass ich immer vier Prozesse gleichzeitig im Auge hatte. An dieser Stelle wird zunächst ein Überblick über den Gesamtprozess und die vier Unterprozesse gegeben, die nächsten Kapitel dieses Buches vertiefen nacheinander jeweils einen dieser Bereiche. Diese sind:

Vier Bereiche, die ein Designer gleichzeitig im Blick hat

1. Der „Designprozess", er beinhaltet das Analysieren des Trainingsbedarfs, das Erarbeiten der Trainingsinhalte und ein Pilottraining.

2. Der „Trainingsprozess", dabei geht es um das Zusammenstellen des eigentlichen Trainings.

3. Der „Transferprozess" dient zum Sicherstellen des Transfers.

4. Schließlich der „Evaluierungsprozess" für den Nachweis des Trainingserfolgs.

Der Start eines Trainingsdesigns

Trainings-
bedarfsanalyse

Der **Designprozess** startet mit der **Trainingsbedarfsanalyse**. Im Gespräch mit dem Auftraggeber wird geklärt, was das Training leisten soll und es wird – neben vielen anderen Themen – die Frage beantwortet: *„Was sollen die Teilnehmenden nach dem Training anders machen?"*. Für ein Unternehmen kann es von grundlegender Bedeutung sein, dass Mitarbeiter ihre Verhaltensweisen in einigen Punkten absolut an einen neuen Prozess anpassen. In einem solchen Fall handelt es sich um ein „unternehmenskritisches Training" und wird dann auch entsprechend von höchster Führungsebene unterstützt und überwacht.

Doch nicht immer sind Trainings so strategisch aufgehangen, dass man sich dieser Unterstützung sicher sein kann. Da ist es wichtig, auch noch zu hinterfragen, ob die Teilnehmenden freiwillig ins Training kommen oder eine Teilnahmeverpflichtung besteht. Gerade bei Pflichtseminaren (Sicherheit/On-Boarding) ist die Erwartungshaltung der Teilnehmenden von vornherein, dass es ein langweiliges, PowerPoint-überladenes Training sein wird. Was für eine Freude, wenn man mit gutem Trainingsdesign dieser Erwartungshaltung etwas entgegenzusetzen hat.

Das Bestimmen und Aufbereiten der Inhalte

Schon in der Trainingsbedarfsanalyse kann man den Auftraggeber fragen, welche Inhalte er sich vorstellt. Manchmal kommt das Know-how vom Trainer, manchmal wird dieses erst in Meetings mit Fachexperten erarbeitet. In Summe geht es um die Erarbeitung der **Inhalte**, die es braucht, um die Ziele erreichen zu können. Mithilfe der didaktischen Reduktion werden die umfangreichen und komplexen Sachverhalte so aufbereitet, dass sie für die Lernenden überschaubar und begreifbar werden.

Dann erst darf der Trainingsdesigner kreativ werden. So viele Ideen es oft schon im Erstgespräch gibt, folgt auch das **Design** der Regel: Form follows function. Denn erst, wenn die Summe aus Trainingszielen und -inhalten bekannt ist, kann mit dem Fokus auf die tatsächliche Veränderung losgelegt werden. Und diese steht im Mittelpunkt allen Denkens im Design.

Das Prüfen des entwickelten Trainings

Ist das Training entwickelt, erfolgt das **Pilottraining**, mit dem geprüft wird, ob das Training die gewünschten Ziele erreicht, ob die Inhalte für die Zielgruppe die richtigen sind, die Zeiten gut abgestimmt sind. Aber auch später kann ein regelmäßiges Testen des Trainings wichtig sein. Das gilt insbesondere für große, auch internationale Rollouts und ist vor allem in Hinblick auf notwendige Adaptierungen wichtig:

- Anpassung der Inhalte des Trainings: Kommt es zu einer Änderung in Produktionsprozessen, gibt es neue Produkte, neue Kundengruppen oder wurde erkannt, dass Teile des Trainings so gar nicht gebraucht werden?
- Gleichbleibende Qualität der Trainer: Halten sich die Trainer an das Trainerhandbuch? Verändern sie etwas und warum?

Festlegen, was an den Trainingstagen passiert

Alle Tätigkeiten, die der Trainer im Seminarraum tatsächlich durchführt, gehören zum **Trainingsprozess**. In Summe ist dabei der Ablauf in der Regel sehr ähnlich. Der Tag wird begonnen (vgl. S. 201), ab dem zweiten Tag gibt es in der Früh ein Recap (vgl. S. 213), dann folgen zwei Module. Nach dem Mittagessen ein Energiser (vgl. S. 223), wieder zwei Module und der Tag wird beendet (vgl. S. 235). Welche Module, Recaps, Energiser etc. zu einem Training kombiniert werden, plant der Trainingsdesigner mithilfe eines sogenannten Navigators. Der Navigator ist ein simples Planungstool für Trainingsdesigner, das im dritten Kapitel erläutert wird.

Den Transfer von vorneherein einplanen

Im Zusammenhang mit dem Design von Trainings ist außerdem der **Transfer** in den Arbeitsalltag von entscheidender Bedeutung. Damit er gelingt, berücksichtigt ein Trainingsdesigner ebenso den Transferprozess. Dieser Prozess kann schon **vor dem Training** beginnen, etwa durch ein Webinar oder eine Einladung, Beispiele aus dem Alltag zu überlegen, die im Training bearbeitet werden können.

Im Training selbst dient alles dem Transfer.

Im Besten aller Fälle ist jede Intervention ganz strikt auf die Veränderung **nach dem Training** ausgelegt. Auch die Zeit nach dem Training wird vom Trainingsdesigner geplant.

Den Trainingserfolg messbar machen

Die **Evaluierung**, mit der schließlich der Erfolg des Trainings gemessen wird, ist immer noch das Stiefkind im Trainingsbereich. Doch nur, wenn sich neues Verhalten auf die Unternehmensresultate auswirkt, macht Training wirklich Sinn. Je besser ein Trainingsdesigner beweisen kann, dass Training wirklich etwas verändert, desto besser ist er im Markt aufgestellt. In diesem Buch wird der mit der Evaluierung zusammenhängende Prozess im fünften Kapitel vorgestellt.

All diese Elemente von Trainingsdesign sind auf der Grafik auf der nächsten Seite als Ganzes dargestellt. In diesem Buch wird im Folgenden auf die einzelnen Prozesse kapitelweise eingegangen.

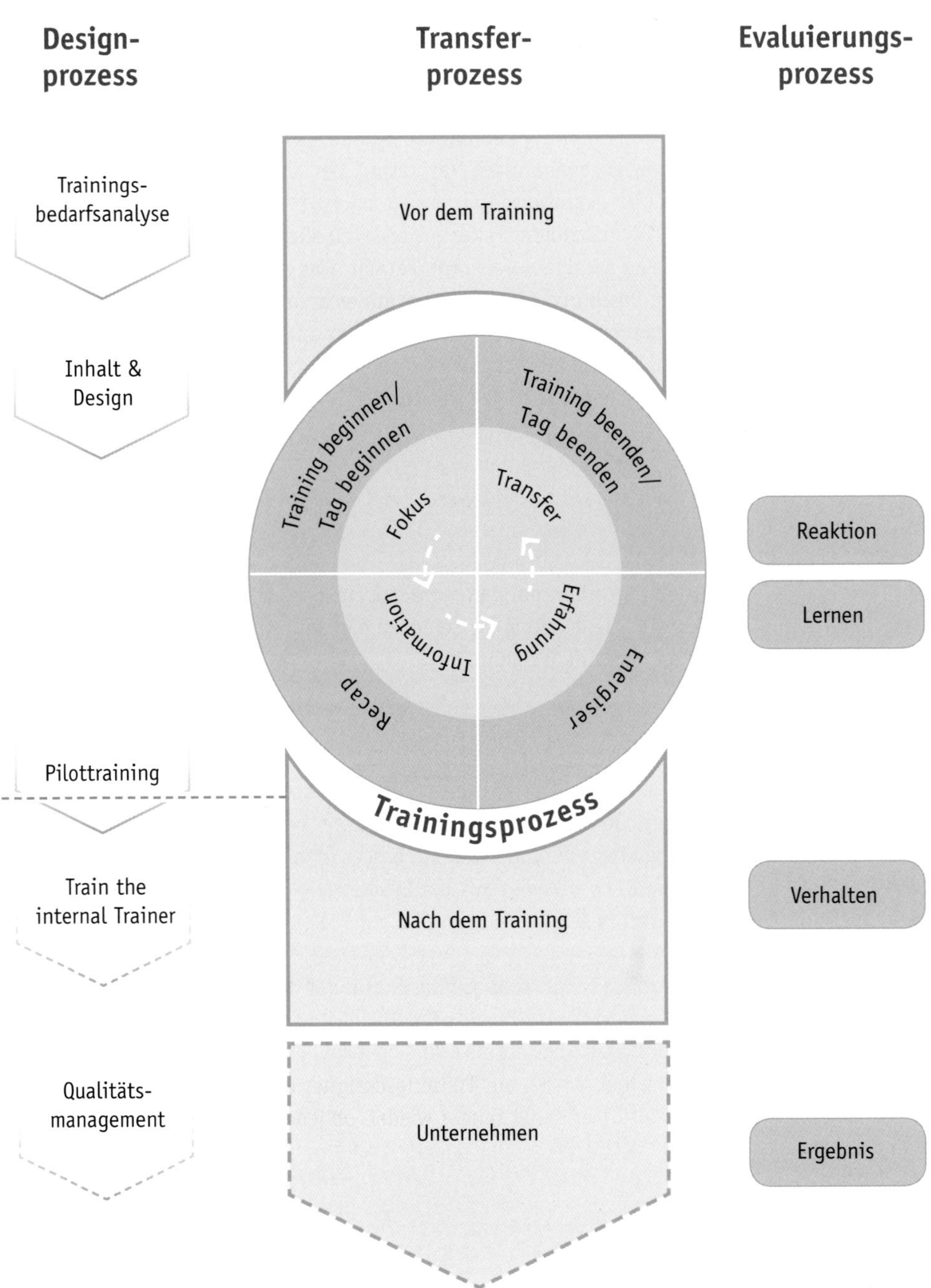

Abb.: Der gesamte Prozess eines Trainingsdesigns.

Was Trainingsdesigner können müssen

In diesem Kapitel wurden die Prinzipien, Faktoren und Vorgehensweisen benannt, die vom Trainingsdesigner beachtet werden. Was zeigt: Trainingsdesign ist ein Handwerk und eine Kunst. Denn es geht ganz viel um strukturiertes, sauberes Abarbeiten bei gleichzeitig angewandter Kreativität vor allem beim Trainingsprozess. Wie vielseitig ein Trainingsdesigner agiert, zeigen die bereits in diesem ersten Kapitel angesprochenen Aufgaben.

Das oberste Prinzip des gesamten Designprozesses ist: „Have the end in mind" – Training wird immer von der Umsetzung her geplant. Es geht als Trainingsdesigner nicht darum, zu zeigen, was an coolen, kreativen Ideen möglich ist, sondern darum, etwas zu designen, das zieldienlich ist.

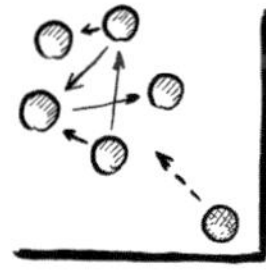

Somit stellt ein Trainingsdesigner permanent den Teilnehmer in den Fokus. Nur was diesem hilft, das Gelernte im Alltag anzuwenden, sollte auch im Training vorkommen. Im Sinne eines Lernermöglichers achtet der Trainingsdesigner darauf, dass den Teilnehmenden im Training die Inhalte in einer Weise vermittelt werden, bei der sie so viel wie möglich selbst tun. Dabei berücksichtigt der Trainingsdesigner auch, dass die Teilnehmenden ganz unterschiedlich lernen und er sieht dementsprechend unterschiedliche Methoden vor.

Um Zieldienlichkeit zu erreichen, achtet ein Trainingsdesigner auf den roten Faden. Selbstkritisch prüft er daher immer wieder, ob jedes Element des Designs dem Ziel dient und lässt alles andere weg.

Grundvoraussetzung für einen bedarfsorientierten Trainingspozess ist das Erstellen einer Trainingsbedarfsanalyse, und somit kundenorientiertes Arbeiten durch den Trainingsdesigner – die Kunden sind an dieser Stelle die Teilnehmenden und die beauftragenden Unternehmen.

Nachdem der Trainingsdesigner auf dieser Basis die relevanten, zu trainierenden Inhalte erarbeitet hat, designt er den Trainingsprozess, nach dem Prinzip „Form follows function". Das heißt, erst, wenn die Inhalte ganz klar sind, darf der Designer seine „Liste der kreativen Ideen" zücken, die er meist ab der ersten Kundenanfrage gedanklich oder in echt befüllt. Denn nicht jede coole Idee führt beim Kunden zum gewünschten Ergebnis. Für die kreativen Ideen, über die ein Trainingsdesigner auch verfügen sollte, ist es wichtig, immer wieder aus Büchern, auf Trainerkongressen, nationalen und internationalen Messen sowie aus Trainings von Kollegen neue Ideen ins Repertoire zu übernehmen bzw. neue Anwendungsmöglichkeiten bekannter Ideen erkennen zu können.

Da es im Training vor allem darum geht, dass das Gelernte in den Alltag umgesetzt wird, wird dies vom Trainingsdesigner mitgeplant. Ein Trainingsdesigner klärt dabei auch mit den Unternehmen, dass Transfer nur mit deren Unterstützung durch Vorgesetzte und Peers gelingen kann und kann/sollte an dieser Stelle Trainings für diese Unterstützungsfunktion anbieten.

Trainer und Trainingsdesigner können unterschiedliche Personen sein

Im Ganzen ist der Trainingsdesigner also die Person, die Trainings umsichtig entwickelt und dabei sowohl den Design- und den Trainings- als auch den Transfer- und den Evaluierungsprozess beachtet. Ein Trainingsdesigner ist nicht notwendigerweise ein Trainer – und ein Trainer muss kein Trainingsdesigner sein. Manchmal kommen die beiden in einer Person zusammen.

Da ein Trainingsdesigner ein Training für andere Trainer plant, achtet er auf den Ausbildungsstand der zukünftigen Trainer und passt das Training in zwei Dingen an:

Beim Design auf die Bedürfnisse der Trainierenden achten

- Der Schwierigkeitsgrad des Trainings und der Übungen: Je mehr Trainingserfahrung die Trainer haben, desto anspruchsvoller können die unterschiedlichen Teile des Seminars sein. Wenn sie wenig Erfahrung haben, dann ist das Training so zu designen, dass die Trainer nicht überfordert werden und Spaß an der Arbeit haben.

- Die Detailgenauigkeit des Trainerhandbuches (vgl. S. 97): Je mehr Trainingserfahrung die Trainer haben, desto kürzer kann auch das Trainerhandbuch ausfallen. Bei einem erfahrenen Trainer schreibe ich nur „Brainwalking und die Themen" ins Trainerhandbuch, bei einem unerfahrenen Trainer ergänze ich eine vollständige Erklärung von Brainwalking, die Brainstorming-Regeln, die genaue Durchführung und die knackige Auflösung der Übung.

Kapitel 2

Der Designprozess

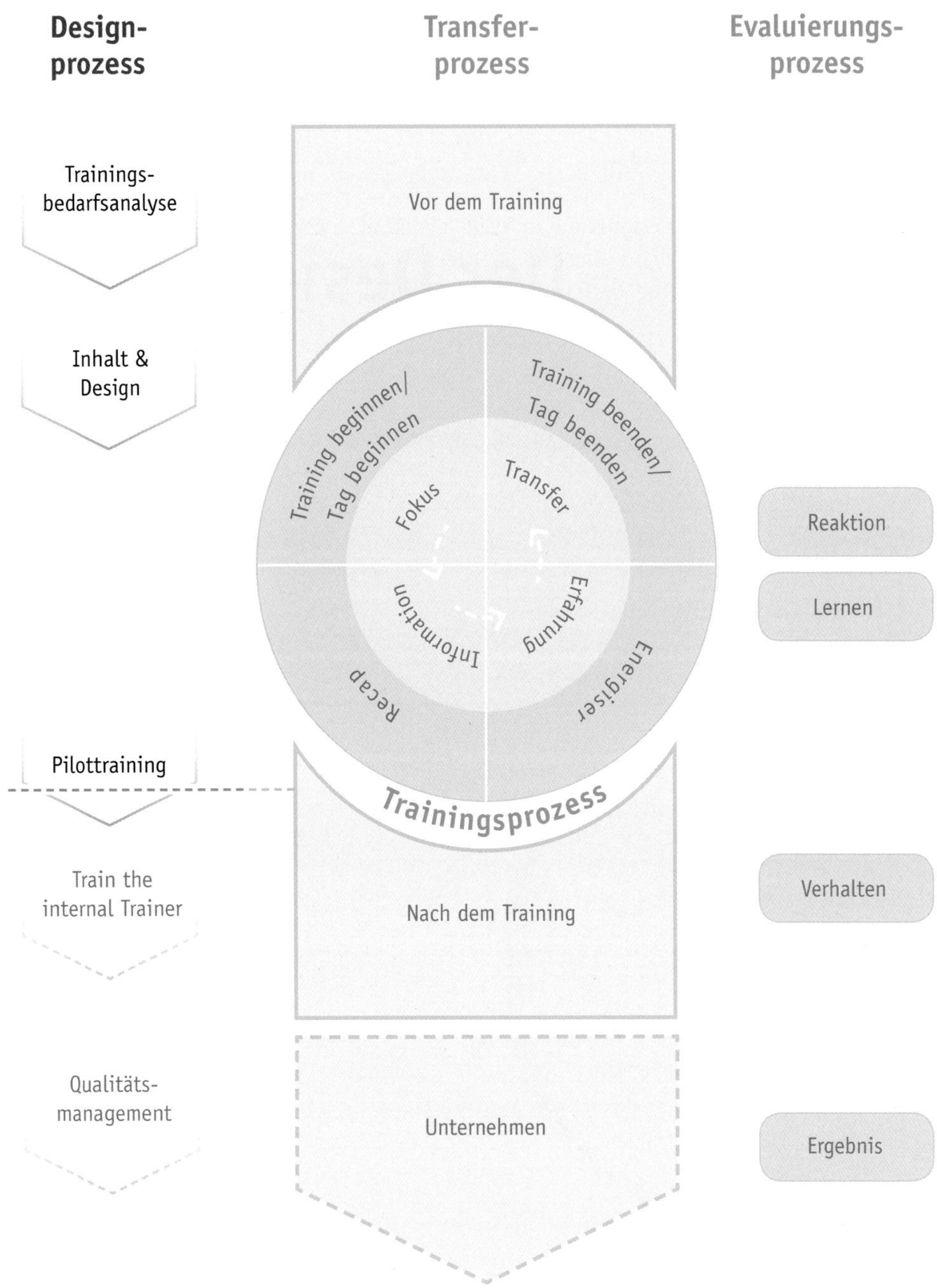

Abb.: Der Gesamtprozess mit Fokus auf die ersten drei Schritte des Designprozesses.

Im Rahmen des Designprozesses ist die Trainingsbedarfsanalyse das allererste und sehr wichtige Tool, mit dem die Grundlage für die Entwicklung jeglichen Trainings gelegt wird. Das Ergebnis in der Zusammenarbeit zwischen dem Trainingsdesigner und dem Auftraggeber ist eine klare und abgestimmte Zielformulierung.

Im zweiten Schritt – Inhalt & Design – werden die Inhalte vom Trainer und/oder dem Unternehmen erarbeitet. Erst wenn die Inhalte abgestimmt sind, wird mit dem kreativen Prozess des Designens begonnen. In diesem Schritt hat der Designer die Aufgabe, gleichzeitig den Trainings-, den Transfer- und den Evaluierungsprozess zu beachten und einzuplanen. Das Ergebnis ist das fertig erstellte Training.

Im dritten Schritt wird ein Pilottraining durchgeführt, die Erfahrungen daraus werden evaluiert und das Feedback wird in das Training integriert. Bei unternehmensweiten, auch konzernweiten Rollouts können im Anschluss an das Pilottraining außerdem noch zwei weitere Designschritte durchgeführt werden. Diese zusätzlichen Schritte werden im sechsten Kapitel erläutert (s. S. 322 ff.).

Inhalt des zweiten Kapitels

Trainingsbedarfsanalyse erstellen ... 39

- Trainingsbedarfsanalyse-Basic ... 42
- Trainingsbedarfsanalyse-Advanced ... 51
- Erarbeiten Sie einen Projektplan ... 60

Inhalte erarbeiten ... 61

- 1. Inhalte zusammenstellen ... 63
- 2. Grobkonzept erstellen ... 68
  - Criticality Matrix ... 69
- 3. Module inhaltlich ausarbeiten ... 72
- Tools für die Konzentration auf das Wesentliche ... 74
  - Kopf, Herz, Hand ... 74
  - 3-Z-Formel ... 75
  - Die Siebe der Reduktion ... 75
  - Das innere Reduktionsteam ... 76

Tools für die Vereinfachung des Komplizierten ... 76
Lernlandkarten ... 76
Graphic Organiser (Advance Organiser) ... 77
Grundlandschaft mit Tiefenbohrung ... 78

Training designen ... 80
Der rote Faden ... 83
Trainingsmaterialien entwickeln ... 86
Pilottraining durchführen ... 104
Die Durchführungsschritte des Pilottrainings ... 106

Eine Trainingsbedarfsanalyse erstellen

- Kennen der Trainingsbedarfsanalysen Basic und Advanced.
- Wissen, wann man die beiden jeweils anwendet.
- Kennen der Stolpersteine.

- Verstehen, dass die Trainingsbedarfsanalyse das Fundament jeder Entwicklung ist.
- Verstehen, dass man einen guten Prozess für das Klärungsgespräch an der Hand hat.
- Erkennen, dass man mit dem Tool die Auftraggeber coachen kann.

- Die Trainingsbedarfsanalyse durchführen können.
- Stolpersteine erkennen und vermeiden können.

Auch diese Unterkapitel haben Lernziele

„Kopf", „Herz" und „Hand" bezeichnen die Lernziele (vgl. S. 19) die am Ende dieses Unterkapitels zur Trainingsbedarfsanalyse erreicht sein sollen. Wie die Lernziele dieses Unterkapitels zeigen, hat die Trainingsbedarfsanalyse einen hohen Stellenwert, der verinnerlicht werden sollte.

Bei der Trainingsbedarfsanalyse handelt es sich um die eingehende Analyse des Trainingsbedarfs einer Organisation, damit das Training auch die gewünschte Wirkung entfaltet. Manche Kollegen sprechen von der „Bedarfsanalyse" – mit Hinweis darauf, dass man zu Beginn des Gesprächs noch gar nicht weiß, ob ein Training überhaupt die richtige Lösung für den Bedarf des Unternehmens ist. Andere nennen sie „Transferanalyse" mit der Idee, dass die Umsetzung das oberste Ziel ist und dies schon durch den Namen ausgedrückt werden soll. Ich habe mich für den Begriff „Trainingsbedarfsanalyse" entschieden, da ich einerseits davon ausgehe, dass mein Gesprächspartner Training benötigt, wenn er von Training spricht (möge man mir hier auch Berufsoptimismus vorwerfen) und andererseits, weil ich die Möglichkeiten, dass es etwas anderes ist und vielleicht auch gar nichts zustande kommt, im Kopf mitlaufen habe.

S'Gschichtl

Oder sollte ich besser schreiben: die unzähligen Geschichten? Was einem bei einer Trainingsbedarfsanalyse so alles passieren kann? Oder noch besser: Was einem über den Zaun geworfen wird, und man sich nur fragt: *„ ... und damit soll ich jetzt ein Training aufbauen?"*

Eine Räubergeschichte zuerst: Per E-Mail kam die Anfrage für ein Training mit folgendem Inhalt.

„Feedback geben –

- *Die Führungskraft als Coach und Mentor – Wichtigkeit und Auswirkungen.*
- *Konstruktives Feedback als Unterstützung für persönliches Wachstum und Entwicklung wie auch zur Steigerung der Ergebnisse und der Unternehmensleistung."*

Wenn ich so etwas sehe, habe ich blitzartig sehr viele Fragen im Kopf: Was genau, wie genau und wie viel Zeit habe ich dafür? Bei dieser Anfrage war es vor allem der Zeitfaktor, der noch einen besonderen Kick brachte. Dachte ich nämlich an zwei bis drei Tage, wünschte der Auftraggeber das Training in vier (!) Stunden. Weitere Zeit für ein Gespräch, was genau denn das Ziel sein sollte, gab es keine. Hier ist man dann vor die Entscheidung gestellt, ob man den Auftrag rundweg ablehnt oder einen für sich gangbaren Weg einschlägt.

Eine andere wunderbare Geschichte zeigt, dass es auch ganz anders sein kann. Nachdem bejaht werden konnte, dass Training die richtige Lösung für den Bedarf des Unternehmens ist, wurde mithilfe von Fachexperten und einem Trainingsdesigner eine Trainingsbedarfsanalyse für ein Training erstellt. Dieses Training sollte in drei Kontinenten ausgerollt werden. Für die Analyse allein hatten wir eineinhalb Tage Zeit. So konnten alle notwendigen Fragen zur Trainingsbedarfsanalyse, die Rollenverteilung sowie erste Fragen zu den detaillierten Inhalten im Projekt geklärt werden. Das Design und der Rollout waren einfach und höchst erfolgreich.

Und auch schön gescheitert: Die Trainingsbedarfsanalyse wurde mit der internen Ansprechpartnerin und den Fachexperten durchgeführt. Es gab regelmäßige Feedback-Schleifen mit den Fachexperten im Designteam und auch mit den betroffenen Stakeholdern außerhalb des Designteams. Das Training wurde in den USA pilotiert, das Feedback war sehr gut und zwar vor allem in dem Punkt der sofortigen Anwendbarkeit des Gelernten. Trotzdem wurde das Training dann nicht weltweit ausgerollt, sondern nur punktuell verwendet. Rückblickend war die Einbeziehung der Stakeholder nicht gelungen und konnte auch mit nachträglichen Meetings und durch Kommunikation nicht mehr gerettet werden.

Die Fragen zur Trainingsbedarfsanalyse stammen aus langer Erfahrung

Erfahrung macht klug und so entstand über die Jahre ein Fragenkatalog zur Bedarfsanalyse, der mit jedem Projekt noch ein bisschen umfangreicher wurde. Jede Frage, die man doch hätte vorher stellen sollen, wurde ihm hinzugefügt. Je internationaler die Rollouts wurden, desto mehr Fragen schlichen sich in den Katalog. War es anfänglich noch die Frage nach der Trainingssprache und den Übersetzungen, kamen dann Fragen zum Deployment in den unterschiedlichen Ländern hinzu und darüber, wie die Überarbeitung von Trainingsmaterial den Trainern rückgespiegelt wird. Die Frage „Können die Teilnehmenden lesen und schreiben" aus einem Projekt in Südafrika zeigt, woran tatsächlich alles gedacht werden sollte.

Aus der Sicht des Trainingsdesigners

Nehmen Sie keine Briefings zwischen Tür und Angel an!

Bei großen, auch internationalen Rollouts würde es keinem einfallen, einfach mal drauf los zu legen. Bei kleinen, schon bekannten Trainings – denn die Inhalte kennt man ja, und das Unternehmen auch – kommt es schon vor, dass man sich nicht mehr die Mühe macht, ein paar Kernfragen zu stellen. Und dann ist der Trainer im Raum erstaunt, wenn tatsächlich mal „alles ganz anders" ist. Nehmen Sie also keine Briefings zwischen Tür und Angel an! Es passiert immer wieder. Vor allem bei den Langzeitkunden, bei denen man „schon weiß, wie es läuft" und auch bei Kunden bei denen „man unbedingt einen Fuß in die Tür bekommen will". Es besteht die Gefahr, dass man „ins Blaue" ein Training entwickelt, das nicht den Bedarf trifft. Und das büßt dann der Trainer, der im Raum steht und merkt, dass „irgendwas nicht stimmt". Daher kein Training ohne Bedarfsanalyse!

Der Umfang der Trainingsbedarfsanalyse schwankt von wenigen Fragen bis zu einem mehrseitigen Fragenkatalog. Und Letzteren braucht nicht jedes Designprojekt. Die kürzeste Version, auf die nicht verzichtet

Die Lernziele sind das Minimum der Bedarfsanalyse

wird, ist die Beschreibung von Kopf, Herz und Hand: Was sollen die Teilnehmenden nachher kennen, verstehen und anwenden können? Besser ist es auf jeden Fall, zumindest den Canvas aus der folgenden Trainingsbedarfsanalyse-Basic (s. S. 50) mit dem Auftraggeber auszufüllen. Je mehr der Trainingsdesigner von den Inhalten versteht und je besser er den Kunden kennt, desto eher kann er eine Basicversion der Trainingsbedarfsanalyse verwenden. Ist das Thema inhaltlich unbekannt, der Kunde noch neu oder steht ein großer, internationaler Rollout an, arbeitet man mit der „Trainingsbedarfsanalyse-Advanced" Beide Bedarfsanalysen werden hier vorgestellt.

Die fundamentale Bedeutung der Trainingsbedarfsanalyse ist auch den Auftraggebern nicht unbedingt vorher klar. Deswegen gilt: Erklären Sie ihnen die Trainingsbedarfsanalyse und machen Sie ihnen deren Wichtigkeit bewusst. Wenn die Auftraggeber mehr darüber erfahren, verstehen sie auch die Notwendigkeit und die Auswirkungen.

Trainingsbedarfsanalyse-Basic

Die „kleine" Trainingsbedarfsanalyse wird in unterschiedlichen Kontexten verwendet. Sind Inhalte, Unternehmen und Zielgruppe bekannt, reicht die „Kleine" aus. Deren Anwendung erfolgt generell bei kürzeren Trainings, wobei hier alles von der Microtraining Session bis zu einem Zwei-Tages-Training enthalten ist. Wenn dann auch noch wenige Durchführungen in nur einer Sprache geplant sind, ist dieses Tool wunderbar.

Diese „Trainingsbedarfsanalyse-Basic" enthält sieben Themenblöcke, die jeweils weiter untergliedert sind. Sie werden in der Analyse einzeln abgefragt und Ergebnisse können direkt in einen Canvas eingetragen werden (vgl. S. 50). Eine Vorlage steht Ihnen als Download-Ressource zum Herunterladen zur Verfügung.

Wenn der Canvas benutzt wird, hat das den Vorteil, dass der Auftraggeber sieht, welche Fragen für das Training beantwortet sein müssen. Auch als Trainingsdesigner kann man schnell erkennen, ob die wichtigsten Fragen beantwortet sind. Meine Erfahrung zeigt, dass den Auftraggebern oft nicht bewusst ist, warum man gern Zeit für ein ausführliches Gespräch hätte. Wenn sie den Canvas sehen und die Erklärung dazu, dass diese Information die absolut notwendige Basis für gutes Trainingsdesign ist, bekommt man mehr Verständnis für den Zeitaufwand.

Damit die Bedarfsanalyse gelingt, ist es wichtig, dass Sie sich dabei mit den richtigen Gesprächspartnern austauschen. Das kann bei kleineren Auftragsklärungen ein Mitarbeiter aus der Personalentwicklung sein, die Führungskraft, die etwas verändern will oder bei großen Veränderungen der CEO, der eine strategische Änderung auch mit Training unterstützen möchte.

1. Ausgangssituation

Hier geht es um die Beschreibung des Problems, dessen Auswirkungen und das gewünschte Ergebnis.

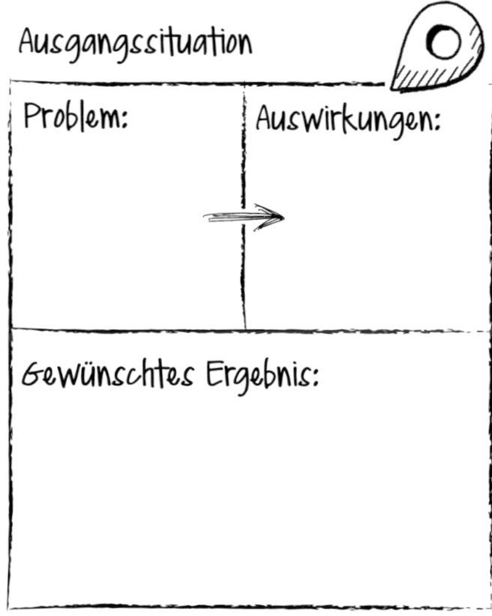

Die **Beschreibung des Problems** ist der Beginn der Trainingsbedarfsanalyse und je spezifischer diese Beschreibung ist, desto besser. Zuerst gilt es, das Problem, den Schmerz, genauer zu definieren. Die Auftraggeber sind es oft nicht gewohnt, das Problem so genau zu analysieren und nennen stattdessen gerne schon Inhalte, die ihrer Meinung nach geschult werden sollten. Diesem Drang sollte man nicht unbedingt nachgeben. Gelegentlich erleichtert es aber das Leben, zuerst über Inhalte zu reden, dann auf das Problem zu kommen und dann kritisch prüfen, ob die Inhalte zum Problem passen!

Um sich an die Formulierung des eigentlichen Problems heranzutasten, haben sich diese Fragen als hilfreich erwiesen:

Fragen zur Problembeschreibung

- *„Von wem geht die Initiative aus?*
- *Was ist der konkrete Anlass?*
- *Was ist das Problem?*
- *Warum ist es gerade jetzt aktuell?"*
- Und dann zum Spezifizieren: *„Was? Wer? Wann? Wo? Wie häufig?"* Und auch gerne mit dem Zusatzwort „genau". *„Was genau? Wie oft genau? Wann genau?"*

Ebenfalls zur Ausgangssituation gehört, dass nun die **Auswirkungen des Problems** besprochen werden. Auf die Kunden, das Produkt bzw. die Dienstleistung, den Prozess, die Mitarbeiter sowie das Unternehmen. Denn die Beschreibung der Auswirkungen machen dem Auftraggeber noch mehr bewusst, wie sehr der derzeitige Zustand schmerzt. Entsprechend wird also nun gefragt: *„Was sind die Auswirkungen des Problems?*

Fragen nach der Problemauswirkung

- *... auf den Kunden?*
- *... auf das Produkt bzw. die Dienstleistung?*
- *... auf den Prozess?*
- *... auf die Mitarbeiter?*
- *... auf das Unternehmen?"*

Zuletzt gehört es zur Schilderung der Ausgangssituation, dass das **gewünschte Ergebnis** geschildert wird. Hier soll die Frage beantwortet werden: *„Was soll nach dem Training anders sein?"*

Die Beschreibung sollte so genau wie möglich sein und sich so gut wie möglich an Verhaltensweisen oder anderen messbaren Kennzahlen orientieren. Nur dann kann man auch zeigen, ob das Training etwas gebracht hat. Um eine entsprechende Beschreibung zu erhalten, helfen diese Fragen:

Beschreibung des gewünschten Ergebnisses

- *„Was soll mit der Maßnahme bewirkt werden?*
- *Welche Verhaltensweisen sollen sich konkret ändern?*
- *Woran würden Sie erkennen, dass das Training etwas verändert hat?*
- *Stellen Sie sich zwei Mitarbeiter vor: einer war im Training und der andere nicht. Was macht der, der im Training war, anders? Woran erkennen Sie konkret den Unterschied?*
- *Welche Veränderung (in Zahlen, Prozenten, ...) soll konkret erreicht werden?*
- *Was passiert, wenn nichts passiert?"*

Manchmal ist mit diesem Gespräch über die Ausgangssituation das Thema Training schon wieder vom Tisch. Dann nämlich, wenn dem Auftraggeber bewusst wird, dass das Problem gar nicht so groß ist, ganz woanders liegt oder sich die Auswirkungen verschmerzen lassen.

2. Zielgruppe

Auf der Grundlage der Ausgangssituation, kann jetzt, im nächsten Themenblock, nach der geplanten Zielgruppe gefragt werden. An der Stelle kann etwa auch schon die Frage nach der – für das Unternehmen typischen – Teilnehmeranzahl kommen. Wobei es nicht ratsam ist, dies immer gleich auch hinzunehmen. Es ist anzumerken, dass es abhängig von den gewünschten Inhalten hier immer auch zu Änderungen kommen kann. Im Weiteren geht es nun beispielsweise auch um das Vorwissen und Motivation der Teilnehmenden. Typische Fragen hierzu sind:

- *„Wie groß ist die Zielgruppe?*
- *Was ist im Unternehmen Minimum und Maximum bei den Teilnehmerzahlen?*
- *Gibt es hierbei Unterschiede je nach Training?*

- *Welche Vorkenntnisse haben die Teilnehmenden zum Thema des Trainings?*
- *Welche Maßnahmen wurden schon durchgeführt? Und mit welchem Erfolg?*
- *Welche Erfahrungen haben die Teilnehmenden mit dem Training?*
- *In welchen Arbeitsfeldern sind die Teilnehmenden tätig?*
- *Welche Aufgaben haben sie?*

Fragen zur Trainingszielgruppe

- *Wie werden die Teilnehmenden ausgesucht?*
- *Sind die Teilnehmenden freiwillig dabei oder müssen sie das Training durchlaufen?"*

3. Lernziele

Im nächsten Themenblock geht es um die Lernziele. Nun wird konkretisiert, was der Auftraggeber bei den gewünschten Ergebnissen angegeben hat. Die Lernziele werden, wie bereits beschrieben, in drei Gruppen eingeteilt: Kopf, Herz und Hand (vgl. S. 19).

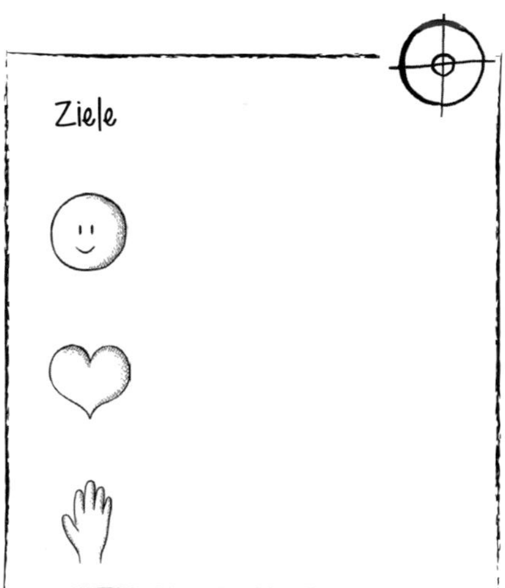

Das Arbeiten mit diesen drei Zielrichtungen fällt den Auftraggebern oft schwer. Daher ist es ratsam, sie gut zu erklären und auch ein leicht verständliches Beispiel zu nennen. Die hier hilfreichen Fragen liegen auf der Hand:

- **Kopf:** *„Was sollen die Teilnehmenden nach dem Training wissen?"*
- **Herz:** *„Was sollen die Teilnehmenden verstanden haben?"*
- **Hand:** *„Was sollen die Teilnehmenden nachher anwenden können?"*

Fragen zu den Lernzielen

In der Trainingsbedarfsanalyse werden „Kopf", „Herz" und „Hand" auf hohem Level, also auf der Ebene des Gesamttrainings, bearbeitet. Je mehr Details man hier von den Auftraggebern bekommen kann, desto besser ist die Grundlage für das Design des Trainings.

Später werden Lernziele für jedes Modul geklärt

Hinweis: Bei der Klärung der Inhalte wird die Unterteilung der Lernziele auf jedes einzelne Modul eines Trainings runtergebrochen (vgl. S. 21).

4. Inhalte

In der Auftragsanalyse kommen nun, im vierten Themenblock, die Inhalte zur Sprache. Die Inhalte für ein Training können – müssen aber nicht – vom Trainingsdesigner kommen. Daher ist immer wichtig, zu klären, was der Kunde an Inhalten hat und vielleicht auch weiterhin verwenden will. Manchmal soll ganz bewusst etwas Neues kreiert werden. Ein anderes Mal soll intern Wissen weitergegeben werden, das erst mal aus den Köpfen der Mitarbeiter geholt werden soll.

Die Methoden sind ein Thema, das auch nicht unterschätzt werden darf. Welche Art von Training ist vertraut? Wie kreativ anders darf oder soll gearbeitet werden? Wie ist das mit Planspiel, Simulation, Outdoortraining? Ein Trainingsdesigner muss viele Methoden im Repertoire haben und es ist wichtig, dass die gewählte Methode zuvor mit dem gewünschten Ziel und der Unternehmenskultur des auftraggebenden Unternehmens abgeglichen wird. Hier helfen folgende Fragen weiter:

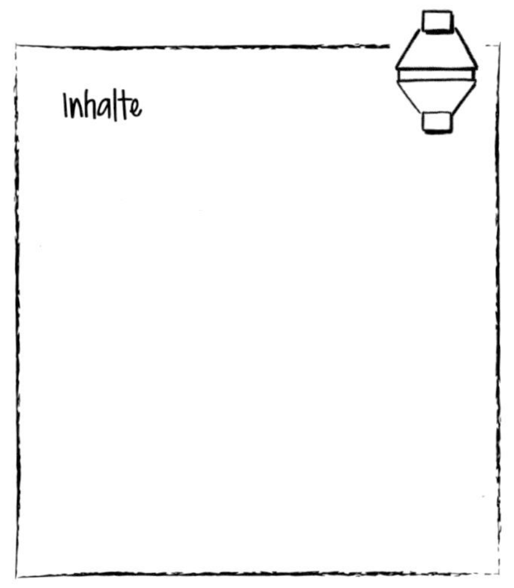

- *„Welche Trainingsinhalte sind gewünscht?*
- *Passen die gewünschten Inhalte zum gewünschten Ergebnis?*

- *Gibt es schon Material?*
- *Wie aktuell ist das Material?*
- *Soll Material weiterverwendet werden oder alles neu kreiert werden?*
- *Wer kann zum Zusammenstellen von Material beitragen?*

- *Welche Modelle, Prozessbeschreibungen, Vorgehensweisen, gesetzliche Vorgaben, betriebliche Vorgaben, Richtlinien, ISO-Unterlagen etc. gibt es?*

Fragen: Was und wie kann vermittelt werden?

- *Gibt es schon Vorstellungen über die Lernformen?*
- *Mit welchen Methoden sind die Mitarbeiter vertraut?*
- *Sind PowerPoint-Training, interaktive Methoden, Outdoortraining vorstellbar?*
- *Was kennen die Mitarbeiter schon, was ist neu?*
- *Soll bewusst Bekanntes bzw. bewusst Neues/anderes gemacht werden?*
- *Soll es sich um ein Präsenztraining, Blended-Learning-Konzept (mit Webinar, App, Online-Elementen) oder ein reines Online-Training handeln?"*

5. Transfer

Nun folgt der Themenblock „Transfer". Der Trainingstransfer findet vor, während und nach dem Training statt. Dass im Training selbst auf transferorientiertes Training geachtet wird, sollte eine Selbstverständlichkeit sein und wird beim Design des Trainingsprozesses berücksichtigt. An dieser Stelle wird daher vor allem nach Tätigkeiten gefragt, die **vor** und **nach** dem Training durchgeführt werden. Typisch sind diese Fragen:

Transfer
Vorher:
Nachher:
Transferunterstützung:

- *„Ist es üblich, mit Trainingsteilnehmern im Vorfeld Kontakt aufzunehmen?*
- *Wie viel Vorarbeit sind die Teilnehmenden gewohnt (in Stunden)?*
- *Wie groß ist die Wahrscheinlichkeit, dass die Teilnehmenden eine vorgesehene Vorarbeit auch machen?*
- *Welche Transfermethoden ‚Vorher' und ‚Nachher' werden im Unternehmen angewandt?"*

Was ist vor und nach dem Training möglich?

Da ja Transfer nicht nur von den Teilnehmenden selber abhängt, sondern auch von der Unterstützung, die sie durch das Unternehmen erhalten, sind auch Fragen nach der **Transferunterstützung** wichtig:

Welche Unterstützung bekommt der Transfer?

- *„Wer kann/wird den Transfer unterstützen?*
- *Gibt es ein Transfergespräch mit der Führungskraft?*
- *Was ist sonst noch notwendig, damit die Umsetzung gelingt?*
- *Was können Barrieren für den Transfer sein?"*

6. Evaluation

Der sechste Themenblock der Trainingsbedarfsanalyse bezieht sich auf die Evaluation, denn: Kein Training ohne zu evaluieren! So sollte es sein. Und damit sind nicht die Feedback-Bögen gemeint, die so gerne ausgeteilt werden. Solche Feedback-Bögen geben einen schnellen Überblick über das Seminar, den Trainer, die Organisation und das Hotel.

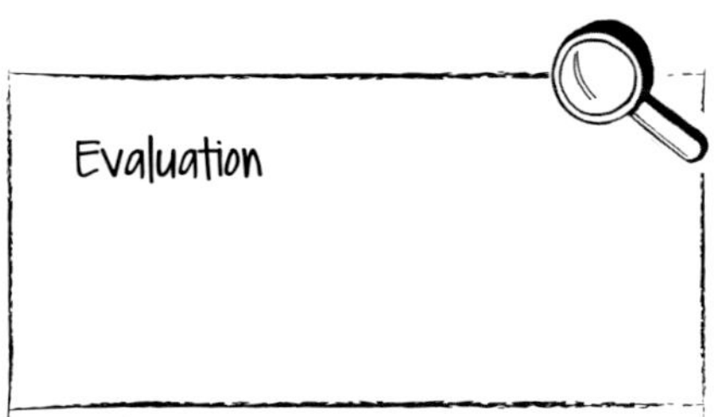

Für die Evaluierung des Trainings sind aber diese zwei Dinge wichtig: Haben die Teilnehmer am Ende des Seminars etwas gelernt und wenden die Teilnehmer das Gelernte auch an?

Für eine gute Evaluierung ist es immer notwendiger, sich nach dem Erfolg des Transfers zu erkundigen. So kann ein Fragebogen drei bis sechs Monate nach dem Training viel Information über dessen eigentlichen Erfolg bringen, ebenso wie ein späteres Gespräch mit dem Teilnehmer oder mit der Führungskraft. So wird fundiert evaluiert. Denn wie sonst kann man erkennen, ob das Training etwas gebracht hat? Um dies vorab sicherzustellen, helfen diese Fragen weiter:

Wie soll evaluiert werden?

- *„In welcher Form ist die Evaluierung des Trainings vorgesehen?*
- *Verwenden Sie Feedback-Bögen?*
- *Dürfen wir diese auch ändern?*
- *Was soll evaluiert werden (Inhalt, Trainer, Organisation, Lernen)?*
- *Wer soll befragt werden?*

- *Was passiert mit den Daten? Wer wird davon in Kenntnis gesetzt?*
- *Wie werden die Daten mit dem gewünschten Ergebnis in Zusammenhang gebracht?“*

7. Organisatorisches

Der letzte Punkt, der in der Basic-Trainingsbedarfsanalyse erkundet wird, betrifft die gesamte Logistik. Das heißt Ort, Zeit, Unterlagen und Sonstiges. Um hier Details in Erfahrung zu bringen, sind diese Fragen nützlich:

Fragen zur Logistik

- *„Wo wird trainiert? Inhouse oder in einer/m Seminar-Location/Hotel?*
- *Welche Raumgröße braucht es?*
- *Welche Ausstattung ist notwendig?*

- *Was wären gewünschte/mögliche Termine?*
- *Wie lange kann das Training dauern (min.-max.)?*
- *Was sind übliche Trainingszeiten?*

- *Welche Art von Unterlagen sind gewünscht?*
- *Gibt es Templates, die zur Verfügung gestellt werden?*
- *Wie wird das Training dokumentiert?*

- *Was ist sonst noch wichtig?*
- *Welche Ressourcen stehen zur Verfügung?*
- *Welche Einschränkungen gibt es?"*

Organisatorisches	
Ort: Raum: Ausstattung:	Termin: Dauer: Trainingszeiten:
Unterlagen: Dokumentation:	Wichtig/ Einschränkungen:

Anwendung des Canvas

Das Vorgehen bei der Trainingsbedarfsanalyse mit Canvas

Wenn man das erste Mal mit dem Canvas arbeiten möchte, ist es sicherlich am besten, sich in Ruhe mit den Feldern und den dazugehörigen Fragen vertraut zu machen. Manche Fragen mögen einem mehr, andere weniger gefallen. Möglicherweise hat man auch eine Lieblingsfrage, die man dann ergänzt. Da ich sehr anwendungsorientiert arbeite, empfehle ich an dieser Stelle: einfach an ein Training denken, das man schon durchgeführt hat oder das gerade ansteht. Dann die Fragen durchgehen und jedes Feld befüllen. Die beste Reihenfolge ist, die Themenblöcke von links nach rechts durchzuarbeiten, also von Ausgangssituation, Zielgruppe, Ziele, Inhalte, Transfer, Evaluierung zum Organisatorischen. Das ist eine logische Reihenfolge und gleichzeitig kann es sein, dass man mit dieser Logik nicht gut weiterkommt. Hier sage ich: ausprobieren, wie es am besten zu einem passt. Es kann auch passieren, dass ich schon ganz wichtige Ideen und Gedanken zu einem Training im Kopf habe. Dann ist es besser, das gleich hinzuschreiben und später den Check zu machen, ob jetzt noch alles stimmig ist.

Im Gespräch zur Trainingsbedarfsanalyse kann es auch an dem Auftraggeber liegen, wenn die Reihenfolge variiert. Der Einfachheit halber sollte man hier der Reihe nach vorgehen – doch es sind nicht alle Auftraggeber so strukturiert. In dem Fall folgt man einfach dem Gesprächsfluss und notiert vor den Augen des Auftraggebers die Inputs in die dafür vorgesehenen Felder. Oft beginnt ein Gespräch mit den Inhalten und erst dann wird das Problem beschrieben. Sollte dies der Fall sein, ist es wichtig, dass nach der Problembeschreibung und dem Formulieren des gewünschten Ergebnisses noch einmal geprüft wird, ob die zuerst formulierten Inhalte noch zum Problem passen oder ob dieser Abschnitt nochmals diskutiert werden muss.

Bevorzugt arbeite ich mit einer auf DIN-A3-Größe ausgedruckten Version des Canvas, in welche die Gesprächsergebnisse direkt eingetragen werden. So können alle Beteiligten sehen, was gerade vereinbart wurde. Am Ende des Gesprächs kann man dem Auftraggeber dann ein Foto oder eine Kopie weiterleiten.

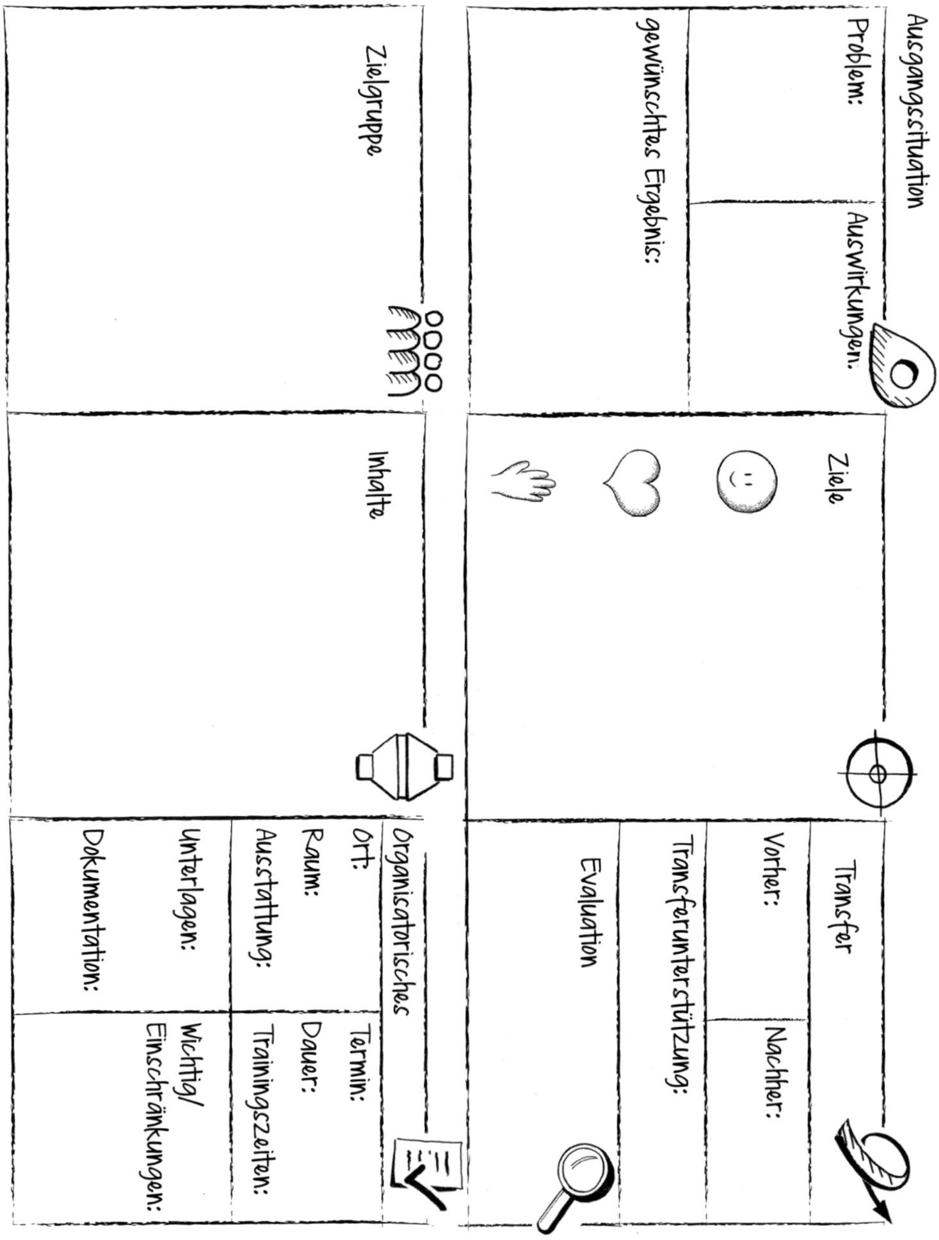

Abb.: Trainingsbedarfsanalyse-Basic – Ein Canvas zum Ausfüllen.

Trainingsbedarfsanalyse-Advanced

Je größer das Trainingsprojekt, desto wichtiger ist es, viel Zeit in die Trainingsbedarfsanalyse zu stecken und somit für ein ausreichendes Verständnis der Ausgangssituation zu sorgen. Auch wenn das dem Auftraggeber manchmal zu viel und zu anstrengend ist – sehr oft wird auch ihm klar, wie viel noch unklar ist. Und nur eine richtig gute Trainingsbedarfsanalyse führt zu richtig guten Ergebnissen!

Trainings, die eine Bedarfsanalyse „Advanced" erfordern

Empfehlenswert ist die Trainingsbedarfsanalyse-Advanced, wenn das Training zwei und mehr Tage dauert, wenn viele Trainings (auch für unterschiedliche Unternehmenslevel) geplant sind oder wenn ein großer Rollout (viele Mitarbeiter, viele Länder) dazukommt, wenn mehrere Sprachen involviert sind sowie insbesondere dann, wenn der Rollout durch interne Trainer vorgenommen werden soll.

Beteiligt an dieser umfangreichen Analyse des Trainingsbedarfs sind in der Regel der Trainingsdesigner, die internen Mitarbeiter aus der Personalabteilung bzw. der Personalentwicklung und die leitenden Führungskräfte, die das Training initiieren. In diesem oder einem späteren Meeting ist es noch hilfreich, mit den betroffenen Mitarbeitern und deren Führungskräften zu sprechen, damit der Trainingsbedarf noch besser an die Teilnehmenden angepasst werden kann.

Die richtigen Personen und Funktionen einbeziehen

Bei großen Projekten wird es aufgrund ihrer Komplexität auch immer wichtiger, die erforderlichen Rollen aller Beteiligten von Anfang an zu klären: Wer ist der Auftraggeber, wer ist Ansprechpartner/Projektleitung, wer ist dafür zuständig, Widerstände aus dem Weg zu räumen? Wer sind die Fachexperten, wer die potenziellen internen Trainer?

Zusätzlich ist ein großes Trainingsprojekt gleichzeitig auch ein Change-Projekt. Daher werden auch über die oben genannte Runde hinausgehende Personen als wichtige Schlüsselpersonen benannt und laufend mit Kommunikation und/oder Training in das Projekt eingebunden.

Die große Ausgabe der Trainingsbedarfsanalyse enthält ebenfalls sieben Themenblöcke, die nun noch detaillierter untergliedert sind:

Diese Trainingsbedarfsanalyse ist zu umfangreich für das Ausfüllen eines DIN-A3-Canvas. Daher arbeite ich bei einer Trainingsbedarfsanalyse dieser Art – selten, aber doch – mit einem Projektor. Indem bei großen Trainingsbedarfsanalysen mit Laptop und Beamer gearbeitet wird, können die Antworten direkt und für alle Anwesenden sichtbar eingegeben werden. So kann jeder mitschauen, was geschrieben wird und es kann sofort korrigiert werden. Das spart auch die Zeit für ein Rebriefing und verursacht somit keine unnötigen Kosten. Die Fragen stehen also bei den nun folgenden Punkten aufgegliedert und untereinander gereiht.

1. Ausgangssituation

- Basisdaten
  - *„Was ist der Projektname/Arbeitstitel?*
  - *Welche/s Unternehmen/Abteilung ist betroffen?*
  - *Wer ist Kontaktperson/hat die interne Projektleitung?*
  - *Was ist die Vision des Unternehmens?*
  - *Was ist die Vision der Abteilung?*
  - *Was sind die Unternehmenswerte?"*

- Strategische Anbindung
  - *„Von wem geht die Initiative aus?*
  - *Was ist der konkrete Anlass?*
  - *Was sind die Unternehmensziele?*
  - *Was sind die Abteilungsziele?*
  - *Was ist die aktuelle Strategie, um diese Ziele zu erreichen?*
  - *Wie unterstützt die geplante Maßnahme die Zielerreichung?*
  - *Wurden ähnliche Maßnahmen schon durchgeführt?*
  - *Wenn ja, mit welchem Ergebnis?"*

- Ist-Situation und Auswirkungen
  - *„Wie beschreiben Sie die Ist-Situation?*
  - *Was ist das Problem?*
  - *Warum ist das gerade jetzt aktuell?*
  - *Wer? Was? Wann? Wo? Wie häufig?"* Und auch mit dem Zusatzwort „genau": *„Was genau? Wie oft genau? Wann genau?"*

  „Was sind die Auswirkungen des Problems?
  - *... auf den Kunden?*
  - *... auf das Produkt bzw. die Dienstleistung?*
  - *... auf den Prozess?*
  - *... auf die Mitarbeiter?*
  - *... auf das Unternehmen?"*

- Gewünschte Ergebnisse
  - *„Was soll mit der Maßnahme bewirkt werden?*
  - *Woran werden Sie konkret erkennen, dass das Training erfolgreich war?*
  - *Welche Veränderung (in Zahlen, Prozenten ...) soll konkret erreicht werden?*
  - *Was soll im Projekt nicht verändert werden (Nicht-Ziele)?*
  - *Was passiert, wenn nichts passiert?"*

2. Zielgruppe

- Allgemeines zur Zielgruppe
  - *„Was ist die Zielgruppe (Arbeitsumgebung, Hierarchieebene, Hauptaufgaben)?*
  - *Welche/s Vorwissen/Vorerfahrung zum Thema besitzt die Zielgruppe?*
  - *Was sind die Erwartungen der zukünftigen Teilnehmenden?*
  - *Wie ist das Bildungsniveau – Computerkenntnisse?*
  - *Wie ist das Bildungsniveau – Alphabetisierung?*
  - *Gibt es Einschränkungen bei den Teilnehmenden, die eine Auswirkung auf das Training haben?"* (Hier können etwa körperliche Einschränkungen eine Rolle spielen.)
  - *„Die Motivation der Teilnehmenden: Kommen sie freiwillig oder müssen sie das Training absolvieren?*
  - *Gibt es unterschiedliche Trainingslevels für unterschiedliche Zielgruppen?"* (Werden unterschiedliche Hierarchieebenen trainiert, kann das beispielsweise unterschiedliche Trainings mit unterschiedlicher Dauer erfordern.)
  - *„Sollen unterschiedliche Trainings für die Zielgruppen entwickelt werden?"*

- Teilnehmeranzahl und geografische Aspekte
  - *„Was ist die Teilnehmeranzahl insgesamt?*
  - *Wie ist die Zusammensetzung: Alter/Geschlecht/Unternehmenszugehörigkeit?*
  - *Wie ist die geografische Verteilung: regional/national/international?*
  - *Welches sind die Länder, in denen das Training ausgerollt wird?*
  - *Welches sind die Länder, in denen trainiert wird?"* (Es kann beispielsweise sein, dass ich in ganz Südamerika ausrolle – also für alle Länder – aber nur in Brasilien trainiere – und dort alle Teilnehmenden aus Südamerika. Das hat Auswirkungen auf Sprache, Gruppengrößen, Reisekosten etc.)

- *„Was ist die Trainingssprache?*
- *Wie sind die Sprachkenntnisse der Teilnehmenden?*
- *Ist eine Übersetzung notwendig?"*

▶ Zusätzliche Fragen bei einem Blended-Learning
- *„Wie ist die Medienkompetenz der Teilnehmenden?*
- *Haben sie Erfahrung mit verschiedenen Lernmethoden und Lerntechniken?*
- *Wie sind ihre Vorkenntnisse mit verschiedenen Lernmedien?*
- *Welche Lernzeit steht zur Verfügung – inklusive des Studiums der Selbstlernmaterialien und der Praxisaufgaben/während oder außerhalb der Arbeitszeit?*
- *Welches ist der Lernort: zu Hause/Reisen/Arbeitsplatz?*
- *Wie ist der Zugang zu Medien und technischer Ausstattung?*
- *Wie ausgeprägt ist die Selbstlernkultur im Unternehmen?"*

3. Lernziele

▶ Kopf: *„Was sollen die Teilnehmer nach dem Training wissen?"*
▶ Herz: *„Was sollen die Teilnehmer verstanden haben?"*
▶ Hand: *„Was sollen die Teilnehmer nachher anwenden können?"*

4. Inhalte

▶ Trainingsinhalte
- *„Welche Trainingsinhalte sind gewünscht?*
- *Wenn zu viele Inhalte: welche davon sollten priorisiert werden (falls Zeit ein Thema wird)?*
- *Passen die gewünschten Inhalte zum gewünschten Ergebnis?"* (Hier immer noch einmal prüfen, ob die Inhalte, welche die Auftraggeber haben wollen, überhaupt zum gewünschten Ergebnis passen und somit zieldienlich sind).

▶ Material
- *„Ist Material zum Thema verfügbar?*
- *Wie aktuell ist das Material?*
- *Soll vorhandenes Material weiterverwendet werden?*
- *Wenn nein: warum nicht?*
- *Wenn ja: Wer hat die Rechte am Material?*
- *Gibt es Formatvorlagen für Trainingsunterlagen?*
- *Gibt es eine firmeninterne Bilderwelt, die verwendet werden muss/soll?"* (Das heißt, gibt es unternehmensinterne, von der Kommunikationsabteilung abgesegnete Bilder, Filme oder Fotos für das Training?)

- *„Welche internen Richtlinien und Anweisungen haben einen Einfluss und müssen im Training geschult oder beachtet werden?*
- *Welche Modelle, Prozessbeschreibungen, Vorgehensweisen, gesetzliche Vorgaben, betriebliche Vorgaben, Richtlinien, ISO-Unterlagen etc. gibt es?*
- *Wer kann zur Zusammenstellung von Material beitragen?"*

▶ Lernformen
- *„Gibt es schon Vorstellungen über die Lernformen?*
- *Mit welchen Methoden sind die Mitarbeiter vertraut?*
- *Was ist gewünscht, ein PowerPoint-lastiges Training, interaktive Methoden, ein Outdoortraining ...?*
- *Welche Lernformen kennen die Teilnehmenden schon, was ist neu?*
- *Soll bewusst Bekanntes bzw. bewusst Neues gemacht werden?*
- *Handelt es sich um ein Präsenztraining, ein Blended-Learning-Konzept (mit Webinar, App, Online-Elementen) oder um ein reines Online-Training?"*

5. Transfer

▶ Vorher
- *„Ist es üblich, mit den Teilnehmenden im Vorfeld Kontakt aufzunehmen?*
- *Gibt es ein Transfergespräch mit der Führungskraft?*
- *Wie viel Vorarbeit sind die Teilnehmenden gewohnt (in Stunden)?*
- *Wie groß ist die Wahrscheinlichkeit, dass die Teilnehmenden die Vorarbeit auch machen?*
- *Welche Konsequenzen hat es, wenn die Vorarbeit nicht gemacht wird?*
- *Welche Transfermethoden, die vor dem Training angewendet werden, sind den Teilnehmenden bekannt?"*

▶ Nachher
- *„Gibt es ein Transfergespräch mit der Führungskraft?*
- *Wird es ein begleitendes Coaching für die Teilnehmenden geben?*
- *Gibt es Nachfolgemaßnahmen oder aufbauende Elemente? (Coaching/Evaluierung/Zertifizierungsprozesse und -kriterien)*
- *Welche Transfermethoden sind den Teilnehmenden bekannt, die nach dem Training eingesetzt werden?"*

▶ Umsetzungsunterstützung
- *„Wie werden die Teilnehmenden konkret bei der Umsetzung des Gelernten unterstützt?*

- *Was unternimmt der Auftraggeber, damit der Transfer möglich wird?*
- *Wer genau wird den Transfer unterstützen?*
- *Benötigt es noch Training für die Personen, die den Trainingstransfer begleiten sollen?*
- *Was ist sonst noch notwendig, damit die Umsetzung gelingt?*
- *Was können Barrieren für den Transfer sein?*
- *Was kann den Transfer verhindern?"*

6. Evaluierung

▶ Allgemeines

- *„Wie wird der Erfolg gemessen?*
- *Wie werden Sie erkennen, dass das Training ein Erfolg war?*
- *Wie können die Teilnehmenden den Erfolg selbst feststellen?*

- *In welcher Form ist die Evaluierung des Trainings vorgesehen?*
- *Verwenden Sie Feedback-Bögen?*
- *Dürfen diese auch geändert werden?*
- *Was soll evaluiert werden (Inhalt, Trainer, Organisation, Lernen)?*
- *Wer soll über die Veränderung befragt werden: Teilnehmende, Vorgesetzte, Kunden?*

- *Welche Kennzahlen stehen zur Verfügung?*
- *Wer ist verantwortlich für das Reporting der Daten?*

- *Wie werden die Daten mit dem gewünschten Ergebnis in Zusammenhang gesetzt?*
- *Wer wird davon in Kenntnis gesetzt?"*

▶ Evaluation nach Kirkpatrick (vgl. S. 304)

- Ebene 4 – Ergebnisse des Trainings, z. B. in den Dimensionen „Effizienz", „Produktivität", „Kundenzufriedenheit"
- Ebene 3 – Verhalten und die Anwendung des Gelernten am Arbeitsplatz
- Ebene 2 – Lernerfolg aus der Sicht der Teilnehmenden
- Ebene 1 – Reaktion der Teilnehmenden auf das Training

7. Organisatorisches

- Ort
  - *„Wo wird trainiert? Inhouse oder in einer/m Seminar-Location/ Hotel?*
  - *Welche Raumgröße braucht es?*
  - *Welche Ausstattung ist notwendig?"*

- Zeit
  - *„Was wären gewünschte/mögliche Termine?*
  - *Wie lange kann das Training dauern (min./max.)?*
  - *Wie ist die Verteilung der Tage in der Woche?*
  - *Gibt es Einschränkungen/Feiertage?*
  - *Was sind übliche Trainingszeiten (Start/Ende)?"*

- Unterlagen und Dokumentation
  - *„Welche Art von Unterlagen ist gewünscht?*
  - *Gibt es Templates, die zur Verfügung gestellt werden?*
  - *Wie wird das Training dokumentiert?"*

- Trainingsorganisation
  - *„Wer übernimmt die Trainingsorganisation?*
  - *... Raum*
  - *... Technik*
  - *... Einladungen*
  - *... Feedback-Bögen und Reporting?"*

- Trainer
  - *„Wer wird das Training trainieren: externe oder interne Trainer?"*

  Wenn intern:
  - *„Wie gut kennen die Trainer die Inhalte des Trainings?*
  - *Wie gut können die Trainer trainieren?*
  - *Wie viele Tage im Jahr stehen die Trainer zur Verfügung?"*
  - Bei Blended-Learning: *„Wie ist ihre Medienkompetenz (Plattform, Gestaltung von Webinaren, Selbstlernmaterialien)?"*

- Qualität
  - *„Wird sich der Inhalt des Trainings mit der Zeit ändern?*
  - *Wie leicht können die Inhalte aktualisiert werden?*
  - *Wer entscheidet über Änderungen?*
  - *Wie erhalten Trainer die Updates?*
  - *Wie erhalten die Teilnehmenden die Updates?*
  - *Wer ist für das Update verantwortlich?*
  - *Was ist sonst noch wichtig?"*

- Projektmanagement
  - *„Wer ist für das Deployment verantwortlich?*
  - *Welche Ressourcen stehen zur Verfügung (Teammitglieder und Fachexperten)?*
  - *In welchem Zeitrahmen stehen diese Ressourcen zur Verfügung?*
  - *Ist eine Stakeholderanalyse notwendig?*
  - *Wer ist am Projekt interessiert?*
  - *Wer ist vom Projekt betroffen?*
  - *Wer hat die Macht, das Projekt zu beeinflussen?*
  - *Wer wirkt im Vorfeld auf die Maßnahme ein?*
  - *Wie wird das Training kommuniziert?*
  - *Wie kann man das Training mit anderen Businessaktivitäten verbinden?*
  - *Bis wann sollte das Pilottraining entwickelt sein?*
  - *Bis wann sollte das Training entwickelt sein?"*

- Und was noch?
  - *„Wie viel Budget wird zur Verfügung gestellt?*
  - *Gibt es sonstige Einflüsse, die Auswirkungen auf das Trainingskonzept haben könnten?*
  - *Was dürfen wir nicht tun?*
  - *Was bringt das Projekt sofort zum Stoppen?*
  - *Was machte Konzepte bisher erfolgreich?*
  - *Was brachte Konzepte zum Scheitern?*
  - *Ist Training die richtige Lösung?"*

Beachten Sie Ihr Bauchgefühl

Aus der Sicht des Trainingsdesigners

Bei der Trainingsbedarfsanalyse „coachen" Sie den Auftraggeber, indem Sie geschickt nachfragen und auf „blinde Flecke" aufmerksam machen. Seien Sie dabei mutig! Dazu gehört, alle Fragen zu stellen, die man gleich oder später hat und Vertrauen in das eigene Bauchgefühl zu haben. Denn oft spürt man, dass „etwas nicht stimmt". Das kann schon im Gespräch sein, manchmal ist es auch erst ein paar Tage später. Spätestens, wenn beim Designen Unsicherheiten auftauchen, sollte man sich nach einer Hilfe umsehen. An der Stelle ist es sehr hilfreich, mit einem Sparringpartner darüber zu sprechen, also z.B. einem Trainerkollegen. Denn beim Darüberreden wird oft klar, wo es hakt oder zumindest haken könnte. Im Folgenden sind Punkte im Gespräch beschrieben, wo das öfter mal der Fall sein kann.

Manchmal passiert es, dass man gerufen wird und erst durch geschicktes Nachfragen erkennt, dass es der immer gleiche Lösungsversuch für das gleiche Problem ist. Da ist es wichtig, herauszufinden, was schon geschehen ist und aus welchen Gründen das gewünschte Ergebnis nicht erzielt wurde. Wenn Sie gleiche Lösungsansätze erkennen, heißt es manchmal, mutig neue Wege zu suchen – oder den Auftrag gar nicht anzunehmen. Eine der hilfreichsten Formulierungen – vor allem wenn die Auftraggeber schon die Lösung im Kopf haben und es genauso und nicht anders haben wollen – ist folgende: *„Welche Auswirkungen hätte das?"* Diese Frage hilft wunderbar bei den wiederholten Lösungsversuchen. Spiegeln Sie also die Auswirkungen zurück!

Vorgegebene Lösungswege hinterfragen

Oft geht es für einen Trainingsdesigner im Analysegespräch auch darum, Auftragszwickmühlen zu erkennen und zu benennen. Wenn etwa der Auftraggeber alles in möglichst kurzer Zeit geschult haben will, ist es immer günstig, ihm klarzumachen, was an Inhalten in welchem Zeitrahmen machbar ist. Und das alles unter der Prämisse, dass es keine Download-Session an Information, sondern ein transferorientiertes Training werden soll. Das gelingt nur, wenn ausreichend Zeit für das Üben und den Transfer zur Verfügung gestellt wird.

„Zeit" vs. „Inhalte"

Überhaupt wird die Gegenüberstellung der Themen „Zeit" versus „Gewünschte Inhalte" für einen Designer immer Diskussionen mit dem Auftraggeber provozieren. Sehr oft hängen diese dem Glauben an, dass mehr Inhalte auch dazu führen, dass mehr gelernt wird. Als Trainingsdesigner hat man meist schon ein gutes Gespür, wie viel Inhalte zum gewünschten Thema möglich sein können. An dieser Stelle kann gut mit Fragen gearbeitet werden: *„Wann haben Sie gut gelernt? Was hat zum Lernen beigetragen? Wie viel davon haben Sie umgesetzt? Was hat zur Umsetzung beigetragen?"* Und sehr oft kann man den Antworten entnehmen, dass dann viel umgesetzt wurde, wenn viel Zeit um Üben war. Und wenn es dafür viel Zeit braucht, dann kann und muss man die Inhalte reduzieren.

Eine andere Variante besteht darin, sich im Detail auf die Lernziele zu konzentrieren: *„Wenn die Teilnehmenden nach dem Seminar XYZ anwenden sollen, welche Inhalte benötigen diese dazu genau?"* In Zeiten von Blended-Learning wird auch der Wunsch nach Auslagerung von Teilen des Trainings vorgebracht, sodass die Präsenzzeit intensiv genutzt werden kann. Klären Sie an dieser Stelle die Lernkultur des Unternehmens ab und ob sichergestellt werden kann, dass die Teilnehmenden auch die Zeit bekommen, die gewünschten Inhalte dann auch zu lernen.

Indem die Trainingsbedarfsanalyse-Basic oder -Advanced das Gespräch schrittweise durch einen systematischen Prozess leitet, können Sie „blinde Flecke" zuverlässig aufdecken. Dadurch, dass auch der Auftraggeber erlebt, wie tief für das Trainingsdesign geblickt wird, lässt sich auch seine Zustimmung für das Projekt und die Unterstützung für den erforderlichen Aufwand erhöhen. Insofern funktioniert die unabdingbare, saubere Trainingsbedarfsanalyse auch als Verkaufsargument für Ihr Trainingsdesign.

Erarbeiten Sie einen Projektplan

Trainingsdesignprojekte sind – wie das Wort schon sagt – Projekte. Bei einmaligen Themen oder Routinethemen wird man kaum in eine aufregende Planung gehen. Bei größeren Projekten aber gilt: „Who fails to plan, plans to fail."

Wichtige Bestandteile eines Projektes wurden in der Trainingsbedarfsanalyse-Advanced schon abgearbeitet: Das Ziel ist geklärt, die Zielgruppe, die Projektbeteiligen und die Stakeholder sind bekannt, das Budget ist aufgestellt und die Rahmenbedingungen sind geklärt.

Wichtig ist nun die Erstellung eines Projektplanes. Dabei geht es darum, das Projekt in Arbeitspakete zu zerlegen, diese in eine logische Reihenfolge zu bringen und mit Terminen zu versehen. Bei der Terminplanung gibt es zwei Möglichkeiten: Das Projekt wird mit Terminen versehen und daraus ergibt sich der Termin für den ersten Trainingstag oder es wird vom Wunschtermin des Pilottrainings rückwärts geplant. Bei dieser Methode ist bei der Ressourcenplanung ganz besonders darauf zu achten, dass der Trainingsdesigner auch verlässlich die Personen und sonstigen Ressourcen zur Verfügung gestellt bekommt, die er benötigt, um den Termin auch halten zu können.

Inhalte erarbeiten

- Kennen der drei Schritte: „Inhalte zusammenstellen", „Grobplan erstellen" und „Module inhaltlich ausarbeiten".
- Kennen der didaktischen Reduktion und von Tools, die dafür verwendet werden können.

- Verstehen, dass es notwendig ist, das Lernwürdige vom Lernmöglichen zu trennen.

- Die drei Schritte – „Inhalte zusammenstellen", „Grobplan erstellen" und „Module inhaltlich ausarbeiten" – auf das eigene Projekt anwenden können.
- Tools der didaktischen Reduktion anwenden können.

Die Trainingsbedarfsanalyse ist fertig. Jetzt geht es darum, die richtigen Inhalte festzulegen. Wenn man auf das gewünschte Ergebnis, die Lernziele und die schon bekannt gegebenen Inhalte sieht, weiß man ungefähr, was an Inhalten im Seminar vorkommen soll.

Zuerst Inhalt, dann Design

Es gilt die Grundregel „Zuerst der Inhalt, dann das Design" und sie ist beim Trainingsdesign unbedingt zu beachten. Das bedeutet tatsächlich, dass man sich oft zuerst durch Unmengen an Informationen, Büchern, Texten und Unternehmensunterlagen wühlen muss, um zu verstehen, worum es gerade geht. Und erst dann kommt das Design. Sehr oft hat man Designideen ab dem ersten Telefonat oder dem ersten längeren Gespräch. Das ist gut und schlecht: Denn oft passt die Designidee einfach nicht zum Inhalt und zum Grundsatz „Have the end in mind". An dieser Stelle empfehle ich immer, eine Liste mitzuführen, auf die alle guten Ideen kommen. Und erst, wenn der Inhalt steht, erlaube ich mir, zu prüfen, welche von den Ideen denn jetzt tatsächlich zum gewünschten Ergebnis passt.

Drei Schritte helfen beim Klären und Festlegen der Inhalte und dem darauf basierenden Grob- und Feinplan des Trainings. Sie heißen: „Inhalte zusammenstellen", „Grobplan erstellen" und „Module inhaltlich ausarbeiten".

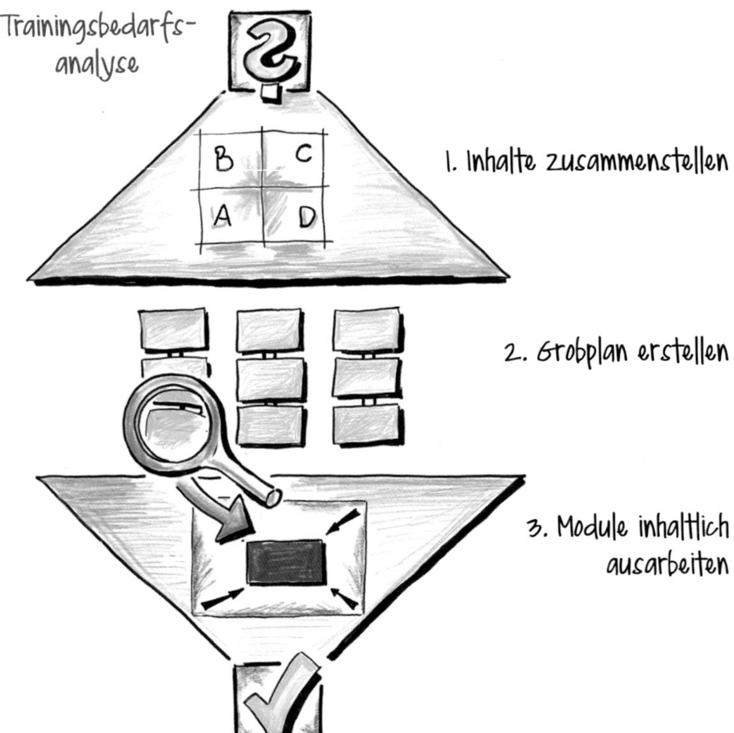

Abb.: Designschritte.

Bei der Abbildung ist die Form eines Rhombus ganz bewusst gewählt. Denn ausgehend von den Lernzielen und den Wünschen des Auftraggebers an die Inhalte, gibt es oft noch wenig Material. Es gilt im ersten Schritt zu sammeln, was vorhanden und notwendig ist.

Ist dieser Punkt erreicht, kann man als zweiten Schritt anfangen, eine logische Struktur für das Training aufzubauen – am besten mit Post-its®. Diese Struktur kann betrachtet werden und man kann „reinfühlen", ob der Ablauf so Sinn macht.

Erst dann kann im dritten Schritt mit dem detaillierten inhaltlichen Ausarbeiten der einzelnen Module begonnen werden. Am Endes des Prozesses sind die Inhalte des Trainings fixiert und es darf mit dem Design begonnen werden.

1. Inhalte zusammenstellen

Im ersten Schritt werden alle Inhalte zusammengestellt, die es für die Erstellung des Trainings benötigt. Dieser sogenannte „Inhaltscontainer" beinhaltet alle Inhalte, welche die Teilnehmenden und die Trainer für das Training benötigen und umfasst – wenn notwendig – noch zusätzliches Wissen.

S'Gschichtl

Ganz im Geheimen hoffe ich immer noch auf einen Auftrag zum Thema Spezial- und Schweißgase. Inhaltliche Trainingsunterlagen sind beim Auftraggeber vorhanden, das ursprüngliche Training ist aber laut zuständigem Kollegen extrem PowerPoint-lastig und nicht ausreichend prüfungsvorbereitend. Wie interessant wäre es, daraus kreatives, interaktives und nachhaltiges Training zu machen!

Herkunft des Wissens

Von wem das Wissen kommt und wie dann vorgegangen wird

Das inhaltliche Wissen kann also vom Trainer, vom Unternehmen, von beiden Seiten – oder gar von gar keiner Seite kommen. Je nach Ausgangslage sind hier unterschiedliche Vorgehensweisen anzuraten. Welche Ausgangslagen möglich sind, zeigt die Grafik auf der folgenden Seite.

In der Grafik sieht man zwei Achsen: Die X-Achse stellt das Know-how des Unternehmens zu einem Thema dar, die Y-Achse das Know-how des Trainingsdesigners zu einem Thema.

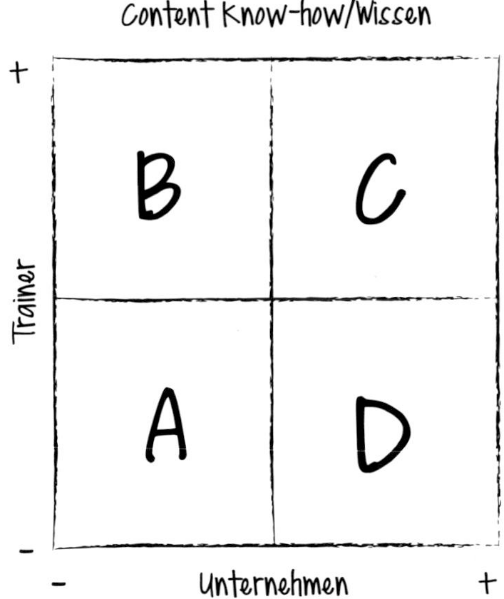

Im **Fall A** haben weder Designer noch Unternehmen das Know-how. Diese Aufträge lehnt man entweder rundweg ab, arbeitet mit Kollegen zusammen oder gibt sie gleich an Kollegen weiter. Oder man nimmt sie an, wenn man Lust hat, dieses Neue zu lernen, sich der Aufwand finanziell rentiert und/oder das neue Thema eine gute Erweiterung des eigenen Portfolios darstellt.

Im **Fall B** hat der Trainingsdesigner inhaltliches Know-how und für das Unternehmen ist das Thema neu. Dann empfiehlt es sich für den Designer, das Wissen auf den Prüfstand zu stellen und mit der Trainingsbedarfsanalyse abzugleichen. Ist ausreichend Know-how vorhanden, dann kann recht schnell ein Vorschlag erstellt, mit dem Unternehmen abgeglichen und das Design ausgearbeitet werden.

Im **Fall C** haben beide das Wissen. Die Erfahrung lehrt, dass man sich an der Stelle zurückhält und herausfindet, was das Unternehmen bisher darunter versteht und wie die unterschiedlichen Sichtweisen innerhalb des Unternehmens sind. Als Designer kann man dann inhaltliche Vorschläge machen oder man richtet sich grundsätzlich nach dem Wunsch des Unternehmens. Wenn man allerdings merkt, dass erwartete Inhalte den gewünschten Ergebnissen der Trainingsbedarfsanalyse entgegenlaufen, muss das klar aufgezeigt werden.

Im **Fall D** hat das Unternehmen das Wissen. Das kann zum Beispiel der Fall sein bei IT-Implementierungen, bei Spezialprodukten oder bei über die Jahre weitergegebenem, aber nicht ausreichend verschriftlichtem Wissen. In Meetings mit dem Kunden wird meist in mehreren Runden das Wissen mithilfe der Fachexperten (oder „Subject Matter Experts"/ SMEs) erarbeitet und so der Inhaltscontainer befüllt. In diesem Fall ist zu prüfen, was an Unterlagen schon vorhanden ist und ob das Unternehmen diese noch verwenden will.

Bei der Sammlung der Inhalte ist es darüber hinaus notwendig, zu unterscheiden, wer wie viel benötigt.

Wer braucht wie viel Wissen?

- Der Teilnehmer muss das Wissen bekommen, das ihm hilft, das Gelernte nach dem Training anwenden zu können.
- Der Trainer sollte so viel mehr Wissen haben, dass er 95% der Teilnehmerfragen beantworten kann. (Mit den verbleibenden 5% sollte der Trainer souverän umgehen, die Fragen aufschreiben und diese dann so schnell wie möglich beantworten.)
- Der Trainingsdesigner muss zu Beginn gar nichts oder nicht viel zum Thema wissen. Eine gewisse Neugierde, sich mit auf ein neues Thema einzulassen, hilft allerdings ungemein.

Know-how-Aufbau

Das Know-how kann – wie oben besprochen – vom Designer und/oder vom Unternehmen kommen. Die Unterlagen können sehr vielfältig sein:

Wissensunterlagen

- Fachliteratur
- Bücher
- Magazine, Zeitschriften
- Trainings
- Internet
- Podcasts
- YouTube
- Kollegen, Netzwerk

Sehr oft haben Unternehmen schon Material zu den gewünschten Themen. Auf diesen Materialien kann man entweder aufbauen oder sie – nach Rücksprache mit dem Unternehmen – bewusst nicht verwenden. Unternehmensinterne Unterlagen können zum Beispiel sein:

In Unternehmen vorhandenes Material

- Vorhandenes Trainingsmaterial
- Richtlinien
- Produktinformation
- Prozessinformation
- Handbücher
- Dokumente wie Unterlagen zu ISO-Zertifizierungen
- Unternehmenswikipedia
- Wissensmanagement
- Vision/Mission/Strategie

S'Gschichtl

Die Anfrage klang simpel: Eine große Gruppe von Managern sollte in einem dreistündigen Workshop die neu einzuführende Prozessverbesserungsmethode kennenlernen. Bei der sehr gründlichen internen Recherche nach Material wurde klar, dass unterschiedliche Mitarbeiter in unterschiedlichen Abteilungen auch ganz unterschiedliche Materialien und Vorkenntnisse zum gleichen Thema hatten. Erst durch mein hartnäckiges Nachfragen, was denn jetzt die für das Unternehmen richtige Vorgehensweise sei, wurde dem Unternehmen klar, dass dies vorrangig geklärt werden musste. Erst nach Klärung der Inhalte – in diesem Fall also des Prozesses, der Benennung der einzelnen Prozessschritte und der zugehörigen Tools – konnte mit dem Design des Workshops und dann einer ganzen Trainingsreihe begonnen werden.

Eine sehr gute und manchmal die einzige Möglichkeit, an Inhalte des Unternehmens zu kommen, ist die Durchführung einer Fokusgruppe. Dabei handelt es sich um eine moderierte Gruppendiskussion zu einem bestimmten Thema. Zweck einer Fokusgruppe ist, einen guten Einblick in die Thematik bzw. in die Welt der Zielgruppe zu gewinnen. Fokusgruppen kann man im Trainingsdesign insbesondere für das Erarbeiten von Inhalten, für das Entwickeln neuer Ideen und für das Feststellen von Anforderungen durchführen.

Für die Erarbeitung der Inhalte des Prozessmanagement-Trainings wurden daher die Fachexperten zu einem mehrtätigen Workshop eingeladen. Ich habe den Workshop moderiert und meine Aufgabe bestand „nur" darin, die Gruppe zu einem Konsens bezüglich des Prozesses, der Benennung der einzelnen Prozessschritte und der zugehörigen Tools zu bringen.

Wichtig war dabei – und das finde ich für den Job eines Trainingsdesigners elementar – inhaltlich neutral zu sein. Das Unternehmen wollte ja eine gemeinsame Vorgehensweise, die zu dem Zeitpunkt zum Unternehmen passte. Ich benötigte nur den Konsens darüber, damit ich nach Klärung der Inhalte mit dem Design des Trainings beginnen konnte. Dies wäre in Einzelgesprächen so nicht gelungen. Der Vorteil dieser Vorgehensweise war, dass die Inhalte vergemeinschaftet waren und somit in genau dieser Vorgehensweise angenommen wurden.

Vorgehensweise für die Arbeit mit Fokusgruppen zur Erstellung von Inhalten

▶ Voraussetzungen

- Die Rolle des Trainingsdesigners: Die Rolle ist gleich der eines Moderators eines Meetings. So muss man sich anhand der verfügbaren Unterlagen gründlich thematisch vorbereiten und das Meeting planen.

  Die Rolle des Trainingsdesigners

  Wie bei anderen Meetings ist der Moderator neutral und offen für die Ergebnisse der Gruppe. Gleichzeitig folgt er dem Grundprinzip „Have the end in mind" und das bedeutet, dass er immer die in der Trainingsbedarfsanalyse gewünschten Ergebnisse im Kopf hat. Bei Bedarf muss er der Gruppe bzw. an den Auftraggeber zurückspiegeln, wenn es in eine andere Richtung läuft.

- Zeit: Der Zeitbedarf hängt vom Thema, der Vielfalt der vertretenen Meinungen und des schon zur Verfügung stehenden Materials ab. Gibt es noch keine Unterlagen und das Wissen ist ausschließlich in den Köpfen der Mitarbeiter, kann die Moderation viel länger dauern, da viel mehr erarbeitet, abgeglichen und möglicherweise erstmals verschriftlicht werden muss.

  Der Zeitbedarf

- Teilnehmende der Fokusgruppe: Am besten sind Fachexperten, die mit den Inhalten, Tätigkeiten und Prozessen täglich zu tun haben. Aus Erfahrung empfiehlt es sich, Mitarbeiter mit gleichen Tätigkeiten aus unterschiedlichen Standorten bzw. Filialen zusammenzubringen. Erst so offenbaren sich unterschiedliche Arbeitsweisen, während dann ja aber doch einheitlich geschult werden soll. Vor dem Design und dem Training muss man sich auf eine einheitliche Vorgehensweise bzw. einen Standard einigen und diesen dann – wenn notwendig – auch absegnen lassen.

  Die Teilnehmer

▶ Ablauf des Meetings

Das Meeting wird ganz klassisch eröffnet, mit dem Vorstellen des Moderators und der teilnehmenden Fachexperten. Nachdem Agenda und Ziel der Moderation genannt sind, ist es wichtig, die Grundregeln für eine gute Zusammenarbeit festzulegen. Danach stellt der Trainingsdesigner die Trainingsbedarfsanalyse vor und klärt mit den Teilnehmenden alle offenen Fragen. Das

Das Vorgehen im Meeting

gemeinsame Verständnis dessen, was mit dem Training verändert werden soll, ist die Grundlage für einen guten, gemeinsamen Prozess. Der moderierende Trainingsdesigner klärt dabei auch seine Rolle ab: Er ist nur für den Prozess, nicht aber für die Inhalte verantwortlich. Denn die sollen ja von den Fachexperten kommen.

Gelegentlich sind diese Meetings von starken Emotionen begleitet und es ist wichtig, dass man damit umgehen kann. Die Ursachen können unterschiedlich sein. Sie können mit einem empfundenen Machtverlust zusammenhängen (Wissen ist Macht, gebe ich mein Wissen her, gebe ich Macht auf), oder auch mit allgemeinem Frust im Unternehmen. Eine sehr lebendige Diskussion habe ich erlebt, als Teilnehmende aus unterschiedlichen Filialen zur Erkenntnis kamen, dass sie zwar glaubten, das Gleiche zu tun und die gleichen Prozesse zu haben, sie es aber tatsächlich doch ganz unterschiedlich handhabten. Als der anwesende interne Trainer dann noch abstritt, dass das so sein könne, wurde die Moderation interessant.

Ziel der Moderation ist es, Information zu bekommen. Das kann sein: Erarbeiten neuen Materials, Sichten und Zusammenstellen bestehenden Materials, Aktualisieren von vorhandenem Material, Einholen von Erfahrungen, Sammeln von Fallbespielen, Darstellen von Abläufen etc. Ganz wichtig ist in diesem Schritt – wie in jeder Moderation – die Verschriftlichung der Ergebnisse. Diese Ergebnisse werden am Ende des Meetings zusammengefasst. Den Teilnehmenden wird zum Abschluss ein Ausblick gegeben, wie es mit den Ergebnissen weitergeht und wann und wie sie in den weiteren Prozess eingebunden werden.

2. Grobkonzept erstellen

Wenn die Inhalte zusammengestellt sind bzw. ein Überblick über das verfügbare Material da ist, kann man damit beginnen, das Grobkonzept zu erstellen. Damit ist ein Überblick über den Ablauf des Trainings gemeint, der am einfachsten mit Post-its® dargestellt werden kann. Jedes Post-it® stellt dabei ein Trainingsmodul dar. Ob man jetzt nur einen Namen für das Modul notiert, grob die

Inhalte oder schon die detaillierten Lernziele mit Kopf, Herz, Hand beschreibt, hängt davon ab, wie viel Detail man als Trainingsdesigner in diesem Schritt schon braucht.

Und jetzt gilt: Post-its® kleben und wirken lassen. Ist der Ablauf so richtig? Baut ein Teil auf dem anderen auf, wissen die Teilnehmenden jeweils genügend, damit der nächste Schritt gegangen werden kann? Glaubt man, dass die gewünschten Ergebnisse erzielt werden können?

Den Grobplan mit der 3-Z-Formel prüfen

Ein hilfreiches Tool ist an dieser Stelle die **„3-Z-Formel"**. Die Z stehen für „Ziel", „Zielgruppe" und „Zeit" (vgl. in dem Buch „Didaktische Reduktion" von Martin Lehner, 2012) und diese drei sind aufeinander bezogen. Alle drei Themen wurden in der Trainingsbedarfsanalyse (s. S. 39 ff.) abgefragt und werden jetzt mit der Grobplanung auf den Prüfstand gestellt. Zielgruppe und Zeitbudget sind meist vorgegeben – daher kann man meist nur noch an der Reduktion der Inhalte arbeiten. Genau an dieser Stelle kann es auch vorkommen, dass noch einmal mit dem Auftraggeber Rücksprache gehalten werden muss. Ist man mit dem Inhalt sehr vertraut, ist es meist sehr einfach, dies durchzuführen.

Ist dem Trainingsdesigner der Inhalt neu und/oder arbeitet man mit Auftraggebern oder Fachexperten zusammen, die sich schwertun, Lernwürdiges vom Lernmöglichen zu trennen, dann kann die Anwendung der Criticality Matrix – eine extrem systematische Vorgehensweise zur Inhaltsreduktion – sehr hilfreich sein. Dies lehnt sich an den „Criticality Approach to Content Selection" von Chuck Hodell an. Hodell beschreibt in seinem Buch „ISD (Instructional System Design) From the Ground Up" (Hodell, 2011) eine Vorgehensweise, die ich hier vereinfacht dargestellt habe.

Criticality Matrix

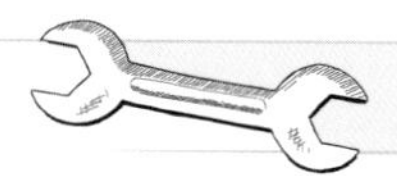

Ziel: Inhalte systematisch reduzieren.

Vorgehen: Erstellen Sie eine Liste aller Inhalte, die geschult werden sollen. Besonders praktisch ist es an der Stelle, für jeden Inhalt ein Post-it® schreiben zu lassen.

Erstellen Sie eine Tabelle, in der auf der Y-Achse die Häufigkeit abgebildet ist und auf der X-Achse die Wichtigkeit.

	Kritisch	Wesentlich	Optional	Unbedeutend
Täglich				
Wöchentlich				
Monatlich				
Quartalsweise				
Jährlich				
Nie				

Abb.: Criticality Matrix.

Nehmen Sie dann jedes Post-it®, überlegen Sie für jeden Inhalt, wie häufig die Teilnehmenden das Gelernte im Alltag einsetzen werden und kleben es in eine von vier Kategorien:

Die Beurteilung der Wichtigkeit

- **Kritisch:** hier geht es um Inhalte, die zwingend erforderlich sind, damit die Umsetzung des Lernziels erreicht werden kann. Hier kann es sich z.B. um rechtliche oder technische Inhalte handeln wie zwingende interne Abläufe oder Unfallverhütung.

- **Wesentlich:** sind die Inhalte, die nicht kritisch sind und doch wichtig genug, da sie die Grundlage für eine gründliche Schulung bieten. Hierbei handelt es sich z.B. um Prozessschritte, Grundkenntnisse eines neuen Computerprogramms oder fachliche Inhalte.

- **Optional:** sind die Inhalte, die nicht für die sofortige, häufige Anwendung gedacht sind. Sie beinhalten oft Hintergrundinformationen.

- **Unbedeutend:** sind Inhalte, die nichts zum Lernziel beitragen. Oft sind sie aus Gewohnheit dabei, weil es immer schon geschult wurde oder weil ein Fachexperte das für außerordentlich wichtig hält. Diese Kategorie ist naturgemäß besonders umstritten.

	Kritisch	Wesentlich	Optional	Unbedeutend
Täglich	□ □ □	□		
Wöchentlich	□ □ □ □	□		
Monatlich	□		□	
Quartalsweise			□ □	
Jährlich		□	□	□ □
Nie				□

Abb.: Criticality Matrix mit Inhalten.

Daraus ergibt sich ein klareres Bild, welche Inhalte trainiert werden müssen. Je weniger Zeit zur Verfügung steht, desto mehr wird man die Inhalte nehmen, die kritisch sind und zusätzlich darauf achten, welche Inhalte häufig verwendet werden.

	Kritisch	Wesentlich	Optional	Unbedeutend
Täglich	□ □ □	□		
Wöchentlich	□ □ □ □	□		
Monatlich	□		□	
Quartalsweise			□ □	
Jährlich		□	□	□ □
Nie				□

Abb.: Criticality Matrix mit selektierten Inhalten.

3. Module inhaltlich ausarbeiten

Im dritten Schritt geht es jetzt darum, die Inhalte für jedes einzelne Modul detailliert auszuarbeiten.

Dazu fängt man in der Trainingsreihenfolge an und nummeriert jedes Modul, am besten in Zehnerschritten. So müssen beim Verschieben von Modulen nicht alle Nummern in allen Dokumenten geändert werden. Wie das aussieht, ist bei „Material für die Trainer" auf S. 96 ff. beschrieben.

Für jedes Modul werden nun die Lernziele mit Kopf, Herz und Hand beschrieben. Dabei wird auch entschieden, welche Inhalte das Modul jetzt genau benötigt, um die Lernziele zu erreichen.

Dann werden diese Inhalte in schriftlicher Form fixiert, so wie es die Trainer, die Teilnehmenden bzw. der Auftraggeber benötigen. Was dabei zu beachten ist, wird im Kapitel „Trainingsmaterialien entwickeln" beschrieben, s. S. 86 ff.

Im Anschluss wird geprüft, ob die Inhalte des jeweiligen Moduls jetzt noch mit dem vorherigen Modul zusammenpassen und ob es auch die Grundlage für das nachfolgende Modul bietet. Abschließend wird gecheckt, ob diese Inhalte jetzt dem vom Unternehmen gewünschten Ergebnis dienen.

Didaktische Reduktion

„Didaktische Reduktion findet statt, wenn umfangreiche und komplexe Inhalte für die Lernenden ausgewählt und aufbereitet wurden. Die Auswahl der Inhalte bezeichnet die curriculare Perspektive, die Konzentration und Vereinfachung die vermittlungstechnische", so schreibt Martin Lehner, der an der FH Technikum Wien und für den Bereich Didaktik und Hochschulentwicklung zuständig ist (Lehner, 2012). In aller Kürze: Trennen wir das Lernwürdige vom Lernmöglichen!

Generell ist die didaktische Reduktion ein Kernelement der Wissensvermittlung, in deren Mittelpunkt immer die Lernenden stehen. Und es ist ein nicht so oft erwähntes und doch äußerst wichtiges Thema: Denn die Inhalte werden immer mehr, während die Zeit für die Vermittlung von den Unternehmen zunehmend reduziert wird. Umso wichtiger ist es, zu wissen, wie man zu dem „wenigen Wichtigen" kommt, das die Teilnehmenden benötigen. Somit bedeutet „Didaktische Reduktion", dass Lerninhalte für die Lernenden so aufbereitet werden, dass diese überschaubar und verständlich sind. Aus einer großen Stofffülle wird eine Auswahl der Lerninhalte getroffen, dann werden die Inhalte noch weiter auf das Wesentliche konzentriert.

Das, was übrigens Martin Lehner als „curriculare Perspektive" bezeichnet, ist in diesem Buch der Schritt „Grobkonzept erstellen" (vgl. S. 68 f.). Dabei geht es um eine erste Auswahl und Zusammenstellung der Inhalte. Um also aus einer großen Stofffülle die relevanten Inhalte herauszufiltern, wurde bereits die 3-Z-Formel in groben Zügen vorgestellt, eine ausführliche Beschreibung finden Sie auf S. 75.

Im nachfolgenden Schritt „Module inhaltlich ausarbeiten" finden die Konzentration auf das Wesentliche und die Vereinfachung statt. Zur Konzentration und Vereinfachung im Schritt „Module inhaltlich ausarbeiten" lernen Sie insgesamt sechs Tools kennen, sie sind auf S. 74 ff. beschrieben.

- Kopf, Herz, Hand
- 3-Z-Formel
- Siebe der Reduktion
- Das innere Reduktionsteam
- Grundlandschaft mit Tiefenbohrung
- Graphic Organiser

Diese Vorgänge – „Stoffreduktion", „Konzentration" und „Vereinfachung" – werden durch den Trainingsdesigner durchgeführt. Wenn Inhalte durch die Lernenden selber „heruntergebrochen" werden, ist dies auch eine Form der didaktischen Reduktion. Wer einmal Spickzettel für Prüfungen geschrieben hat, weiß auch schon, was damit gemeint ist. Die Teilnehmenden können im Training aufgefordert werden, selber Inhalte zu reduzieren. Dies dient dann auch der Aktivierung der Teilnehmenden, vor allem aber der intensiven Auseinandersetzung mit dem Gelernten. Auch zur „Reduktion als Lernhandlung" werden Ihnen in diesem Buch Tools vorgestellt. Diese finden Sie in dem Kapitel „Recaps" auf den Seiten 219 und 220.

- Twitter (mit 140 Zeichen einen Inhalt erklären)
- Quiz erstellen lassen

In dem Kapitel finden Sie auch weitere vielfältige Ideen, bei denen die Teilnehmenden selber aktiv werden und ihr Wissen zusammenfassen. Lesern, die mehr über die Fülle an Techniken zur Reduktion der Stoffmenge und zur Reduktion der inhaltlichen Komplexität wissen wollen, empfehle ich die Bücher von Martin Lehner und Yvo Wüest (Lehner, 2012; Wüest, 2015).

Welches Tool auch immer verwendet wird: Am Ende dieses Abarbeitens stehen die Inhalte jeden Moduls fest. Und das ist die Basis für den nächsten Schritt: das Design des Trainings.

Tools für die Konzentration auf das Wesentliche

Bei der Konzentration auf das Wesentliche geht es darum: Welche Aspekte eines bereits ausgewählten Inhaltes sind für den Lernenden bedeutsam und wesentlich?

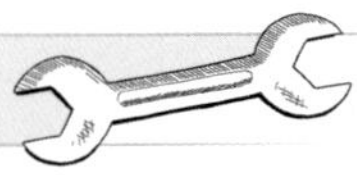

Kopf, Herz, Hand

Bei dieser Methode werden für jedes Modul die Lernziele definiert (vgl. S. 21). In jeder Kategorie von „Kopf", „Herz" und „Hand" muss mindestens ein Ziel stehen, es können aber auch mehrere sein. Am leichtesten ist die Detailbestimmung, wenn man mit der „Hand" anfängt: Was müssen die Teilnehmer nach dem Seminar anwenden können? Um das nämlich tun zu können, benötigen diese Wissen. Und nur das wird dann geschult.

Fängt man die Lernziele bei der Kategorie „Kopf" an, dann kann es passieren, dass man ganz viel Theorien, Konzepte, Abläufe aufschreibt. Wenn dieses Wissen dann nicht in Anwendung umgesetzt wird, ist es bald verlorenes Wissen.

Für die Kategorie „Herz" ist dann zu ergänzen, was sich in der Haltung, der Einstellung der Teilnehmenden ändert.

3-Z-Formel

Die drei Z sind aufeinander bezogen. Sie stehen für

- Ziel
- Zielgruppe
- Zeit

Diese Formel wurde schon im zweiten Schritt „Grobkonzept erstellen" (s. S. 68 f.) verwendet und kann jetzt nochmals angewandt werden, geht es doch um die detaillierte Klärung, was genau an Inhalten jetzt vorkommen soll.

Der Zeitfaktor ist hier ausschlaggebend: In einem Modul von 90 Minuten soll maximal ein Drittel der Zeit für die Präsentation der Inhalte, der Rest für das Anwenden aufgewendet werden. Da wird auch schnell klar, dass einiges aus Zeitmangel nicht trainiert werden kann.

Die Siebe der Reduktion

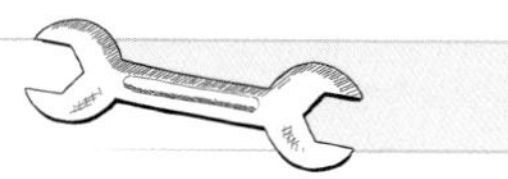

Die Siebe dienen dem Zweck, Wesentliches auszuwählen und wieder einmal dazu, Inhalte zeitabhängig zu konzentrieren. Dazu stellt man sich vor, dass man die möglichen Inhalte durch unterschiedlich feine und grobe Siebe rüttelt. Bei einem feinen Sieb bleibt sehr viel übrig (Inhalte für ein zweitätiges Seminar), bei einem gröberen Sieb bleibt nur ein Teil hängen (Inhalte für einen halben Tag), bei einem sehr groben Sieb bleibt nur noch die Essenz übrig (30 Minuten).

Allein dieses Gedankenexperiment hilft, Wesentliches vom Unwesentlichen zu trennen. Wer mit den Sieben nicht so zurechtkommt, dem mag das Kofferbild helfen: Im 23 kg Koffer hat das Zweitages-Training Platz, im Handgepäckskoffer sind die Inhalte für einen halben Tag und in der Handtasche ist nur noch die Essenz drin.

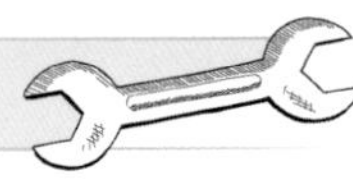

Das innere Reduktionsteam

Diese Idee habe ich aus dem Buch von Martin Lehner. Er beschreibt wunderbar die Zerrissenheit, die einen Trainingsdesigner bei der Materialauswahl ereilt. Deshalb kann es bei der Aufbereitung von Inhalten sinnvoll sein, verschiedene Perspektiven im Sinne eines „inneren Reduktionsteams" einzubringen. Die inneren Teammitglieder fokussieren dabei auf die Aspekte: Reduktion, Struktur und Details.

Bei der Auswahl dürfen sie dann mitreden: „Der Strukturexperte" will eine klare Ordnung und Zusammenhänge erkennen, „der Reduzierer" will noch etwas weglassen und „der Spezialist" schaut drauf, dass auch an alles gedacht wurde.

Tools für die Vereinfachung des Komplizierten

Bei der Vereinfachung des Komplizierten geht es um die Frage: Wie kann man die Inhalte zielgruppenorientiert aufbereiten und erklären? Diese Tools sind nicht nur für die Lernenden im Training als Orientierung hilfreich, sie dienen auch dem Trainingsdesigner beim Aufbau des Seminars.

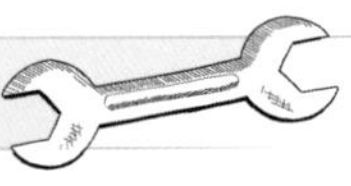

Lernlandkarten

Lernlandkarten bieten einen Überblick über ein Stoffgebiet und werden besonders gut bei Themen eingesetzt, bei denen es um Abfolgen oder Prozessabläufe geht. Wenn eine Prozessverbesserungsmethode vier Schritte hat und zu jedem Schritt gibt es genau zwei Unterschritte, dann kann man das mit Moderationskarten für die Teilnehmenden auch gut darstellen. Bei der Auswahl der Inhalte kann man dann auch darauf achten, in welchem Schritt was genau geschult wird und wie das wiederum gut dargestellt werden kann. Das Tool wird ausführlich auf S. 156 vorgestellt.

Graphic Organiser (Advance Organiser)

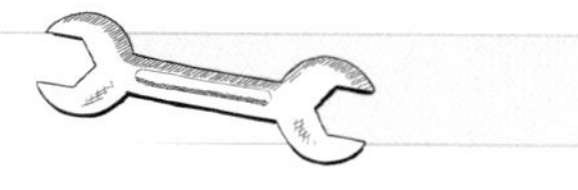

„Graphic Organiser“ bezeichnet einen Überblick über die Struktur der zu lernenden Inhalte. Als Trainingsdesignerin baue ich mir gerne Strukturen auf, sehr oft auf Flipcharts mit Post-its® und Zeichnungen. Dann wird ausgeschnitten, umsortiert, geklebt, bis sich ein gutes, übersichtliches Bild ergibt. Dieser Überblick wird dann auch den Teilnehmenden zur Verfügung gestellt, damit diese sich im Training schneller orientieren können.

Beim Erstellen konzentriert man sich dabei auf die Kernelemente, die wichtigsten Zusammenhänge und Visualisierungen wichtiger Aspekte.

Im Training wird der Graphic Organiser „leer“ ausgeteilt, das bedeutet, dass nur die Struktur vorgegeben ist und die Teilnehmer während des Vortrages die Inhalte ergänzen.

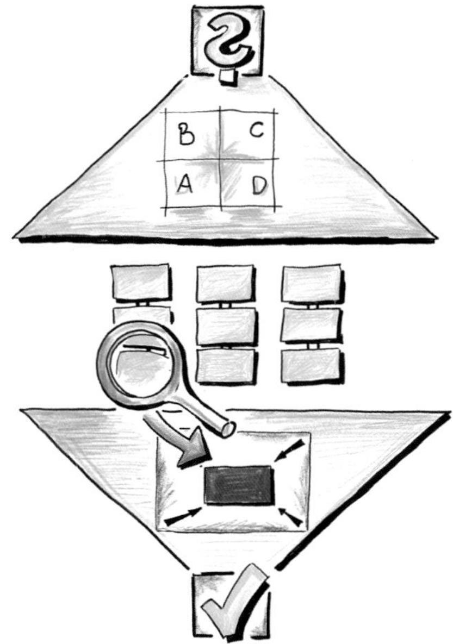

Abb.: Ein Beispiel für einen Graphic Organiser.

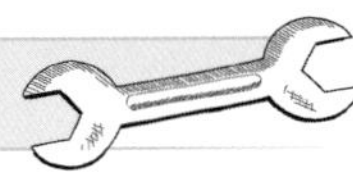

Grundlandschaft mit Tiefenbohrung

Das Bild der Grundlandschaft entspricht den Inhalten, die geschult werden sollen, damit die Teilnehmenden einen Überblick, eine grobe Orientierung über ein Themengebiet bekommen. Und um dann nicht in die Vollständigkeitsfalle zu tappen, überlegt man sich, an welchen ausgesuchten zwei bis drei Themen man in die Tiefe gehen will.

Aus der Sicht des Trainingsdesigners

Gerade bei der Arbeit mit Fachexperten kann es passieren, dass es nur schwer gelingt, aus einer Vollständigkeitsfalle auszusteigen. Erklären Sie den Fachexperten, dass es nicht darum geht, etwas vollständig weiterzugeben. Es geht darum, ein gutes Wissensnetzwerk bei den Teilnehmenden aufzubauen und ihnen zu vermitteln, wo diese das Weiterführende nachschlagen bzw. in Erfahrung bringen können.

Es kann aber auch Ihnen als Trainingsdesigner passieren, dass Sie einen „Expertenblick" auf die Inhalte bekommen. Je länger man sich mit einem Thema beschäftigt, desto eher ist man versucht, das Niveau hinaufzusetzen bzw. auf höherem Niveau anzufangen, weil „schon alles klar ist". Bewahren Sie sich also den Anfängergeist! Versetzen Sie sich in die Lage der Teilnehmenden und – so abgedroschen das jetzt auch klingen mag – holen Sie sie dort ab, wo diese gerade sind.

Geht man davon aus, dass die Vermittlung von Inhalten nur ein Drittel der Zeit eines Moduls in Anspruch nehmen soll und die Anwendung, das Üben, zwei Drittel, dann merkt man recht schnell, wie wenig Zeit für viele mögliche Inhalte ist. Manchmal passiert es schon bei den Grobzielen, doch spätestens beim Klären der Inhalte pro Modul gerät man in den typischen Konflikt von „Zeit versus Lernziele". Und dann heißt es, Entscheidungen zu treffen: mehr/weniger Zeit, mehr/weniger Inhalte, Beibehalten/Ändern der gewünschten Ergebnisse? Und auch: Mit welchem Design, welchem Tool, welcher möglicherweise schrägen Methode ist es vielleicht doch zu schaffen?

Bisweilen kommt man dann auch nicht darum herum, den Auftraggeber um ein Gespräch zu bitten, weil man jetzt erkennt, dass mit der (häufig) vorgegebenen Zeit das gewünschte Ergebnis nicht erreicht werden kann. Da könnten manche meinen, dass es vielleicht unprofessionell wäre, jetzt noch einmal ins Gespräch zu gehen. Das mag für Themen gelten, deren Inhalte man sehr gut kennt und bei denen man es bei der Auftragsklärung schon hätte wissen können. Wenn man allerdings Inhalte erst mithilfe des Unternehmens zusammengestellt hat bzw. bestehende Inhalte „mal schnell" kreativ designen soll, dann kann es auch leicht zu Überraschungen kommen. Und hier meine Bitte: Scheuen Sie das Gespräch nicht, erklären Sie, welche Probleme Sie sehen und zeigen Sie mögliche Lösungen auf.

Training designen

- Wissen, wie der Designschritt abläuft.
- Die Trainingsdesign-Checkliste kennen.

- Form follows function.

- Den Designablauf verwenden und dabei die Idee des roten Fadens beachten.
- Die Elemente aus der Trainingsdesign-Checkliste verwenden, die man für das eigene Designprojekt benötigt.

Form follows function! Dieser Ausdruck ist ein Designleitsatz, den man insbesondere aus Produktdesign und Architektur kennt. Er besagt, dass sich die Gestalt von Gegenständen aus ihrer Funktion beziehungsweise ihrem Zweck ableiten sollte. Das heißt ebenso, dass man aus der Form des designten Gegenstands in der Regel auf dessen Funktion bzw. Zweck rückschließen kann.

Was im Produktdesign gilt, gilt auch für das Trainingsdesign. Denn erst, wenn die Inhalte geklärt sind, kann man mit dem Design des Trainings beginnen. Das mag für die kreativen Köpfe ein schwieriger Prozess sein, ist doch das Durcharbeiten der Trainingsbedarfsanalyse und das Erarbeiten der Inhalte mit dem Auftraggeber oft ein langatmiger Prozess.

Frühzeitige Ideen können auf einer Ideenliste gesammelt werden

Und ich bin ehrlich: Natürlich sprühen auch bei mir die Ideen oft schon bei einer sehr kurzen Trainingsanfrage, dann auch bei der Trainingsbedarfsanalyse und noch mehr bei der Klärung der Inhalte. Deshalb lasse ich immer parallel eine Design-Ideenliste mitlaufen, damit ich die Ideen dann, wenn ich sie brauche, auch zur Verfügung habe. Das Aufschreiben auf die Liste hilft auch, die Idee so lange „aus dem Kopf zu bekommen" bis man wirklich kreativ werden darf.

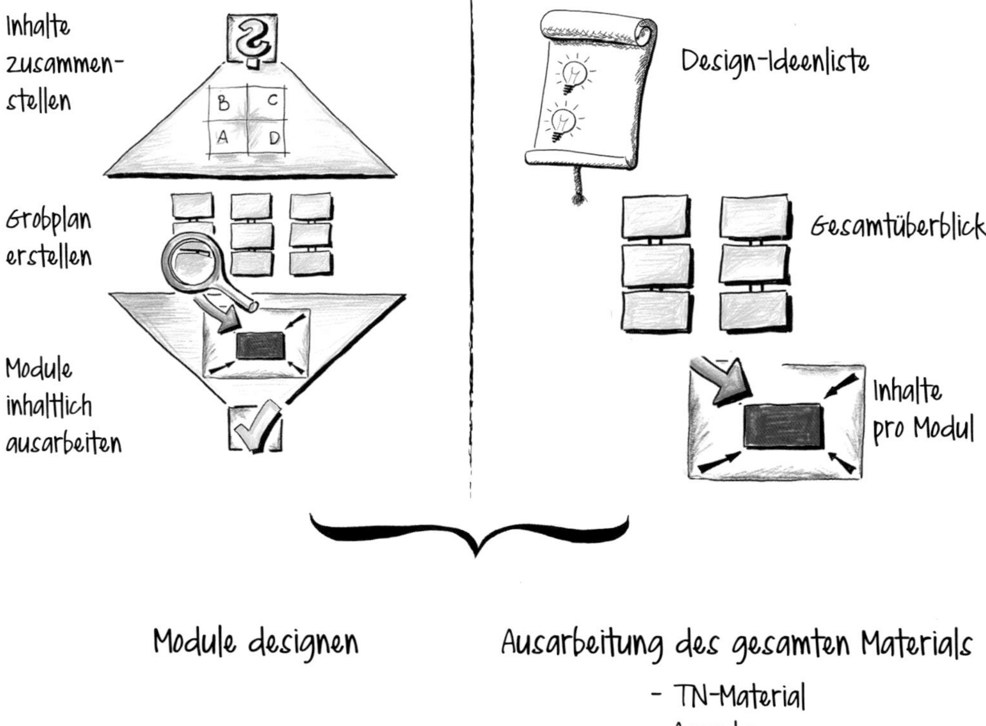

Abb.: Elemente und Reihenfolge des Designprozesses.

Der Designprozess kann also beginnen, wenn die Trainingsbedarfsanalyse durchgeführt ist und „Have the end in mind“ ganz klar herausgearbeitet ist. Weiter steht ein Grobplan für das Training, die Inhalte pro Modul sind mit dem Auftraggeber abgestimmt.

Parallel dazu ist die Design-Ideenliste entstanden und jetzt endlich darf sie auch verwendet werden. Sie ist das wichtigste Hilfsmittel an dieser Stelle: eine Liste mit allen Designideen, die oft schon von Anfang an da sind und die auch über den gesamten bisherigen Ablauf geschrieben und ergänzt wurde – gleich ob auf Flipchart, in einem Notizblock oder auf Post-its®. Diese Designliste wird nun gezückt und es wird überlegt, was zu den Inhalten passt, zum Unternehmen, zur Strategie, zur Kultur, den Werten, der Zielgruppe und den voraussichtlichen Trainern. Da fliegen die ersten Ideen schon raus, manche werden in eine engere Auswahl gezogen, andere liebevoll angesehen und langsam entsteht eine Idee, was davon im Training umgesetzt werden könnte.

Gleichzeitig geht es darum, auch den Grobablauf im Blick zu haben. Denn es kann auch Designideen geben, die nicht nur in einem Modul angewendet werden, sondern sich – wie zum Beispiel bei einer Simulation – durch das ganze Training ziehen.

Ab dann wird jedes einzelne Modul der Reihenfolge nach vollständig ausgearbeitet (wie dabei vorgegangen wird, erfahren Sie im Kapitel „Trainingsprozess" auf S. 111 ff.). Nach dem Durchsehen der Inhalte jedes Moduls wird es für die Teilnehmenden aufbereitet. Jetzt erst wird das Trainingsmaterial geschrieben. Es besteht aus

Das Trainingsmaterial wird geschrieben

- einer Agenda, die einen Kurzüberblick über das gesamte Training gibt,
- einem Trainerhandbuch, das die detaillierte Durchführung des Trainings beschreibt,
- den Trainingsmaterialien/Teilnehmerunterlagen und
- der Raum- und Materialcheckliste.

Mehr Details dazu stehen unter „Trainingsmaterialien entwickeln" auf S. 86 ff.

Immer wieder kommt die Idee auf, unterschiedliche Optionen bei Übungen anzugeben. Für Fachexperten, die nur wenige Tage im Jahr trainieren, ist die Durchführung des Trainings an sich bereits eine Herausforderung, da bedeutet jede Option eine zusätzliche Schwierigkeit. Überdies müsste man an dieser Stelle dann genau festlegen, wann welche Übung geeigneter ist. Daher sollte man Optionsvielfalt ausschließlich dann anbieten, wenn einerseits die Trainer mit dieser auch umgehen können und andererseits das gewünschte Ergebnis das gleiche bleibt.

Für das Trainingsdesign selbst verwende ich eine Excel-Tabelle „Agenda Trainingsdesign" (vgl. dazu S. 96 f. Die „Agenda Trainingsdesign" kann auch in den Download-Ressourcen zu diesem Buch heruntergeladen werden). Diese Tabelle ist aufgebaut wie die übliche Trainingsagenda. Beim Abarbeiten des Trainingsdesigns bin ich gnadenlos strukturiert und jedes Feld wird nach der fertigen Bearbeitung grün markiert. So kann ich sichergehen, dass ich nichts vergesse bzw. dass ich sehe, wenn ich auf etwas zurückkommen muss.

Der rote Faden

Einen roten Faden durch das Training zu ziehen, ist ein wichtiges Ziel des Trainingsdesigners. Vom Ende gedacht – nämlich der tatsächlichen Umsetzung des Gelernten im Training – verbindet er die Lernziele mit den Inhalten und Übungen, verwebt diese mit dem Transfer und stellt sicher, dass die Module wirklich aufeinander aufbauen und die Übergange fließend sind. Gleichzeitig prüft der Trainingsdesigner, ob jedes Element im Training dem Ziel „Have the end in mind" dient. Der Teilnehmenden soll an keiner Stelle im Training das Gefühl haben, dass da jetzt eine Übung gemacht wurde, deren Ergebnis keinen Sinn hat, weil damit nicht weitergearbeitet wird bzw. weil das Gelernte im Alltag nicht anwendbar ist.

Um sicherzustellen, dass der rote Faden vorhanden ist und alle Besonderheiten des Trainings berücksichtigt sind, wird die Trainingsagenda daher nach Hauptaugenmerk des Trainingsdesigners individuell durch Elemente der Trainingsdesign-Checkliste ergänzt (sie ist auch zum Download erhältlich). Das heißt, der Trainingsagenda können Spalten mit den Inhalten der folgenden Trainingsdesign-Checkliste hinzugefügt werden, die für das jeweilige Training benötigt werden.

Trainingsdesign-Checkliste

- Inhalte: Die Inhalte sind klar und wenn notwendig mit dem Auftraggeber abgestimmt.

- Teilnehmermaterial: die Unterlagen für Teilnehmer sind erstellt oder zur Verfügung gestellt. Es kann sich dabei um ein Word- oder PowerPoint-Dokument handeln oder es kann auch den Kauf eines Buches betreffen.

- Agenda: Die Agenda mit den Kurzangaben zu Inhalten und dem groben Zeitablauf steht (vgl. S. 96 f.).

- Trainerhandbuch: Die Beschreibung des Trainingsablaufes mit Klärung der Inhalte, der Sozialform, der Vorbereitung und der Visualisierung, ist fertig (vgl. S. 97 ff.).

- Raum- und Materialliste: Dinge, die auf jedes Training zutreffen, werden sofort auf diese Liste geschrieben, wie z. B. ein Projektor oder ein Moderationskoffer. Dann wird diese Liste beim Durcharbeiten jedes Moduls laufend ergänzt (vgl. S. 101).

- Lernziel-Check: Die Lernziele „Kopf, Herz, Hand“ sind klar und stimmen auch nach Schreiben des Moduls immer noch. Wenn sich etwas geändert hat, sind die Auswirkungen auf andere Module zu bedenken.

- Roter Faden: Das Modul schließt logisch an das Vorgängermodul an und es zieht sich ein roter Faden durch das Training.

- Visualisierung: Das Material ist ausreichend visualisiert und analog zu den Vorgaben des Unternehmens durchgeführt bzw. die Copyright-Rechte sind gewahrt.

- „Training from the back of the room“: Das Modul wird noch einmal einem kritischen Check unterzogen, ob man nicht noch mehr Lernarbeit an die Teilnehmenden abgeben kann.

- „Have the end in mind“: Ist alles, was im Training vorkommt, auch wichtig zur Erzielung des gewünschten Ergebnisses?

- Lernermöglicher: Wenn das Training für Trainer mit wenig Erfahrung geschrieben wird, ist es notwendig, die Rolle des Trainers gut zu beschreiben.

- Methodenvielfalt: Prüfung, ob unterschiedliche Methoden eingesetzt werden und die gewählte Methode an dieser Stelle auch Sinn macht.

- Fokus, Information, Erfahrung und Transfer: Wer sich selbst disziplinieren muss, kann auch jeden Quadranten aus den Modulen in die Checkliste setzen (vgl. hierzu S. 119 ff.).

- Übungsanleitungen: Für jede Übung sind das Ziel, die Schritte und die Dauer der Übungen verschriftlicht.

- Aktivitätslevel: Das Verhältnis aktive oder ruhige Trainingsteilnahme ist ausgewogen.

- Trainerkompetenz: Das Training ist an die Fähigkeiten der zukünftigen Trainer angepasst.

- Weiterführende Literatur: Schon beim Sammeln der Inhalte stolpert man über tolle Bücher, Filme und weitere Materialien. Diese gilt es an dieser Stelle zu sichten, für die Teilnehmenden und die Trainer kann eine Liste erstellt werden.

- Interkulturell: Wer im interkulturellen Kontext unterwegs ist, sollte sich bei der Verwendung von Bildern, Videos und manchmal auch Texten versichern, dass das gezeigte Material auch in allen Kulturen gleich verstanden wird bzw. nicht missverständlich ist.

- Sprache: Das Wording und die Genderkonformität ist überprüft.

- „Wie am Arbeitsplatz": Es ist daran gedacht, dass die Übungen wie am Arbeitsplatz durchgeführt werden, z. B. wird bei Übungen eine Geräuschkulisse wie am Arbeitsplatz eingebaut.

- Transfer: Der Transfer ist vor, während und nach dem Training eingeplant.

Design-Bonusidee

Um den roten Faden zu betonen, lassen sich auch gut Metaphern verwenden und in das Training einbinden. Das Wort „Metapher" kommt aus dem Griechischen und bedeutet Übertragung. Daher spricht man von einer Metapher, wenn etwas nicht wörtlich, sondern im übertragenen Sinne und somit bildhaft gemeint ist. Gesamtmetaphern ziehen sich über ein gesamtes Training/eine Veranstaltungsreihe und helfen den Teilnehmern bei der Orientierung und dem Verständnis.

S'Gschichtl

In der Weiterbildung zum Trainingsdesigner gibt es die Metapher der Ballonfahrt. Ein Ballon steigt auf und fährt und landet. Am Boden kann das Land erkundet werden. Beim Fahren können Dinge von oben betrachtet werden. Die Landerkundungen sind das Training an sich und da das Training sehr interaktiv gestaltet ist, sind die Trainingsteilnehmer sehr involviert.

Wenn der Blick auf das Trainingsdesign gelenkt werden soll, steigt der Ballon immer wieder auf und wir blicken aus der Rolle des Trainingsdesigners auf das Training. Was ist gerade passiert? Weshalb diese Übung, wieso an dieser Stelle? Mit der Metapher des Ballons ist dieser Switch ganz leicht zu schaffen. Und sie zieht sich wie ein roter Faden durch das ganze Training und jetzt auch durch dieses Buch.

Trainingsmaterialien entwickeln

Wie sprach eine Trainingsdesign-Kollegin: *„Merksatz: Trainingsdesign ist nicht Materialdesign und vice versa. Ist für uns selbstverständlich, für viele aber verwirrend, weil gleichbedeutend."* Tatsächlich sind Trainingsdesign und Materialdesign zwei Prozesse, die gleichzeitig ablaufen. Sie folgen dem Grundsatz „Have the end in mind". Denn ausschlaggebend ist das Ziel: Was braucht der Teilnehmer, um das Gelernte anwenden zu können in Bezug auf das Material sowohl vor, während und nach dem Training? Gut ist, wenn es beispielsweise vor dem Training schon Lerneinladungen und Selbsteinschätzungen gibt. Im Training unterstützt dann das schön und wirksam gestaltete Material das Lernen. Am wichtigsten ist es jedoch, dass die Teilnehmenden dann Zugriff auf das Know-how haben, wenn sie es für den Transfer benötigen.

Auch Material über das Training hinaus wird bereitgestellt

Bei der Entwicklung des Trainingsmaterials sind unterschiedliche Dinge zu bedenken und Entscheidungen zu fällen. Denn es muss nicht das gesamte Know-how trainiert bzw. weitergegeben werden. Haben allerdings beispielsweise Teilnehmende nach dem Training Fragen, ist es für sie wichtig zu wissen, wo sie sich das Know-how holen können. Deshalb gilt es, eine Entscheidung darüber zu treffen, was von dem gesamten Know-how, das vorhanden ist, grundsätzlich dokumentiert und zur Verfügung gestellt werden soll. Es wird also ausgewählt, was grundsätzlich in einen Lerninhalt-Container gehört.

S'Gschichtl

Ich war selbst Teilnehmerin in einem dreiwöchigen Training zum Thema „Six Sigma/Prozessverbesserung". Das Training war auf Englisch, was damals noch eine große Herausforderung für mich darstellte. Ich konnte den Inhalten mehr oder weniger folgen, es war viel Stoff in wenig Zeit und auch mit sehr kurzen Übungseinheiten. Um allerdings zertifiziert zu werden, musste jeder Teilnehmer ein Projekt im eigenen Unternehmen durchführen. An der Stelle war es großartig, dass ich Zugriff auf wirklich gute Unterlagen hatte, die mich bei der Anwendung des Gelernten unterstützten.

Zielgruppen

- **Material für die Teilnehmenden:** Dies soll die Lernenden unterstützen und dient als Arbeitsmaterial während des Trainings. Es soll gleichzeitig so umfangreich sein, dass die Teilnehmenden auch nach dem Training noch Zugriff darauf haben, damit der Lerntransfer gelingen kann.

- **Material für die Trainer:** Die Trainer benötigen auch ausreichend Information über zu trainierende Inhalte. Dies kann über den Lerninhalt-Container hinausgehen. Daher sollten für die Trainingsvorbereitung ergänzende Bücher, Links und sonstige Dokumentation zur Verfügung gestellt werden (vgl. S. 96 ff.).

S'Gschichtl

Bei einem Training zum Thema „5S", einem Instrument, das dazu dient, Arbeitsplätze und ihr Umfeld sicher, sauber und übersichtlich zu gestalten, wurde entschieden, dass Teilnehmermaterial in Form eines Workbooks (vgl. S. 90) zur Verfügung gestellt werden sollte. Dabei war auf einer Seite der Inhalt in der kürzest möglichen Form dargestellt, auf der anderer Seite war die Übungsanleitung und Platz für persönliche Reflexion. Das allein hätte dem Trainer nicht geholfen, sich darauf gut vorzubereiten. So gab es zusätzlich Hilfe durch ein Buch und Links zu hilfreichen YouTube-Videos.

- **Material für andere Stakeholder:** Weitere Stakeholder können beispielsweise Führungskräfte, Projektsponsoren, Personalentwickler und das Organisationsteam sein. Diese anderen Zielgruppen werden in der Materialentwicklung oft gar nicht angedacht. Dabei kann man diese mit ganz wenig Aufwand auch laufend informieren.

S'Gschichtl

Bei einem Führungskräfte-Training erhielten die Teilnehmenden nicht nur eine Teilnehmerunterlage für sich selbst, sondern auch eine Kurzversion für die jeweilige Führungskraft. Somit kann der Lernende seiner Führungskraft nach dem Training etwas mitgeben und erzählen, was gelernt wurde und was man davon im Alltag anwenden möchte. Die Führungskraft wiederum hat etwas Haptisches und Visuelles und kann sich Notizen über das Veränderungsvorhaben machen.

Aufbereitung

- **Inhalt:** Je nach Inhalt können sich ganz unterschiedlichen Formate eignen. Denn Gesetze oder Richtlinien beispielsweise werden in anderer Form aufbereitet werden, als Hard-Skill-Themen wie „Projektmanagement" oder Soft-Skill-Themen wie „Kommunikation" oder „Führung".

- **Make or buy:** Das Material kann gekauft werden, sei es als Buch oder als fertigen PowerPoint-Foliensatz. Je genereller ein Thema ist, je mehr Material darüber verfügbar ist, desto eher wird das Material fertig zugekauft werden. Man kann sich aber auch entscheiden, den Inhalts-Container selbst zu befüllen und das Trainingsmaterial selber zu erstellen.

  Die Teilnehmerzahl ist bei „Make or buy" zu beachten. Je mehr Teilnehmende das Training haben wird, desto eher rentiert es sich, eigenes Material zu erstellen. Wenn es sich allerdings um Spezialwissen mit sehr wenigen Teilnehmenden handelt, kann man die Unterlagen auch im Training von den Teilnehmenden erstellen lassen oder das Flipchart-Protokoll als Inhaltscontainer verwenden.

  Bei einem Training zum Thema „Feedback" kann man etwa sehr leicht Material finden, das man direkt verwendet oder leicht abwandelt und dann mit firmenspezifischen Themen versieht. Bekommt allerdings ein Unternehmen eine ganz spezifisch zugeschnittene IT-Software oder soll eine neue Strategie umgesetzt werden, so wird das Material auch eigens aufgesetzt werden müssen.

- **Sinne ansprechen:** Und schließlich soll das Material die Sinne ansprechen! Je lebendiger und anwendungsorientierter, desto besser. So beschäftigen sich die Teilnehmenden gerne damit und kommen wieder darauf zurück.

  Dabei geht es um gestalterische Kompetenz. Das betrifft etwa die Einheitlichkeit in Schrift und Satz, klare Farbvorgaben, einheitliche Vorgaben zu allen verwendeten Bildern. Kurz: Organisieren Sie sich das Corporate Design Manual – oder schaffen Sie sich eines, in dem Gestaltungsrichtlinien definiert und festgelegt werden.

  Lesern, die vertiefen möchten, auf welche Weise sie die Sinne ansprechen können, empfehle ich aus dem Buch „Trainings planen und gestalten" das Kapitel zur Mediengestaltung von der Supervisorin Petra Nitschke (Nitschke, 2011).

- **Ressourcen:** Generell gilt es natürlich auch zu berücksichtigen, welche Ressourcen zur Verfügung gestellt werden können. Kann der Auftragnehmer bzw. der Auftraggeber ausreichend Budget, Zeit und Personen zur Verfügung stellen? Kommt es hier zu Verknappungen, ist zu klären, welche Auswirkungen das auf das Projekt haben wird.

Material für die Teilnehmenden

PowerPoint ist sehr häufig das bevorzugte Mittel der Wahl. Wenn es darum geht, den Teilnehmenden Material zur Verfügung zu stellen, so bedeutet das nicht, dass es auch so bleiben muss. In Folge gibt es hier eine Reihe von Ideen, wie, alleine oder kombiniert, Material zur Verfügung gestellt werden kann – sowohl vor, während als auch nach einem Training.

- **PowerPoint – Folienansicht:** der Klassiker. Die Folien werden inhaltlich gefüllt und meist eine oder zwei Folien pro Seite gedruckt. Das ist bekannt, einfach und unkompliziert.

  PowerPoint-Folien sollen richtig gut gemacht sein, übervolle Textfolien sollten schon längst der Vergangenheit angehören. Bei Folien ist es gut, auf den Data-Ink-Ratio zu achten. In seinem Buch „Visual Display of Quantitative Information" stellt Edward Tufte eine Formel für die Gestaltung von Folien auf. Es geht dabei darum, die Tinte, die insgesamt für ein Dokument verwendet wird, in Relation zur Tintenmenge zu setzten, die wichtige Information enthält. Je höher der Data-Ink-Ratio, desto aussagekräftiger die Folie.

  Ganz radikal umgesetzt bedeutet dies, dass nebst unnötigem Text auch die Aussagen in den Grafiken gekürzt werden und auch Firmenlogos etc. aus einer Folie entfernt werden.

  Dies ist ein wichtiger Designgrundsatz für grafisches Design und führt nach dem Prinzip von „Form follows function" zu Schönheit und viel wichtiger noch: zu Übersichtlichkeit. Denn so radikal der Ansatz am Anfang auch klingt, er ist eine Wohltat für das inhaltliche Verständnis.

- **PowerPoint – Notizenansicht 1:** Die Folien werden inhaltlich gefüllt und jede Folie für sich wird in der Notizenansicht gedruckt. Es bleibt ausreichend Platz für Notizen der Lernenden.

- **PowerPoint – Notizenansicht 2:** Wenn man den Regeln für das Füllen von PowerPoint-Folien folgt (maximal sieben Zeilen Text und maximal sieben Wörter pro Zeile), so kann man tatsächlich nur das Wichtigste in eine Folie packen.

  An dieser Stelle kann man die Notizenansicht nutzen, um mehr Inhalte, Schritt-für-Schritt-Vorgehensweisen, Querverweise, Links oder Literaturangaben für die Teilnehmenden hinzuzufügen. Das Dokument wird dann einseitig in Notizenansicht zur Verfügung gestellt.

Hier gilt es zu beachten, dass das hier zur Verfügung gestellte Material nicht ausreichend für eine Trainervorbereitung ist. Es handelt sich hierbei ausschließlich um – detailliertes – Teilnehmermaterial.

- **Workbook:** Beim Workbook handelt es sich um ein Format, bei dem die Darstellung des Inhaltes auf ein Minimum reduziert ist. Die wichtigsten Konzepte und Schritte werden erklärt, es bleibt Platz für Notizen. Ein gutes Format hier kann DIN-A4 oder auch DIN-A5 sein.

Beispiel: Entstanden ist die Idee, als in einem Unternehmen der gesamte Inhaltscontainer in PowerPoint-Format nur mehr digital zur Verfügung gestellt werden sollte. Da Teilnehmer doch gerne etwas Haptisches haben und mitschreiben möchten, wurde das Workbook geschaffen. Auf der linken Seite war jeweils der Inhalt in Kurzform dargestellt, rechts oben die Übungsanleitung, rechts unten das Key Learning. So konnte das Wichtigste in Kurzfassung mitgegeben werden.

- **Skriptum:** Abseits von PowerPoint besteht die Möglichkeit, alle Arten von Programmen zu verwenden. Der Unterschied besteht darin, dass diese Dokumente dann nur für die Teilnehmer sind und für den Trainer entweder zusätzliche PowerPoint-Folien erstellt oder im Trainerhandbuch beschrieben wird, wie das Training mit Flipchart und Pinnwand bestritten wird.

- **Pocket Guides/Taschenleitfaden:** Unter „Pocket Guides" versteht man kleine Taschenbücher, in denen das Wissen in aller Kürze nachzusehen ist. Käuflich zu erwerben sind sie meist in der Größe 14 x 9 cm. Das ist auch noch eine gute Größe, um diese in die Hosentasche zu stecken. Das Büchlein fasst die Trainingsinhalte in aller Kürze zusammen und stellt in Form von Schritt-für-Schritt-Anleitungen das Notwendigste dar.

- **Buch kaufen:** Auch andere Menschen haben sich kluge Dinge zu Themen überlegt. Warum also nicht einfach ein Buch kaufen und dieses den Teilnehmenden zur Verfügung stellen? Das ist kostengünstig, denn gute Materialerstellung kann auch richtig ins Geld gehen. Voraussetzung für den Kauf eines Buches ist die Klarheit, was im Training wichtig ist und dass die Inhalte gut unterstützt werden.

Das Buch kann vorher schon an die Teilnehmer – eventuell schon mit einer Aufgabe – geschickt werden. Im Seminar wird mit dem Buch gearbeitet und es darf nachher natürlich behalten werden.

Das Buch kann auch als Inhaltscontainer genutzt werden und das Augenmerk kann dann nur auf bestimmte Teilbereiche gelegt werden. Wollen Teilnehmende mehr wissen – hier können sie immer nachsehen. Ein ausführliches Buch kann gleichzeitig auch der Trainervorbereitung dienen.

- **Video:** Videos sind praktisch und können in kurzer Zeit sehr viel vermitteln. Man kann diese drehen lassen oder auch einfach auf YouTube gehen und sehen, ob es zum Thema schon etwas gibt, das das Lernen unterstützt. Bei Hard-Skill-Themen wie „Projektmanagement“ oder „Statistik“ kann man sehr leicht prüfen, ob der geplante Inhalt mit dem Inhalt im Video übereinstimmt. Bei Soft-Skill-Themen ist genauer darauf zu achten, ob das Video wirklich genau die Botschaft unterstützt, die im Training geplant ist.

S'Gschichtl

Als ich das erste Mal in die Verlegenheit kam, Statistik auf Englisch zu trainieren, habe ich mir die nötigen Sprachkenntnisse über YouTube beigebracht. Zuerst habe ich mir das Themengebiet herausgesucht, z. B. „Hypothesen testen“, dann ein entsprechendes Video gefunden. Beim Ansehen habe ich mitgelernt, wie das Thema im Englischen erklärt wurde.

- **Bilder:** Bei der Verwendung von Bildern ist genau wie bei Videos auf die Botschaft zu achten, die man damit weitergeben will.

Nicht jedes Bild passt in jede Kultur und besonders für den internationalen Kontext sei darauf hingewiesen, dass Bilder für die unterschiedlichen Kulturen geprüft werden sollten. Bei einer Bilderwelt ist außerdem darauf zu achten, sensibel in Bezug auf Diskriminierung und Vorurteile zu sein, z. B. in Bezug auf Gender-Themen, sexuelle Orientierung oder kulturelle Herkunft.

Bei der Verwendung von Bildern sind immer auch die Nutzungsrechte zu berücksichtigen. Ein wichtiger Link für Trainingsdesigner, die nicht auf eigene Bilder oder Bilddatenbanken des Unternehmens zurückgreifen können, ist: *www.creativecommons.at*. Creative Commons bietet einen Lizenzbaukasten zur Veröffentlichung von Texten, Bildern, Musik oder Videos. Autoren, Wissenschaftler, Künstler und Pädagogen erhalten so die Möglichkeit, ihre kreative Arbeit zu kennzeichnen und Nutzungsbedingungen festzulegen.

- **Fotoprotokoll:** Das gute, alte Fotoprotokoll – wunderbar für Trainer, die gerne mit Flipchart und Pinnwand arbeiten. Die Bilder kann man dann leicht zur Verfügung stellen und sie dienen zur Unterstützung des Lerntransfers.

- **Apps:** Wissen kann auch ganz ausgezeichnet über Apps zur Verfügung gestellt werden. Hier Empfehlungen auszusprechen, ist schwierig, weil sich der Markt schnell verändert.

  Die Trainingsinhalte können in der App in Form von Fließtext abgebildet werden, weiter gibt es die Möglichkeit PDFs, Fotos, Videos oder auch Videolinks zur Verfügung zu stellen. Manche Apps bieten zusätzlich eine Chatfunktion, sodass die Gruppe auch über die Seminarzeit hinaus miteinander in Kontakt bleiben kann. Manchmal wird auch eine Zielfunktion geboten, in der jeder Teilnehmer seine individuellen Ziele setzen kann und auch regelmäßig daran erinnert wird. Das Gute an einer App ist: im Gegensatz zu gedrucktem Material genügt hier ein einfaches Update und alle Teilnehmenden haben die jeweils aktuellste Version.

- **Intranet/Unternehmenswiki:** Trainingsinhalte können intern aufgebaut und hinterlegt werden, indem die erarbeiteten unternehmensinternen Inhalte direkt in relevante Systeme eingetragen werden. Diese dienen so als Inhaltscontainer, auf dessen Basis dann das Training designt wird.

- **Kurzanleitung/Quick Reference Guide:** Kurzanleitungen sind in der Regel Dokumente in der Größe von A4 bis zum Visitenkartenformat, auf denen ein Thema in aller Kürze präsentiert wird. Die Kurzanleitungen sollten schon im Training Verwendung finden und helfen vor allem im Transfer. Alle Arten von Kurzanleitungen können für die Teilnehmenden vorbereitet und verteilt werden. Im Sinne des Grundsatzes „Training from the back of the room" können diese auch von den Teilnehmenden erstellt werden.

S'Gschichtl

Kurz, knapp und knackig – das geht auch mit Moderation. So besitze ich heute noch eine „Quick Reference Card" eines amerikanischen Unternehmens, bei dem die wichtigsten Tools auf beidseitig bedrucktem Karton in Scheckkartengröße abgebildet sind. Sehr praktisch, wenn man Jung-Moderator ist, die Moderation anders läuft als geplant und man schnell nachsehen möchte, welches Tool man jetzt anwenden könnte.

Ein anderes Beispiel: Im Rahmen einer SAP-Einführung, bei der nach jahrelangem Projekt die Durchführung des Trainings – wie so oft – ganz überraschend kam, blieb keine Zeit für die Erstellung der kleinen Helferleins. Im Training wurde den Teilnehmenden dann die Aufgabe erteilt, für sich und ihre Kollegen Kurzanleitungen zu schreiben – in diesem Fall auf Flipchart. Das war übrigens auch ein wunderbares und äußerst nützliches Recap!

- **Graphic Organiser/Advance Organiser:** Der „Graphic" oder auch „Advance Organiser" ist eine vom Trainer im Voraus (in advance) gegebene visuelle Lern- und Orientierungshilfe, die neue Lerninhalte gedanklich strukturiert (to organise). Das hilft, um einen Überblick über den Lernstoff zu geben (vgl. dazu auch S. 77).

  Graphic Organiser können auf unterschiedliche Arten verwendet werden:

  - Neue Inhalte und Zusammenhänge werden vor der Erarbeitung von neuen Inhalten präsentiert, damit die Lernenden einen Überblick über die Struktur und die verschiedenen Inhalte bekommen.
  - Die Teilnehmer bekommen nur die Struktur und während der Trainer die Inhalte referiert, füllen sie die Inhalte ein.
  - Als Recap-Methode kann das Blatt zum Wiederbefüllen verwendet werden.

- **Lerntagebuch – leer:** Leere Büchlein – auch Kritzelheft genannt – können jederzeit zum Mitschreiben und als Lerntagebuch verwendet werden. Hierbei hängt es von der Trainerdisziplin ab, ob den Teilnehmenden auch regelmäßig Zeit gegeben wird, das Lerntagebuch zu befüllen und somit Reflexionsschleifen zuzulassen. Diese Büchlein können erworben oder auch ganz einfach selbst gemacht werden: Ein schönes, themenspezifisches Papier außen, acht Stück DIN-A4-Blätter in der Mitte falten und dann heften.

- **Die Mischung: Graphic Organiser und Lerntagebuch:** Großartig in der Anwendung, aber viel mehr Arbeit in der Vorbereitung ist eine Mischform aus Text, Graphic Organiser und Lerntagebuch. Der Lernende hat hier Texte zum Nachlesen, kann im Training selbst mitschreiben und findet immer wieder die Möglichkeit, Reflexionen und Transferideen aufzuschreiben.

- **Forum/Chat:** Ein Forum oder Chat ist eine Möglichkeit, Lernende zusammen- und in Austausch zu bringen. Das ist per se noch keine Materialentwicklung. Wenn so eine Gruppe existiert, kann man allerdings immer wieder Ideen einspielen, Bezug zum Thema des Seminars nehmen, Quizfragen einspielen und Rückmeldungen zum Seminar erbitten. Dies sollte von vorneherein inhaltlich und zeitlich eingeplant sein, sodass z. B. auch bei mehreren Gruppen innerhalb einer Organisation immer das gleiche Thema zur gleichen Zeit eingespielt wird.

- **Transferkarten:** Schon lange keine Postkarte mehr geschrieben? Schade. Ein wunderschönes Format, mit dem man viel machen kann.

  - Gratiskarten und sonstige Karten mit Sprüchen sammeln, und zur Verfügung stellen.

  - Karten im Postkartenformat drucken lassen und zu den jeweiligen Themen/Trainings verteilen.

  - Karten als „Brief an mich selbst“ schicken lassen.

  - Auch ein Leporello, ein faltbares Heft in Form eines langen Kartonstreifens, das ziehharmonikaartig zusammengelegt ist, kann als Lerntagebuch verwendet werden. Wenn jedes Modul eines Trainings durch eine Karte repräsentiert wird, kann jeweils auf der Rückseite das wichtigste Take-away notiert werden (s. S. 292).

- **Transfergegenstände:** Dem Transfer können auch die unterschiedlichsten Gegenstände dienen, die schon im Training beschriftet oder befüllt werden.

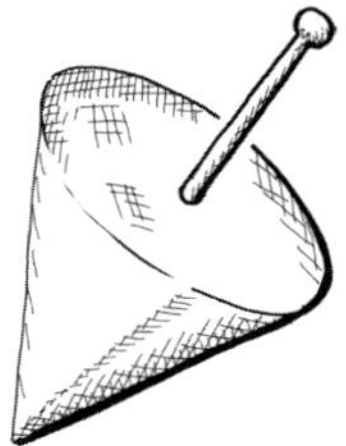

- Ein Kreisel oder Stressbälle, die dem Trainingsthema angepasst gekauft werden, können noch im Training mit dem wichtigsten Lerninhalt beschriftet werden.
- Kartonwürfel (ca. zehn mal zehn Zentimeter) können entweder auf den sechs Außenseiten beschrieben oder mit Notizzetteln befüllt werden.

- **Buch erstellen lassen:** Schon mal daran gedacht, die Teilnehmenden das Buch selbst schreiben zu lassen? Die Inhalte werden vorgegeben und durch gut durchdachte Vorgaben erarbeitet. Die Lernenden sortieren, schreiben, überarbeiten. Das Ergebnis kann dann als Buch herausgebracht werden. Und keine Sorge: Die Kosten für den Druck sind heutzutage nicht mehr besonders hoch.

S'Gschichtl

Nicht gerade ein ganzes Buch und doch Hilfe beim Befüllen der internen Datenbank: bei einem internen Train-the-Trainer wurden viele neue Methoden vorgestellt. Die Teilnehmenden bekamen die firmeninterne Formatvorlage und eine Aufgabe: die Lieblingsmethoden mit internen Anwendungsmöglichkeiten in dieses Format zu bringen und über die Datenbank zur Verfügung zu stellen.

Weitere Quellen für Ideen

Wer Verrücktes, Interessantes und Neues sucht, um Lernen zu unterstützen, der kann es hier mal probieren:

- *www.wolpertingerswarenhaus.de*
- *www.trainerswarehouse.com*
- *www.neuland.at*
- *www.metalog.de*
- *www.giffits.de*
  (exemplarisch für alle Werbemittelanbieter aufgeführt - eine Fundgrube an witzigen Artikeln)
- *www.opitec.com*
  (Bastelzubehör und sehr oft brauchbar)
- Ein-Euro-Shops

Material für die Trainer

Der Trainer benötigt das inhaltliche Know-how – und zwar mehr als die Teilnehmenden, schließlich will er ja Fragen beantworten können, die auch ein wenig abseits des Trainingsinhaltes liegen. Dieses Wissen für Trainer kann in Form eines Buches, einer Literaturliste, Links zu Informationen im Internet, in Form von Filmen, YouTube-Videos, Audiofiles etc. zur Verfügung gestellt werden.

Sehr oft passiert es noch, dass die gesamten zu trainierenden Inhalte aus PowerPoint-Folien bestehen, und diese gleichzeitig der Trainervorbereitung dienen sollen. Davon ist abzuraten. Erstens sind die Folien extrem textlastig und genügen nicht mehr den Kriterien für gute Mediengestaltung. Zweitens tendieren Trainer, die nicht so oft trainieren, dazu, Folien abzulesen, weil sie sich – vor allem wenn es sich um interne Trainer handelt – oft nicht die Zeit nehmen/bekommen, sich gut vorzubereiten.

- **Agenda:** Mithilfe der Agenda kann sich der Trainer einen schnellen Überblick über das Gesamttraining machen. Bevorzugt wird sie in Excel erstellt, da dann die Zeiten berechnet und auch leicht korrigiert werden können. Die Vorlage einer Agenda steht Ihnen in den Download-Ressourcen zum Herunterladen zur Verfügung. Ein Trainingstag hat normalerweise auf einer, maximal eineinhalb Seiten Platz.

  Ein Trainer, der sich mit einem Thema inhaltlich auskennt, sollte nach dem Durchlesen der Agenda wissen, wie das Training grob abläuft.

  Aufbauend auf dem Gesamtablauf gibt schon Modulnummern, die gleich in der ersten Spalte stehen. Die Erfahrung lehrt, Modulnummern immer in Zehnerschritten zu vergeben, damit man bei Verschiebungen von Modulen nicht alle Nummern durch alle Dokumente ändern muss.

  Der Modulname gibt – in so wenig Worten wie möglich – den Inhalt des Moduls wieder. Die Spalte „Trainer" ist nur dann notwendig, wenn später mehr als ein Trainer trainiert. Die Spalte „Dauer" errechnet sich durch Ende minus Anfang. Unter „Inhalte" wird in wenigen Stichworten erklärt, was der Stoff des Moduls ist. Unter „Methode" wird die Kurzversion des Modulablaufs abgebildet.

Agenda

Modul	Trainer	Dauer	Start	Ende	Inhalt	Methode
Einführung		5 Min.	9:00	9:05	...	...
Präsentation		20 Min.	...	...	...	...
Übung durchführen		40 Min.	...	...	...	...
Übung reflektieren		20 Min.	...	...	...	...
Transfer		5 Min.	...	...	...	...

Abb.: Trainingsagenda.

Beispiel: In einem Training, das aufgrund von Kundenvorgaben PowerPoint-lastig war und bei dem der Inhaltscontainer die Präsentation war, wurde in der Spalte „Inhalte" mit Muss- und Kann-Kriterien gearbeitet. Es wurden die Seiten der PowerPoint-Präsentation erwähnt, die explizit gezeigt werden mussten. Alle anderen Folien konnten ergänzt werden, wenn die Teilnehmenden eine Frage dazu hatten oder noch Zeit im Training blieb.

- **Trainerhandbuch:** Das Trainerhandbuch beschreibt das Training in allen notwendigen Details. Die Detailgenauigkeit hängt von den Trainern ab, die das Training durchführen werden. Je mehr Vorwissen diese haben, desto knapper werden die Inhalte beschrieben. Dieses Dokument ist die Grundlage zur Durchführung des Trainings. Eine Vorlage steht Ihnen in den Download-Ressourcen zu diesem Buch zur Verfügung.

  Das Trainerhandbuch besteht aus zwei Teilen: Der allgemeine Teil gibt einen Überblick über die Gesamtsituation, der andere Teil beschreibt den detaillierten Trainingsablauf. Im allgemeinen Teil zu Beginn des Trainerhandbuchs ist es gut, einen Überblick über das Training zu geben:

  - Der strategische Hintergrund,
  - Werte, die das Training begleiten,

- die wichtigsten Verhaltensweisen, die durch das Training geändert werden sollen
- und, daraus resultierend, die Lernziele des Trainings, werden aufgeführt.

Die allgemeine Logistik beantwortet Fragen zum Teilnehmermaterial, was wo gespeichert ist und wie der Feedback-Prozess zum Material aussieht. Wichtig ist auch die Information, was die Teilnehmer als Pre-Work tun müssen und ob die Ergebnisse vorher gesammelt und konsolidiert werden oder von ihnen mitgenommen werden.

Bei Trainern mit wenig Trainingserfahrung ist es gut, nochmals die Wichtigkeit der Lernziele in Erinnerung zu rufen und dazu aufzufordern, sich die Zielgruppe anhand der Teilnehmerliste vor dem Training noch mal genau anzusehen. Der Hinweis auf die Wichtigkeit und vor allem der Dauer einer guten Vorbereitung sollte nicht fehlen.

Wie die Angaben im Trainerhandbuch im Einzelnen aufgebaut sind, zeigt die Grafik auf der rechten Seite. Die erste Spalte bezeichnet die Modulnummer, die sich wie ein roter Faden durch alle Dokumente zieht. Daneben steht in der zweiten Spalte die detaillierte Beschreibung der Inhalte.

Die „Sozialform“ in der vierten Spalte bezeichnet, wer gerade „dran“ ist: der Trainer, die Gesamtgruppe, ob es sich um eine Einzelübung handelt, die Teilnehmenden paarweise zusammengehen, ob sie eine Triade oder Kleingruppen ab vier Teilnehmern bilden ...

Die „Vorbereitung“ in der fünften Spalte beinhaltet die Tätigkeiten, die der Trainer vor dem Training oder in einer Pause durchführen muss: Flipcharts vorbereiten, Moderationskarten beschriften, die Raumordnung ändern, eine Aktivierungsübung bereitlegen ...

In der letzten Spalte „Visualisierung“ werden die Fotos zur Verfügung gestellt, die einem Trainer helfen können: von einem Flipchart, vom Ablauf einer Übung, Stolperstellen bei einer Simulation, mögliche Ergebnisse einer Gruppenübung. Diese Fotos werden meist erst nach dem Pilottraining eingefügt.

In den Zeilen folgt das Dokument der Logik des „Navigators“ (dieses Vorgehensprinzip für den Aufbau der einzelnen Module wird auf S. 116 ff. erläutert). Das Trainerhandbuch beginnt mit dem Modul „Training/Tag beginnen“ und einem „Recap“ (vgl. S. 117 f.), wenn es sich um einen Folgetag handelt. In den Zeilen darunter folgen die inhaltlichen Module. Jedes inhaltliche Modul beginnt mit der Modulnummer und im Feld daneben werden die Lernziele mit „Kopf, Herz, Hand" einfügt. Dann folgt die Trainingslogik mit „Rahmen setzen", „Sinn aufbauen", „Information präsentieren", „Anwendung demonstrieren", „Erfahrung durchführen", „Erfahrung reflektieren", „Transfer hier & jetzt" und „Transfer Zukunft".

Trainerhandbuch

Modul-nummer	Inhalte	Sozialform	Vorbereitung	Visuali-sierung
Training/ Tag beginnen Recap				
Modul-nummer	Name			
Fokus Information Erfahrung Transfer				
Tag/ Training beenden				

Abb.: Trainerhandbuch.

Material für den Trainingsdesigner

- **Trainingsdesign-Liste:** Die Trainingsdesign-Checkliste wird tatsächlich nur fürs Design benötigt und es handelt sich um eine Ergänzung der Agenda. Links neben den einzelnen Modulen werden in der Agenda zusätzliche Spalten eingefügt und während des Designs wird dann bei jeweiliger Erledigung ein Feld ums andere grün eingefärbt. So ist sofort ersichtlich, was noch offen ist. Die zusätzlichen Spalten werden am Ende des Designprozesses gelöscht und die Agenda kann dann ihren Dienst als Unterstützung für den Trainer tun.

Design-Agenda

Agenda	Inhalte	TN-Material	Trainer-handbuch	Vorbe-reitung	Spick-zettel	Check-Liste

Abb.: Design-Agenda.

Die Spaltenüberschriften umfassen die folgenden Punkte:

- Agenda
- Inhalte
- Teilnehmermaterial
- Trainerhandbuch
- Vorbereitung des Materials für das Training
- Einseitiger Trainer-Spickzettel – ein Modul auf einer Seite, das den Ablauf in groben Zügen bekannt gibt: detaillierter als die Agenda, kürzer als das Trainerhandbuch
- Raum- und Materialliste

Abhängig davon, worauf man den Fokus legen will, kann diese Liste mit den notwendigen Punkten der Trainingsdesign-Checkliste ergänzt werden (dargestellt auf S. 83 ff.). Die Design-Checkliste kann als Download-Ressource heruntergeladen werden.

- **Pilot-Checkliste:** Auch hierbei handelt sich um eine Ergänzung der Agenda um nur eine Spalte: „Pilot-Feedback und Kommentare". Diese Spalte wird nur für das Pilotseminar verwendet und nach Durchführung jeden Moduls wird das Feedback gesammelt. Damit ausreichend Platz für Rückmeldungen bleibt, wird die Liste dazu vergrößert ausgedruckt.

  Wichtig beim Feedback ist immer die Information, was wie funktioniert hat – oder auch nicht – und wie lange die einzelnen Teile gedauert haben.

Agenda + Pilot-Checkliste

Modul	Trainer	Dauer	Start	Ende	Inhalt	Methode	Pilot-Feedback/ Kommentare

Abb.: Trainingsagenda mit Pilot-Kommentarbereich.

Checkliste für die Organisatoren

Diese Checklisten sind entweder für den Trainer selbst gedacht oder für die Personen eines Unternehmens, die für die Organisation zuständig sind.

- **Raum- und Materialliste:** Diese Liste (die auch als Download-Ressource zur Verfügung steht) entsteht laufend mit dem Trainingsdesign. Nach Abarbeitung jedes Moduls wird ergänzt, was fehlt.

  - Raumausstattung:
    - Raumgröße
    - Bestuhlung
    - Flipcharts, Pinnwand
    - Technik
    - Moderationskoffer
    - Etc.
  - Materialbedarf
  - Beschreibung
  - Anzahl

- **Checkliste Vorbereitung:** Diese Liste beschreibt, was vor dem Training passiert, das direkt die Teilnehmenden betrifft. Sie finden sie auch in den Download-Ressourcen. Die einzelnen Punkte sind:

  - Einladung: Der Teilnehmer findet hier die Information zur Logistik.
  - Ablauf des Trainings: gibt einen Überblick über die Inhalte und den Gesamtablauf, was besonders bei mehrmoduligen oder Blended-Learning-Konzepten immer wichtiger wird.
  - Pre-Learning: klärt, was der Teilnehmer vor dem Training mit der Führungskraft besprechen, vorbereiten, lernen oder mitbringen muss.
  - Erwartungsabfrage: Die Teilnehmenden überlegen sich, was sie nach Durchsicht der Inhalte an Erwartungen an das Training haben.

- **Checkliste Seminarende:** Auch diese Checkliste steht Ihnen als Download-Ressource zur Verfügung.

  - Flipchart-Protokoll: Bis wann und durch wen wird das Flipchart-Protokoll übergeben?

  - Feedback-Bogen für die Teilnehmer: handelt es sich noch um einen Feedback-Bogen aus Papier, so wird er jetzt ausgeteilt, wenn er schon elektronisch durchgeführt wird, kann er entweder noch im Seminarraum ausgefüllt werden oder es wird angekündigt, dass eine E-Mail mit einem Feedback-Link kommen wird.

  - Feedback-Bogen für den Trainer
    - Persönlich: Zufriedenheit des Trainers mit dem/den Trainingstag(en)?
    - Inhalt: Passen die Inhalte oder kann man mehr/weniger trainieren?
    - Methodisch: Wurden die richtigen Methoden angewandt, passen die Methoden zur Zielgruppe?
    - Organisation: War organisatorisch alles in Ordnung (Seminarraum, Essen, Hotel, allgemeine Logistik)?
    - Rückmeldung an den Auftraggeber: Ist etwas Außergewöhnliches vorgefallen bzw. gibt es Rückmeldungen aus der Gruppe, die eine Auswirkung auf das Training oder das Trainingsmaterial haben?

▶ **Checkliste Nachbereitung:** Auch diese Checkliste steht Ihnen als Download-Ressource zur Verfügung.

- Kommunikation mit dem Auftraggeber: wenn notwendig, wird ein Termin vereinbart und die Rückmeldungen aus der Gruppe werden weitergetragen.

- Transferfeedback: Je nach Trainingsdauer wird das Feedback zum Training und zum Trainingstransfer ein bis sechs Monate nach dem Training abgefragt. Die Zusammenfassung dieses Feedbacks wird dann mit dem Auftraggeber besprochen und Änderungen werden – wenn notwendig – durchgeführt.

Pilottraining durchführen

- Wissen, was ein Pilottraining ist und den Nutzen kennen.
- Die drei Schritte zur Durchführung eines Pilottrainings kennen.

- Verstehen der Vorteile eines Pilottrainings.

- Pilottraining durchführen können.
- Stolpersteine vermeiden können.

Ein Pilottraining geht einem Trainingsrollout voraus und soll im kleinen Rahmen klären, ob das Training zu den gewünschten Änderungen führen wird. Der Zweck des Pilottrainings ist es, festzustellen, was funktioniert und was nicht und wie das Training verbessert werden kann, noch bevor man das Training ausrollt. Der Nutzen kann unterschiedlich sein:

Ziel des Pilottrainings

- Überprüfen, ob das Training die gewünschten Ergebnisse bringt.
- Das Training verbessern, bevor es großflächig ausgerollt wird.
- Das Risiko von Fehlern reduzieren.
- Die Möglichkeit für gutes Feedback erhöhen.
- Unterstützung der betroffenen Mitarbeiter erlangen.

Je größer der geplante Rollout, desto wichtiger ist es, sich Gedanken über einen Test des Trainings zu machen. Wenn das Training in mehreren Kontinenten trainiert wird, dann soll auch das Pilottraining in diesen Kontinenten stattfinden.

S'Gschichtl

Es begann mit einer ganz gewöhnlichen Anfrage. Das Trainingsunternehmen eines englischsprachigen Auftraggebers meldete sich, mit dem ich bereits zum Thema Change-Management zusammengearbeitet hatte. Ziel war die Durchführung eines Ein-Tages-Trainings bei einer Bank auf Deutsch. So weit, so gewöhnlich.

Dann kam die erste Änderung: Es sollten zusätzlich zwei Folien integriert werden, die der Kunde wünschte und die mit dem üblichen Training nicht im Einklang waren. Drei Tage vor Durchführung des Trainings erfuhr ich, dass es sich um das erste Pilottraining bei diesem Kunden handelte.

Die geplante Zielgruppe – und das war dann meine sofortige Rückfrage – waren Führungskräfte, die kurz vor ihrer ersten Führungsaufgabe stehen oder diese gerade erst übernommen haben. Ziel war es, zu pilotieren, ob das geplante Training für diese Zielgruppe geeignet ist. Es war auch vereinbart, dass Mitarbeiter der Personalentwicklung dieses Training beobachten würden und dass nach Abschluss des Trainings eine Feedback-Runde stattfinden sollte.

Die Überraschung kam dann vor Ort: Statt der geplanten sechzehn Teilnehmer waren es vierundzwanzig, die Trainingssprache war dann doch Englisch und über den Tag stellte sich dann heraus, dass kein einziger Teilnehmer der echten Zielgruppe dabei war. Dass das Pilottraining verfehlt war, stellte sich endgültig in der ersten Pause heraus, in der ich die Auftraggeberin fragte, ob denn das Training zu ihrer Zufriedenheit laufen würde. Sie drückte ihre Enttäuschung aus, denn sie hatte eine ausführlichere und viel intensivere Auseinandersetzung mit dem Thema Change-Management erwartet. Schließlich sei dies ja eine Gruppe von sehr erfahrenen Personalern und Personalentwicklern und da wäre das jetzt schon sehr oberflächlich.

Hätte ich auf mein Bauchgefühl gehört, hätte ich an dieser Stelle sofort einen Stopp eingezogen und ein Gespräch auf der Metaebene über die geplante Zielgruppe und die Inhalte versus die anwesende Zielgruppe geführt. Stattdessen habe ich das Training bis zum frühen Nachmittag weiter durchgeführt, dann allerdings eine Abkürzung genommen, weil zu diesem Zeitpunkt klar war, dass völlig unterschiedliche Erwartungshaltungen im Raum waren. Nach einem weiteren Pilottraining in Asien wurde dann beschlossen, dass das Training inhaltlich zu schwierig (!) für die Zielgruppe sei. Eine Zusammenarbeit kam nicht zustande.

Meine Lernerfahrung: Bei Pilottrainings sollte ganz genau berücksichtigt werden, was genau der Untersuchungsgegenstand ist. Und dann müssen Trainingsdesign, Trainingsinhalte und Teilnehmende auch zusammenpassen.

Die Durchführungsschritte des Pilottrainings

Zukünftige Trainer sollten besser am Pilottraining teilnehmen

Drei Schritte werden beim Pilottraining durchlaufen: „Planen", „Durchführen" und „Evaluieren". Die Planung des Pilottrainings erfolgt parallel zum Trainingsdesign und sehr oft ist es der Termin des Trainings, der das ganze Projekt treibt. Für die Durchführung ist es wichtig, dass die richtige Zielgruppe im Raum ist, denn nur dann ist auch gutes Feedback gewährleistet. Wenn der Trainingsrollout später mit internen Trainern durchgeführt werden soll, hat es sich bewährt, dass diese Trainer auch schon im Pilottraining dabei sind und so Rückmeldung geben können, ob sie das Training so trainieren können.

Bei der Durchführung ist es angenehm, wenn man zu zweit im Raum ist. So kann man alles notieren, was wichtig ist und/oder geändert werden muss: z. B. die Durchführungsdauer der einzelnen Module und insbesondere der Übungen, Fehler in den Unterlagen, Verbesserungsvorschläge.

Alle Ideen fließen dann in die Evaluierungsphase, in der ausgebessert und ergänzt und dann das finale Material erstellt wird.

1. Ein Pilottraining planen

- **Anzahl:** Wie viele Pilottrainings werden durchgeführt, bis man ein sicheres Gefühl hat, dass das Training so gut ist? Bei großen, eventuell weltweiten Rollouts ist es gut, wenn man drei Pilottrainings auf drei Kontinenten plant, um zu sehen, ob das Training auch in allen Kulturen funktioniert.

- **Ort:** Wo wird das Training durchgeführt? An welchen Standorten, Ländern, Kontinenten? Wer will das Pilottraining an seinem Standort haben?

  Beim ersten Pilottraining habe ich gerne den Auftraggeber/Projektpartner dabei oder es findet am Standort des Auftraggebers/Projektpartners statt, sodass er schnell greifbar ist und für Fragen zur Verfügung steht.

- **Trainer:** Wer werden die Trainer des Pilottrainings sein? Gibt es einen Lead-Trainer, gibt es Co-Trainer? Wie werden diese Trainer vorbereitet? Haben die Trainer Trainingserfahrung? Kennen die Trainer die Inhalte oder benötigen sie selber noch Training, bevor sie vor einer Gruppe stehen?

- **Teilnehmende und Rollen:** Sind nur die Trainer und die Zielgruppe im Raum? Oder weitere Personen wie Mitarbeiter der Personalentwicklung, Fachexperten, die bei der Entwicklung geholfen haben oder auch schon zukünftige Trainer, die das Training erst mal erleben sollen? Geht es diesen weiteren Personen um die Teilnahme am Training, um das Beobachten der Trainer und/oder der Zielgruppe, um inhaltliche Klärung? Wird von ihnen das Trainingsmaterial geprüft/korrigiert, schreiben sie Zeiten mit?

  Wie oben schon beschrieben, ist es am angenehmsten, das Pilottraining zu zweit durchzuführen. So hat einer Zeit, alle offenen Fragen und Wünsche, aber auch Zeiten und Fehler im Material zu notieren. Wenn Mitarbeiter der Personalentwicklung oder der Auftraggeber dabei sind, sollten diese ganz normal am Training teilnehmen und nicht nur eine Beobachterrolle einnehmen.

- **Zielgruppe:** Wer und wie viele sind von der Zielgruppe – die Gruppe, für die das Training tatsächlich konzipiert wurde – im Trainingsraum? Wie wird die Zielgruppe für das Pilottraining ausgesucht?

- **Stopp!:** Was kann schiefgehen? Was wären die Gründe dafür? Was kann man vorher tun, damit es nicht passiert?

  Wann wird der Pilot abgebrochen? Zum Beispiel wenn der Inhalt nicht zur Zielgruppe passt, oder die falsche Zielgruppe im Raum ist? Was wären bei einem Abbruch die nächsten Schritte? Wer darf – in Abstimmung mit wem – die Stopptaste drücken?

2. Ein Pilottraining durchführen

- **Transparenz:** Wird den Teilnehmenden mitgeteilt, dass es sich um ein Pilottraining handelt oder nicht?

  Wenn ja, dann kann man sie aktiv um Feedback bitten. Dazu wird am Ende jedes Tages ein Plus/Delta durchgeführt. Bei dieser Methode werden die Teilnehmenden gebeten, Fragen zu beantworten. Auf der Plusseite sind das Fragen wie *„Was ist gut gelaufen? Was hat euch gefallen?“*, auf der Deltaseite *„Was kann man besser machen?“*.

  Das eigene Feedback sollte nach jedem Modul notiert werden. Ist noch ein Co-Trainer oder ein Schriftführer dabei, dann ist es ratsam, in jeder Pause oder zumindest täglich ein Resümee zu ziehen und es zu verschriftlichen.

- **Dokumentation:** Wer dokumentiert: ein Trainer, ein Co-Trainer, ein Teammitglied aus dem Designteam? Wenn möglich, sollte man entweder einen Co-Trainer oder ein Teammitglied dabeihaben, sonst wird es für den Trainer extrem anstrengend, sich auf das neue Training selbst und das Einholen von Eindrücken und Feedback zu konzentrieren.

  Welche Information soll gesammelt werden? Das können eine Reihe von Informationen sein: Teilnehmerrückmeldungen, Angaben darüber, ob das Teilnehmermaterial seinen Zweck erfüllt oder ob es Fehler im Teilnehmermaterial gibt sowie Beobachtungen, wie präzise die Trainerhandbücher sind und wie gut sie den durchführenden Trainer unterstützen. Gesammelt werden können auch Angaben über Unstimmigkeiten im Ablauf und/oder über die Durchführungsdauer je Trainingsmodul. Interessant sind außerdem auch die Teilnehmerbeobachtungen und das Feedback der Trainer selber. Die Dokumentation kann schließlich auch Aufschlüsse darüber geben, ob die Aktivitäten und Simulationen funktionieren und ob das Training so stabil reproduzierbar ist.

3. Ein Pilottraining evaluieren

- **Feedback-Loop:** Der erste Schritt beim Evaluieren ist die Nachbesprechung und das Zusammenfassen aller Ideen. Wichtig ist es hier, in Ruhe zu reflektieren und nicht sofort die Dinge zu ändern, die anders gelaufen sind als geplant.

  Wenn man die Chance hat, an mehreren Standorten Pilotprojekte durchzuführen, muss man diese so ähnlich wie möglich durchführen, also strikt nach Trainerhandbuch, um eine bessere Vergleichbarkeit zu haben.

S'Gschichtl

Der Kunde benötigte ein Training, bei dem die Teilnehmenden für ihre interne Trainerrolle vorbereitet werden sollten. Die Inhalte des Trainings, das sie zukünftig trainieren sollten, waren den Teilnehmenden bekannt, die Train-the-Trainer-Inhalte wurden neu hinzugefügt.

Das Pilotprojekt ging schief. Die Co-Trainerin stellte alles in Frage und wollte das gesamte Training umstellen. Weil ich ein ähnliches Format schon öfter trainiert hatte, war ich mir aber sicher, dass der Grund dafür nicht im Trainingsdesign lag. Also nahm ich mir die Zeit, mit der Co-Trainerin, dem Programmleiter und der Auftraggeberin das Ganze nochmals zu analysieren. Die Probleme ortete ich in der Größe der Zielgruppe (statt zehn waren vierzehn Teilnehmende dabei) und in der Gruppendynamik. Diese negative Gruppendynamik hatte aber nichts mit diesem Training an sich, sondern einer Unzufriedenheit über die Programmleitung und dem Gesamtablauf der mehrwöchigen Weiterbildung zu tun. Mein Vorschlag war daher, das Training genau so nochmals laufen zu lassen. Das Training wurde ohne Änderung beibehalten und lief stabil über Jahre weiter.

- **Kommunikation:** Nach dem Feedback-Loop werden die zusammengefassten Verbesserungsideen dann mit dem Auftraggeber besprochen.

- **Änderungen:** Jetzt werden alle mit dem Auftraggeber vereinbarten Änderungen im Trainingsdesign und im Material nachgezogen: Ausgehend vom Teilnehmermaterial, über die Agenda bis hin zum Trainerhandbuch gilt es natürlich auch, alle Checklisten nochmals zu überprüfen und zu adaptieren.

- **Feiern**: Gerne vergessen und sehr wichtig: Sehr oft ist alles gut gelaufen, und das darf auch würdig nach Abschluss des Pilotprojektes gefeiert werden.

S'Gschichtl

… oder der Kunde ist nicht immer König. Oder allwissend.

Ich arbeite sehr gerne mit der Methode „Trainingsdesignprozess Advanced", die im letzten Kapitel vorgestellt wird (s. S. 332 ff.). Dabei designe ich nicht nur die Trainings, sondern pilotiere sie auch und bilde dann auch die unternehmensinternen Trainer aus, die das Training dann durchführen.

Bei einem Schweizer Unternehmen entwickelte ich ein Training in Zusammenarbeit mit den Experten, designte und dann kam die Frage auf, wo denn der Pilot stattfinden sollte. In China sollte das dreitägige Training erstmals stattfinden und mein Wunsch war, dass die Teilnehmenden zuerst das Training einmal komplett erleben sollten und dass dann ein Train-the-Trainer folgen sollte. Dem Auftraggeber waren das allerdings zu viele Trainingstage, er wollte eine Verknüpfung des Pilottrainings mit dem Train-the-Trainer. Ich versuchte mich zu wehren, gab aber wider besseren Wissens dann doch nach. Es war zu kompliziert, den Teilnehmenden zu erklären, dass sie das Training, das sie gerade durchmachten, noch in der gleichen Woche würden trainieren müssen. Dass die geplante Übersetzerin nicht da war und dann eine Assistentin kurzfristig aktiviert wurde, die die Inhalte noch nie gehört hatte, machte die Sache nicht besser.

Fazit: Go slow to go fast. Die Teilnehmenden müssen zuerst das Training gesehen, am besten angewandt haben, bevor sie wirksam als interne Trainer arbeiten können.

Kapitel 3

Der Trainingsprozess

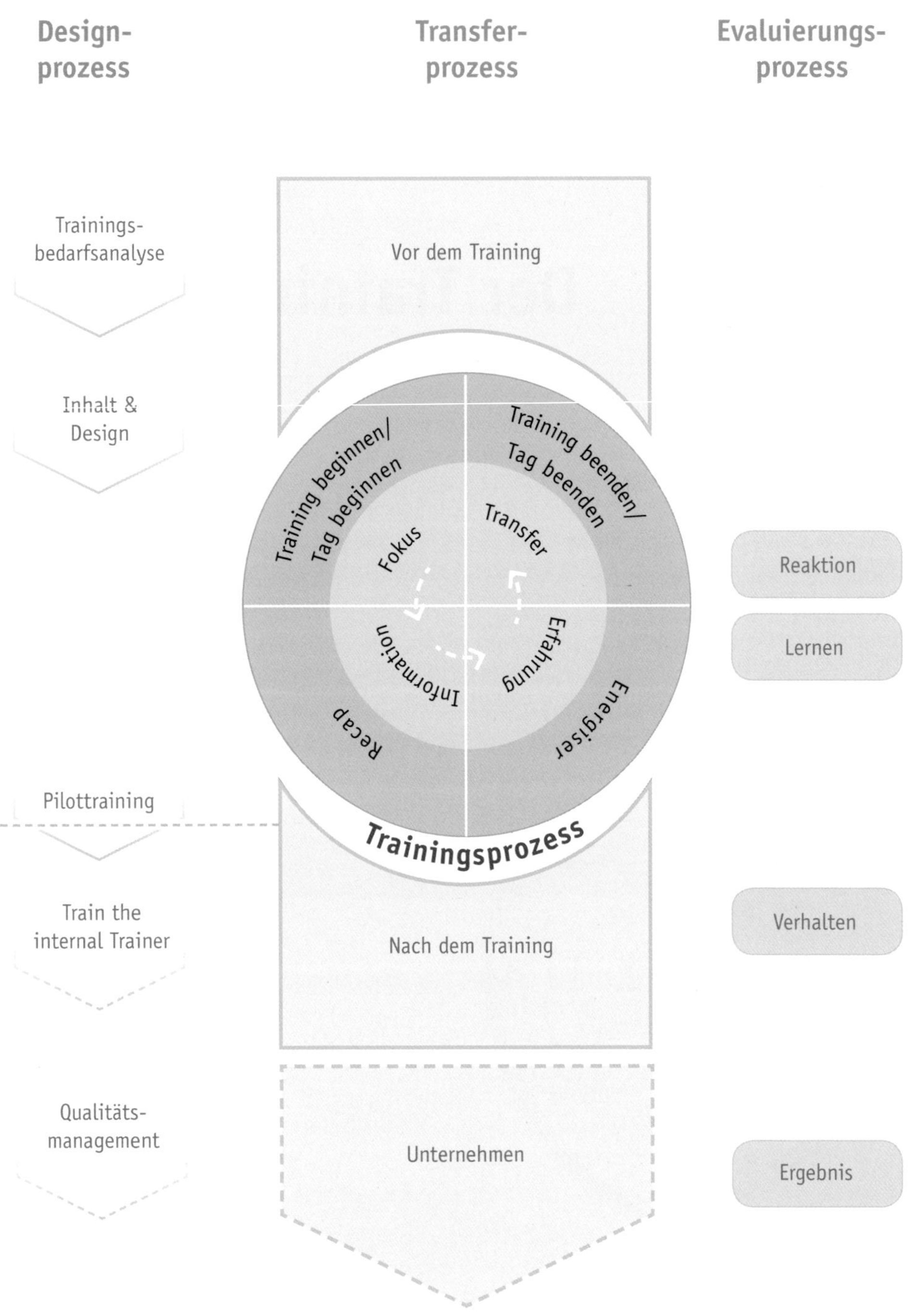

Abb.: Der Gesamtprozess mit Fokus auf den Trainingsprozess.

Im dritten Kapitel wird nun der Trainingsprozess ins Auge gefasst, das heißt, alle Tätigkeiten, die der Trainer im Seminarraum tatsächlich durchführt. Voraussetzung für das Design des Trainingsprozesses ist, dass Einigkeit über die genauen Inhalte des Trainings besteht (s. S. 63 ff.). Basierend darauf, dass die Inhalte ja schon geklärt sind, startet der Designer mit der detaillierten Ausarbeitung des gesamten Trainings.

In diesem Kapitel wird dazu zunächst der sogenannte „Navigator" vorgestellt, der Sie als Trainingsdesigner durch die einzelnen Elemente eines Trainings navigiert. In den nächsten Unterkapiteln werden diese einzelnen Elemente vertieft und zu jedem Element des Trainings werden die jeweils passenden Tools vorgestellt.

Inhalt des dritten Kapitels

Der Navigator – das Planungstool für Trainingsdesigner 116
- Die äußeren Elemente des Navigators 117
- Der innere Kreis des Navigators 119
- Der rote Faden 121
- Das Vorgehen beim Konzipieren des Trainings 123

Fokus 124
- Rahmen setzen 125
- Sinn aufbauen 125
- Toolbox – Fokus 126
  - Bilder zeigen 127
  - Sprüche 129
  - YouTube-Videos 131
  - Schätzfragen 132
  - Aussagenblatt 133
  - Geschichten erzählen/Storytelling 135
  - Bingo 137
  - Abochneri 138
  - Change five Things/Verändere fünf Dinge 139

Information 141
- Inhalte präsentieren 142
- Anwendung demonstrieren 145
- Toolbox – Lehrvortrag mit Interaktion zwischendurch 147
  - Lehrvortrag 148

- Fragen ... 149
- Quiz ... 150
- Murmelgruppe ... 151
- Laserpointer ... 152
- Ampelkarten ... 153
- Graphic Organiser ... 154
- Toolbox – Übungen, welche zum Thema hinführen ... 155
  - Lernlandkarte ... 156
  - Memory ... 158
  - Brainwalking oder: das Hirn geht spazieren ... 159
  - Geometrische Formen ... 161
  - Die Kopf-Umfang-Messung – ein Spezialbeispiel ... 163
- Toolbox – Übungen, bei denen Teilnehmende die gesamten Inhalte selbst erarbeiten ... 164
  - Teach back ... 164
  - Stühle kippeln ... 165
  - Site Visit mit Aufgaben ... 167

Erfahrung ... 169
- Übung durchführen ... 170
- Übung reflektieren ... 176
- Toolbox – Erfahrung ... 178
  - Fallstudie ... 178
  - Eigenes Projekt/eigener Anwendungsfall ... 179
  - Rollenspiel ... 180
  - Seminarschauspieler ... 182
  - Planspiel ... 183
  - Simulation ... 184
  - Fertige Trainingstools ... 185

Transfer ... 186
- Transfer hier und jetzt ... 187
- Transfer Zukunft ... 187
- Toolbox – Transfer zum Modulende ... 188
  - Fragen stellen ... 188
  - Aktionsplan erstellen ... 190
  - Einminütige Videos drehen lassen ... 191
  - Der Merksatz und das Wort ... 192
  - 3-3-3 ... 193
  - Ich packe meinen Koffer ... 194
  - What? So what? What now? ... 195
  - Spickzettel schreiben ... 196

Training und Tag beginnen ... 197

- Training beginnen ... 198
- Tag beginnen ... 201
- Toolbox – Training und Tag beginnen ... 202
  - Seil skalieren ... 203
  - Gemeinsamkeiten und Unterschiede ... 204
  - Zeichenkunst ... 205
  - 40 Fragen ... 207
  - Aktive Anna ... 209
  - Emotion Cards ... 211
  - Themenpatenschaften ... 212

Recaps ... 213

- Recap-Kategorien ... 215
- Toolbox – Recaps ... 216
  - Buchstabensalat ... 216
  - Megamindmap ... 218
  - Quiz ... 219
  - Twitter ... 220
  - Auf in die Galerie! ... 221
  - Hallo Pablo ... 222

Energiser ... 223

- Toolbox – Energiser mit Themenbezug ... 225
  - Indiaca ... 227
  - Die neun Knödel ... 228
  - Stäbchenlauf ... 230
- Toolbox – Energiser ohne Themenbezug ... 232
  - Nasenkönig ... 232
  - Jogger, Wildschwein und Jäger ... 233
  - Luftballonschlacht ... 234

Tag und Training beenden ... 235

- Tag beenden ... 235
- Training beenden ... 236
- Toolbox – Feedback ... 237
  - Plus/Delta ... 238
  - Blitzlicht ... 239
  - Flammende Rede ... 240
  - Jeder für jeden ... 241

Der Navigator – das Planungstool für Trainingsdesigner

- Kennen des Navigators, das Planungstool für den Trainingsprozess.
- Kennen der acht Elemente des Navigators.

- Verstehen, dass die Verwendung des Planungstools zu einer guten, strukturierten Arbeitsweise beiträgt.

- Den Navigator auf das eigene Trainingsprojekt anwenden können.

Der Navigator wurde entwickelt, um den Trainingsprozess auszuarbeiten. Er erinnert an alle Elemente, die während des Designs des eigentlichen Trainings bedacht werden sollten. Wer sich an diesem Planungstool für Trainingsdesigner orientiert und sein Training danach aufbaut, wird also keinen Baustein im Trainingsdesign vergessen.

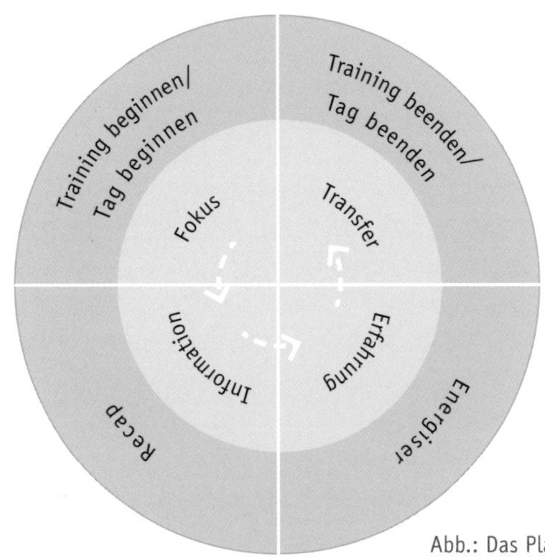

Abb.: Das Planungstool „Navigator".

Jeder Schritt im Training wird also jetzt mithilfe des Navigators durchdesignt, der rote Faden wird mit jedem Modul durch das Training gelegt. Wie gehabt, folgt dabei die Form des Designs stets der Funktion. Das bedeutet, jeder Schritt hat nur ein Ziel: dass die Teilnehmenden den Inhalt des Trainings verstehen, reproduzieren und nach dem Training anwenden können.

Die äußeren Elemente des Navigators

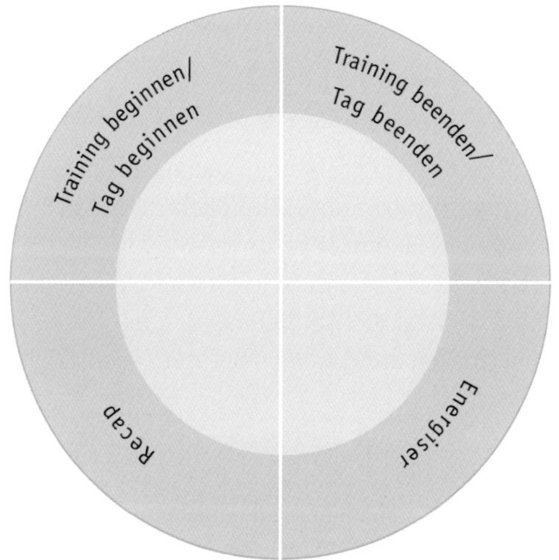

Jedes Training wird insgesamt umrahmt von „Training/Tag beginnen“ und „Tag/Training beenden“. Zusätzlich gibt es noch die Elemente „Recaps“ und „Energiser““. Der Navigator wird gegen den Uhrzeigersinn gelesen.

Ja, gute **Trainings beginnen** bereits damit, dass sie gut starten. Die Teilnehmenden treffen mitunter zum ersten Mal aufeinander und es ist eine wichtige Investition in das Lernteam, dass der Trainer der Gruppe die Gelegenheit dazu gibt, sich kennenzulernen. Teilnehmende empfinden das Training als stimmig, wenn sie bereits zu Beginn erfahren, was der Inhalt des Seminars sein wird, wie das Training abläuft und was von ihnen erwartet wird. Das Vorstellen der Agenda ist ein typischer Bestandteil.

Besteht ein Training aus mehr als einem Tag, so sollte jeder **Tag beginnen** mit Übersichtlichkeit: also mit einem Rückblick, einer Agenda für den Tag und dem Klären von Fragen.

Ist das Training angelaufen und wurden bereits Inhalte vermittelt, ist es wichtig, kurze Wiederholungen einzubauen, sogenannte **Recaps**. Die Teilnehmenden bearbeiten den Lernstoff in unterschiedlichen Varianten, stellen einen Bezug zum Alltag her und vernetzen somit die gelernten Inhalte auf neue Weise. Das hilft den Teilnehmenden im Lernprozess und es hilft auch dem Trainer: Denn erst beim Wiederholen und Anwenden werden Lücken und Unklarheiten aufgedeckt. Eine schöne Gelegenheit für den Trainer, um offene Fragen zu klären. Recaps helfen beim fünften Lernfaktor: Lernerfolge messbar zu machen (vgl. S. 27).

Energiser – auch Aktivierungsübungen genannt – haben meist die Aufgabe, die Mittagessen-bedingte Müdigkeit zu überwinden. Viel interessanter ist es jedoch, Energiser so zu verwenden, dass sie einerseits den Geist und/oder den Körper aktivieren und gleichzeitig ins jeweilige Thema überleiten. So wird den Teilnehmenden der Nutzen klar und die Inhalte werden mit Blick auf das bei der Interaktion Erlebte betrachtet.

Beim **Beenden des Trainings** sollten nicht alle einfach gehen. Planen Sie stattdessen Transferübungen ein, in denen jeder Teilnehmer rekapituliert, was er gelernt hat und was er jetzt anders machen will. Das erarbeitete Wissen setzt sich dadurch besser ab und die Worte von anderen können dazu anregen, noch mal über das eine oder andere nachzudenken. Ebenfalls sollten am Ende Transferziele für die Zeit nach dem Training erarbeitet werden. Dauert das Training länger als einen Tag, kommt an den einzelnen Tagen noch ein „**Tag beenden**" hinzu und beinhaltet z. B. ein tägliches Feedback.

Training/ Tag beginnen	Zu Beginn eines Trainings lernt sich die Gruppe kennen, Seminarinhalt und Organisatorisches werden geklärt.	S. 197
Recap	Wiederholungen sind für das Lernen wichtig. Durch Recaps erkennt der Trainer auch, ob es noch Unklarheiten oder offene Fragen gibt.	S. 213
Energiser	Energiser, auch Aktivierungsübungen genannt, können schon mit dem Thema des Moduls verknüpft sein oder einfach nur Energie und Spaß in die Gruppe bringen.	S. 223
Training/ Tag beenden	Am Ende eines Trainings geht es nochmals darum, den Transfer zu schärfen und Feedback einzuholen.	S. 235

Der innere Kreis des Navigators

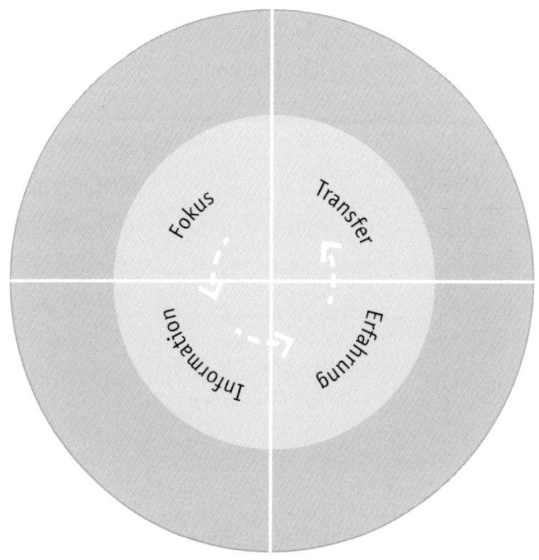

Im Zentrum jedes Designs steht das Modul als kleinste Lerneinheit und ein Trainingstag besteht inhaltlich vor allem aus mehreren Lernmodulen. Ein Modul dauert im Regelfall 90 Minuten. Aber auch alle zeitlich kürzeren Formate wie Microtraining Sessions folgen der gleichen Vorgehensweise. Jedes Modul besteht wiederum aus vier Elementen: „Fokus", „Information", „Erfahrung" und „Transfer". Zusammen bilden diese vier Elemente das Zentrum des Navigators. In diesem Innersten des Navigators spielt sich das echte Lernen ab. Ein Trainingsdesigner plant jedes Modul immer in der Reihenfolge Fokus, Information, Erfahrung und Transfer, kurz: FIET.

Module bestehen aus: Fokus, Information, Erfahrung und schließlich Transfer

Beginnen wir also beim **Fokus**. Trainingsdesigner sollten sich an diesem Punkt in die Teilnehmenden hineinversetzen und sich dazu ein paar Fragen stellen:

Fragen zum Fokus

- In welchem Stadium des gesamten Lernprozesses befindet sich das Modul?
- Hat dieses Modul mit den vorherigen und nachfolgenden Modulen zu tun?
- Wie kann jeder Teilnehmer für sich einen Sinn in dem Modul erkennen?
- Ist Wissen zu dem Thema vorhanden?
- An welchen Stellen wird weiteres Wissen benötigt?

Im Anschluss sollte sich der Trainingsdesigner das Thema **Information** in Bezug auf das Modul ansehen. Denn Inhalte können auf unterschiedlichste Weise vermittelt werden. Wichtig ist immer das Erleben: Es soll möglichst lebendig – dann auch gerne merkwürdig und ausgefallen – präsentiert werden. Der Inhalt kann aus einer Aktivierung abgeleitet werden oder die Gruppe erarbeitet sich die Inhalte selbst. Im Anschluss an das Vermitteln oder Erarbeiten wird exemplarisch mit einer Demonstration deutlich gemacht, wie das Gelernte angewendet werden kann.

In jedem Lernmodul wird der Teilnehmer dazu animiert, die Inhalte anzuwenden und **Erfahrungen** zu machen. Hier können zum Beispiel auf die Zielgruppe zugeschnittene Übungen durchgeführt werden, damit jeder eine eigene Erfahrung mit dem Inhalt des Moduls verbindet. Es können auch Fragestellungen besprochen werden, die sich während der Übung ergeben haben. Besonders hilfreich ist es, wenn etwas vorbereitet wurde, das die Teilnehmer in ihrer Welt abholt. Sobald die Übung vorüber und die Erfahrung gemacht ist, reflektieren die Teilnehmer ihre Lernerfahrung.

Der letzte Punkt, auf den bei der Planung eines Moduls geachtet werden sollte, ist der **Transfer.** Denn die Teilnehmenden sollen ihr Wissen nicht nur theoretisch anwenden können, sie sollen es tatsächlich umsetzen. Also was brauchen die Teilnehmenden an diesem Punkt noch an Wissen und was muss vertieft werden, damit sie es in ihren Alltag integrieren? Es ist auch immer wichtig, zu planen, wer oder was beim Transfer hilfreich sein könnte und zu überlegen wer, wie oder was den Transfer verhindern könnte.

Fokus	Zu Beginn eines Moduls wird der Rahmen für die Lerneinheit gesetzt und Sinn für den Inhalt aufgebaut.	S. 124
Information	Inhalte können auf vielfältige Art vermittelt werden – von der merkwürdigen Präsentation bis zur Erarbeitung durch die Gruppe mit Begleitung durch den Trainer. Im Anschluss wird die Anwendung demonstriert.	S. 141
Erfahrung	Die Teilnehmenden üben das neu Gelernte mit einer auf sie zugeschnittenen Übung und reflektieren, was vom Gelernten schon anwendbar war, was gut gelungen ist und was man noch besser machen kann.	S. 169
Transfer	In der Transferphase wird geklärt, was der Teilnehmer noch benötigt, um das Gelernte auch tatsächlich umzusetzen.	S. 186

Aus der Sicht des Trainingsdesigners

Sie wundern sich, dass der Navigator gegen den Uhrzeigersinn – also nicht unbedingt intuitiv – ist? Die Begründung für diese Vorgehensweise liegt darin, dass in westlichen Kulturen bei Bildern die negative Vergangenheit links unten angesiedelt ist und die positive Zukunft rechts oben. Wer schon mal einen typischen Pfeil zu Change-Management gesehen hat, weiß, was ich meine. Die Verbesserung, die Akzeptanz, die gute Zukunft zeigt nach rechts oben. Was liegt also näher, als das Thema Transfer, das ja zu einer positiven Veränderung führen soll, auch dorthin zeigen zu lassen.

Der rote Faden

Der Navigator ist Teil des roten Fadens, der sich durch das Trainingsdesign zieht. Das bedeutet, es wird hinterfragt: Passt alles auch zusammen? Werfen wir dazu auf der nächsten Seite noch mal einen Blick auf den Prozess des Trainingsdesigns, wie er bereits im zweiten Kapitel erläutert wird (vgl. S. 62).

Wenn die Trainingsbedarfsanalyse und das Suchen der Informationen abgeschlossen sind und der Grobplan entworfen sowie die Ideenliste gezückt ist, wenn es also nun darangeht, das eigentliche Training zu konzipieren, dann ist der Navigator gefragt. Und es wird nach der Entwicklung von jedem Modul gefragt: Passt das jetzt noch zusammen? Baut alles aufeinander auf? Gibt es lose Enden? Dienen die Schritte dem gewünschten Ergebnis?

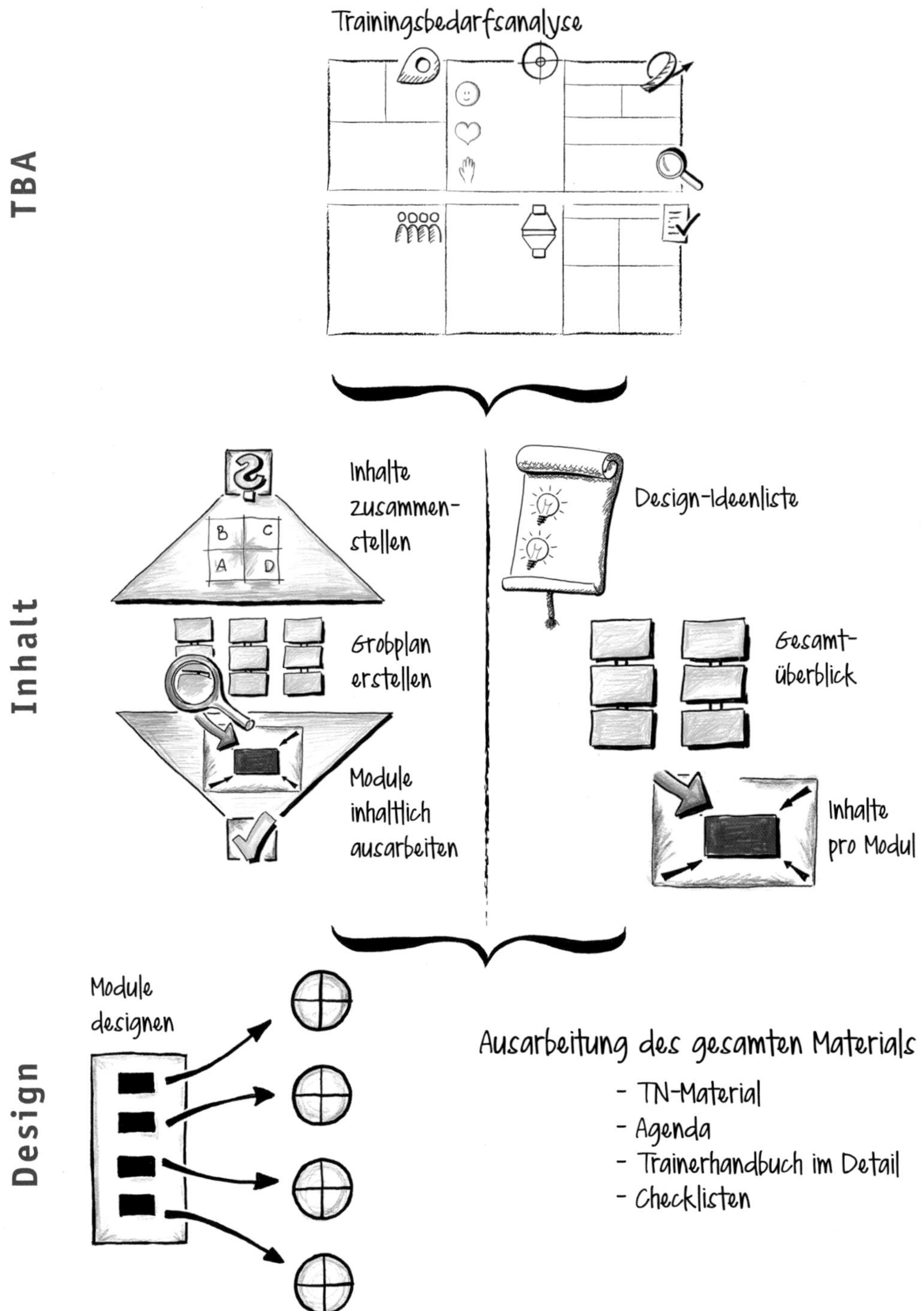

Abb.: Elemente und Reihenfolge des Designprozesses. Der Navigator wird eingesetzt, wenn es an das inhaltliche Ausarbeiten der Module geht.

Das Vorgehen beim Konzipieren des Trainings

Bei der Erarbeitung des Trainings anhand des Navigators gibt es zwei Vorgehensweisen. Welche gewählt wird, hängt davon ab, wie gut sich der Trainingsdesigner mit den Inhalten auskennt und wie klar der Gesamtablauf schon ist.

Zwei Alternativen bei dem Entwickeln mit dem Navigator

1. Noch verschwommen? Da beginne ich mit den inhaltlichen Modulen, entwickle das Design pro Modul, spinne den roten Faden und erst dann kümmere ich mich um die Themen „Training beginnen und beenden" sowie um Energiser und Recaps. Denn erst wenn der innere, inhaltliche Ablauf klar ist, klärt sich auch, wie die Teilnehmenden gut ins Training geholt und wieder daraus entlassen werden.

2. Alles klar und vorgedacht? Dann kann man ganz strukturiert mit dem Modul „Training beginnen" anfangen und sich dann sukzessive durch das Training arbeiten. Dabei werden nacheinander die inhaltlichen Module, die Recaps und Energiser beschrieben und auch das Trainingsende wird fertiggestellt.

Im fertigen Training ist der Ablauf der einzelnen Einheiten dann sehr ähnlich: Der Tag wird begonnen, ab dem zweiten Tag gibt es in der Früh ein Recap, dann folgen zwei Module. Nach dem Mittagessen ein Energiser mit Sinn, wieder zwei Module und der Tag wird beendet.

Im Folgenden wird nun auf jedes Element des Navigators eingegangen. Zu jedem dieser Trainingsbausteine – sei es Information, Transfer, Recap oder Energiser – werden die entsprechenden Tools vorgestellt. Dabei wird mit dem Kern begonnen, dem Aufbau der inhaltlichen Module, und die Reihenfolge „FIET" wird berücksichtigt.

In der Form, in der die einzelnen Tools in diesem Buch beschrieben werden (unter Angabe von Name, Ziel, Material, Zeitbedarf, Teilnehmeranzahl, Vorbereitung, Durchführung), sollte ein Trainingsdesigner diese auch ins Trainerhandbuch schreiben.

Fokus

- Kennen der beiden Unterschritte „Rahmen setzen" und „Sinn aufbauen".
- Kennen der Notwendigkeit für die beiden Unterschritte.

- Der Rahmen schafft Klarheit darüber, wo im Training man sich befindet.
- Das Wissen, wozu man etwas lernt, schafft Offenheit für Neues.

- Tools und Ideen für die Unterschritte „Rahmen setzen" und „Sinn aufbauen" im Trainingsdesign einsetzen können.

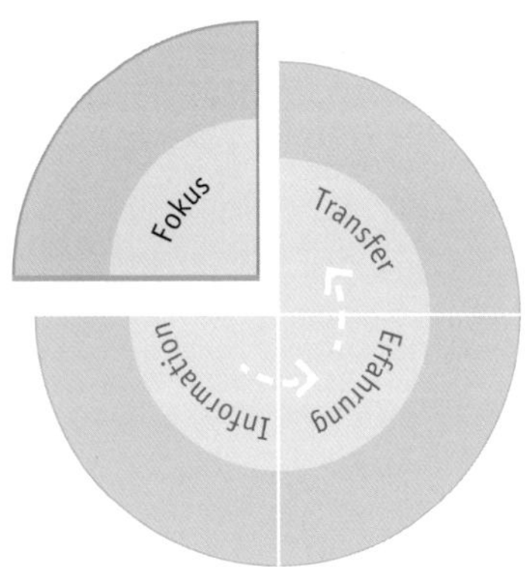

Der Schritt „Fokus" im Navigator besteht aus zwei Unterschritten:

1. Rahmen setzen
2. Sinn aufbauen

Bei **„Rahmen setzen"** geht es darum, den Teilnehmenden aufzuzeigen, an welchem Punkt des Gesamttrainings sie sich gerade befinden.

Bei **„Sinn aufbauen"** geht es darum, den Teilnehmenden zu verdeutlichen, warum es Sinn macht, die Inhalte zu lernen und ihnen einen Nutzen aufzuzeigen.

Rahmen setzen

Die Agenda, die zu Beginn des Trainings vorgestellt wird, setzt den Rahmen für das gesamte Training. Innerhalb dieses Gesamtrahmens ist es für einige – und ganz bestimmt nicht alle – Teilnehmenden wichtig, dass immer wieder Bezug auf diesen Rahmen genommen und damit Struktur gegeben wird.

Sie erhalten so einen Bezug zum Gesamttraining, können sich orientieren und erkennen die Logik in der Abfolge der Module. So fällt es ihnen leichter, Bezüge zwischen den Einheiten herzustellen, was bei der Verankerung des Themas hilft.

Rahmen: Wo befinden wir uns und was ist die Verbindung?

Den Rahmen zu setzen, klärt also vor allem folgende zwei Fragen: Wo befinden wir uns im Lernprozess? Welche Verbindung gibt es zu den Modulen davor und danach? Das kann in einem Satz passieren, beispielsweise: *„Vor dem Mittagessen haben wir Thema X behandelt, in dieser Einheit wird es um Thema Y gehen."* Das hilft vor allem den strukturierten Teilnehmenden, sich auf das Wesentliche konzentrieren zu können. Viel mehr als dieses „Struktur geben" wird beim Thema Rahmen setzen auch nicht benötigt. Aus Designsicht kann man dem Trainer und auch der Gruppe Strukturhilfen in Form von Plakaten, Roll-up-Bannern etc. zur Verfügung stellen, die permanent im Trainingsraum sichtbar sind.

S'Gschichtl

Wenn ich an die Trainings denke, an denen ich selbst teilgenommen habe, dann ist es mir wichtig, dass ich zumindest am Trainingsbeginn, bei mehrtägigen Trainings besser noch an jedem Trainingstag, diesen Überblick bekomme. Der Rest war Learning by Doing: Denn dass das Rahmensetzen auch zu Beginn jeden Moduls notwendig sein kann, haben mir die Teilnehmenden aufgezeigt, die dann oft mittendrin die Frage stellen: *„Sag mal, wo sind wir gerade? Und wie hängt jetzt alles zusammen?"*

Sinn aufbauen

Die Fragen zum Sinn

Der Unterschritt „Sinn aufbauen" klärt vor allem folgende zwei Fragen:

1. Warum macht es für jeden Teilnehmenden Sinn, genau das zu lernen?
2. Was weiß er schon darüber, wo könnte er es benötigen?

Dafür eignen sich vor allem Methoden, die auf das Thema einstimmen, die emotional berühren und zum Nachdenken bringen.

Sinnaufbau vor dem Training

Wie auch beim Thema „Rahmen setzen" beginnt der Sinnaufbau schon vor dem Training: durch klare Trainingsbeschreibungen, ein Gespräch mit der Führungskraft, ein Webinar oder durch die Aufgabenstellung, ein Lernprojekt mitzubringen. Je alltagsorientierter – oder sagen wir „transferorientierter" – dieser Sinn schon vor dem Training aufgebaut ist, desto leichter ist es dann im Training, darauf Bezug zu nehmen.

Schon die Darstellung klarer Lernziele zu Beginn jedes Moduls hilft den Teilnehmenden und kann durch Fragen des Trainers vertieft werden. *„Angenommen, ihr lernt jetzt Grundlagen der Visualisierung kennen, wo würdet ihr das in eurem Alltag anwenden können?"*

Wenn die Teilnehmenden in einem Train-the-Trainer ihr eigenes Lern- bzw. Trainingsprojekt mitbringen und der Trainer weiß, wer welches Thema schulen wird, dann kann zu Beginn jedes Moduls auf die unterschiedlichen inhaltlichen und die zu schulenden Themen Bezug genommen werden. Viele Teilnehmende machen das aber dann auch schon ganz automatisch und der Sinn wird hier ganz leicht hergestellt.

Im Folgenden werden Tools vorgestellt, die sich dazu eignen, im Training den Rahmen zu setzen und Sinn aufzubauen.

Toolbox – Fokus

Die auf den nächsten Seiten folgenden Tools eignen sich sehr gut dafür, dass die Teilnehmenden einen Bezug zum Thema finden und dessen Sinn erkennen.

Sie finden dort sehr kleine, kurze Interventionen und auch Übungen, die länger dauern können und doch wichtig sind, um gut ins Thema einzuleiten. An dieser Stelle ist es wichtig, hinzuzufügen, dass eine eventuell ausgedehntere Übung nicht die Notwendigkeit einer Erfahrung nach der Präsentation der Inhalte ersetzt.

Bilder zeigen

Ziel: Mit Bildern ins Thema einleiten.

Material: Flipchart, Foto, Bild

Zeit:
- Vorbereitung: 1–10 Minuten
- Durchführung: 2–15 Minuten

Teilnehmeranzahl: Unbegrenzt

Vorbereitung: Bild mit dem relevanten Medium (als Bild, Poster, über den Beamer) bereitstellen.

Durchführung: Das Bild wird den Teilnehmenden gezeigt. Daran anschließend stellt der Trainer der Gruppe Fragen, die dann zum Thema des Moduls führen.

Aus der Sicht des Trainingsdesigners

Bevor ein Bild ausgewählt werden kann, muss man sich in Erinnerung rufen, welche Botschaft genau man mit dem Bild und der passenden Story erzählen will: also auch hier eine klares „Have the end in mind".

Bei Bildern ist generell darauf zu achten, dass sie
- universell und ggf. gut im interkultureller Kontext einsetzbar sind,
- die Zielgruppe berücksichtigen: Können die Teilnehmenden mit dem Inhalt noch oder schon etwas anfangen?
- wirklich genau auf das zu trainierende Thema eingehen, damit der Trainer auch „leichtes Spiel" hat.

Für den Trainer kann es hilfreich sein, wenn der Trainingsdesigner im Trainerhandbuch seine Begründung für die Wahl des Bildes beschreibt und auch Fragen angibt, die an die Gruppe gestellt werden können, um auf das Thema überzuleiten.

S'Gschichtl

In einem Training mit dem Thema Statistik ging es um die Notwendigkeit, Daten nicht als Datenfriedhöfe, sondern grafisch darzustellen. Der Sinn dahinter ist es, dass jeder schnell die Essenz aus Unmengen von Daten erkennen kann.

Um den Sinn aufzubauen, zeigte ich ein Bild der explodierenden Challenger und fragte die Teilnehmenden: *„Was sehen Sie auf diesem Bild?", „Wann ist das passiert?", „Wie ist das passiert?"* Die Teilnehmenden wussten, dass ein Dichtungsring nicht dicht gewesen war, also fragte ich: *„Hätte man das verhindern können?"* Die Antwort ist ein klares Ja. Ich erzählte ihnen dann, dass die NASA Daten des Produzenten der Dichtungsringe vorliegen hatte, in denen klar stand, dass getestet worden war, bei welchen Temperaturen die Dichtungsringe dicht sind und bei welchen nicht. Bei sehr kalten Temperaturen zeigten die Ergebnisse, dass die Dichtungsringe ihre Funktion nicht erfüllen können. Beim Start der Challenger herrschten so tiefe Temperaturen, dass vorauszusehen war, dass die Dichtungsringe nicht halten würden.

Die Schwierigkeit bei den zur Verfügung stehenden Daten war, dass es sich um eine handschriftliche Notiz handelte, die nicht leicht gedeutet werden konnte. Hätten die Produzenten zusätzlich eine Grafik zum Text angefertigt, wäre für jeden direkt ersichtlich gewesen, dass die Dichtungsringe bei den gegebenen Temperaturen nicht halten würden.

Sprüche

Ziel: Mit einem passenden Spruch ins Thema einleiten.

Material: Spruch

Zeit:
- Vorbereitung: 1–10 Minuten
- Durchführung: 2–15 Minuten

Teilnehmeranzahl: Unbegrenzt

Vorbereitung: Der Trainer liest den Spruch vor oder macht ihn für alle auf Flipchart/über den Projektor sichtbar.

Durchführung: Der Trainer fragt die Gruppe, nachdem diese den Spruch gelesen haben: *„Was bedeutet das für Sie?"*. Über Fragen führt er die Teilnehmenden zum Thema und zeigt, warum sie den folgenden Inhalt brauchen.

Beispiel: *„Wenn ich die Menschen gefragt hätte, was sie wollen, hätten sie gesagt, schnellere Pferde."* (Henry Ford)

Dieser Spruch passt beispielsweise gut, wenn die Teilnehmenden dazu angeregt werden sollen, über ihren derzeitigen Tellerrand zu schauen, um zu sehen, welche Möglichkeiten sie noch haben. Statt eines „Haben wir schon immer so gemacht" soll damit der Entdeckergeist geweckt werden. Ihnen soll klar werden, dass sie ja weiterkommen wollen und dass sie sich mit ihren alten Gewohnheiten dabei behindern.

Ein anderes Beispiel, dessen Quelle unbekannt ist:
„Zwischen dem, was ich denke
und dem, was ich sagen will,
dem, was ich zu sagen glaube,
und dem, was ich sage,
dem, was du hören willst,
dem, was du hörst,
dem, was du zu verstehen glaubst,
und dem, was du verstehen willst,
und dem, was du verstehst,
gibt es mindestens neun Möglichkeiten, sich nicht zu verstehen."

Dieser Spruch passt hervorragend zu Kommunikationstrainings oder auch Trainings zum Thema Kundengespräche. Darin wird schon alles angesprochen, was einem in der Kommunikation ein Bein stellen kann und der Trainer kann ganz leicht auf das Thema überleiten.

Aus der Sicht des Trainingsdesigners

Bevor ein Spruch ausgewählt werden kann, gilt auch hier, auf die genaue Botschaft zu achten und darauf, zu welchem Thema man damit überleiten will. Und natürlich: „Have the end in mind".

YouTube-Videos

Ziel: Einen Sinnbezug aufbauen.

Material: Video, Beamer, PC, ggf. Verbindungsadapter

Zeit:
- Vorbereitung: 1–10 Minuten
- Durchführung: 2–15 Minuten

Teilnehmeranzahl: Unbegrenzt

Vorbereitung: Alle technischen Geräte verbinden und sicherstellen, dass das Abspielen des Videos reibungslos funktioniert.

Durchführung: Das Video wird abgespielt. Im Anschluss daran werden die Teilnehmenden mit Fragen auf die Inhalte hingeführt.

Aus der Sicht des Trainingsdesigners

Was für Bilder und Sprüche gilt, gilt auch für Videos: Man muss sich über die Aussage im Klaren sein. Und das ist bei Videos noch schwieriger als bei den anderen beiden Tools, weil hier durch die Dauer des Videos auch mehrere Botschaften transportiert werden können, die auch von den Teilnehmenden aufgegriffen werden könnten. Dem Trainer sei an dieser Stelle klar ins Trainerhandbuch geschrieben, wie er auf das relevante Thema überleitet.

Auch bei Videos ist also darauf zu achten, dass sie
- universell und ggf. gut im interkulturellen Kontext einsetzbar sind,
- wirklich genau auf das zu trainierende Thema eingehen, damit ein Trainer „leichtes Spiel“ hat,
- Und vor allem keinen durch die Video-Inhalte verletzen oder diskriminieren.

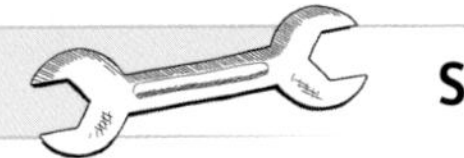

Schätzfragen

Ziel: Ein Gefühl für die Zahlen, Daten, Fakten hinter Themen geben.

Material: Schätzfragen, ausgedruckt/Flipchart/Projektor

Zeit:
- Vorbereitung: 1–10 Minuten
- Durchführung: 2–15 Minuten

Teilnehmeranzahl: Unbegrenzt

Vorbereitung: Der Trainer bereitet die Ausdrucke/Flipcharts/Präsentation vor.

Durchführung: Die Teilnehmenden werden mit dem Thema vertraut gemacht und dürfen schätzen. Das kann allein oder auch als Murmelgruppe durchgeführt werden. Die tatsächlichen Zahlen kann man gleich, im Laufe der Präsentation oder erst am Ende des Moduls bekannt geben.

Ein Beispiel zum Thema Arbeitsrecht:
- *„Wie oft müssen Arbeitgeber pro Jahr vor das Arbeitsgericht?"*
- *„Wie viele Überstunden werden in Deutschland im Jahr durchschnittlich gemacht?"*

Aus der Sicht des Trainingsdesigners

Mit Schätzfragen kann man wunderbar in ein Thema einleiten und Bewusstsein und/oder Betroffenheit erzeugen. Sollte es sich um das Design eines firmeninternen Seminars handeln, muss man sich die Zahlen, Daten, Fakten unbedingt offiziell absegnen lassen und auch laufend aktualisieren.

Aussagenblatt

Ziel: Sinn aufbauen.

Material: Ausgedruckte Aussagenblätter

Zeit:
- Vorbereitung: 1–10 Minuten
- Durchführung: 2–15 Minuten

Teilnehmeranzahl: Unbegrenzt

Vorbereitung: Ausgedruckte Aussageblätter an die Teilnehmenden verteilen. Die Aussagen betreffen das Trainingsthema und beschreiben mögliche Vorannahmen, Wünsche und Kritik der Teilnehmenden. Ein Beispiel für ein Aussagenblatt finden Sie unter den Download-Ressourcen.

Durchführung: Die Teilnehmenden lesen sich die Aussagen durch und kreuzen die für sie persönlich zutreffenden an. Dann wenden sie sich an den Sitznachbarn und bemurmeln mit ihm ihre Erwartungen an das Modul. Wenn keine Aussage dabei ist, welche die Erwartung des Teilnehmers beschreibt, können leere Felder befüllt werden. Durch das Besprechen schaffen es die Teilnehmenden, sich selbst einzuschätzen und erkennen, wo sie vielleicht noch Lücken haben.

Ein Beispiel: Bei einem Seminar mit dem Titel „Anleitung zum Nichtstun" verwende ich ein Aussagenblatt, um die Teilnehmer ins Thema zu bringen, ohne dass ich selbst viel machen muss. (Das Aussagenblatt befindet sich in den Download-Ressourcen zum Buch). Mit dem Blatt, auf dem sich verschiedene Aussagen zum Thema finden, schaffe ich es, dass die Teilnehmenden sich selbst mit dem Thema beschäftigen. Bei den Aussagen habe ich mir im Vorfeld überlegt, was die Erwartungen der Teilnehmenden an das Seminar sein könnten, beispielsweise: *„Kann ich Trainings so vorbereiten, dass ich die Lernenden nur noch moderiere und begleite?"*

Aus der Sicht des Trainingsdesigners

- Die Aussagen sind so zu formulieren, dass alle Teilnehmenden sich wiedererkennen können.

- Es wird nur das erwähnt, was auch im folgenden Modul gezeigt wird.

- Das Aussagenblatt kann sowohl bei Soft-Skill-Themen wie auch bei sperrigen Themen verwendet werden. So kann man beim Thema „Bilanzanalyse" unter anderem folgende Aussagen verwenden: *„Bilanzanalyse ist für mich völliges Neuland."*, *„Ich kenne mich beim ‚Profit- and Loss-Statement' gut aus."* Oder: *„Bilanzanalyse ist mein tägliches Aufgabengebiet."*

- Durch das Aussagenblatt kann man sicherstellen, dass die Teilnehmenden ins Reden kommen. Je kontroverser die getätigten Aussagen, desto mehr Gesprächsstoff gibt es.

Geschichten erzählen/Storytelling

Ziel: Mit einer Geschichte ins Thema einleiten.

Material: Keins

Zeit:
- Vorbereitung: 1–10 Minuten
- Durchführung: 2–15 Minuten

Teilnehmeranzahl: Unbegrenzt

Vorbereitung: Geschichten wirken am besten, wenn sie von der Person erzählt werden, die die Geschichte auch selbst erlebt hat. Nur so kann die Emotionalität, die benötigt wird, auch aufgebaut und transportiert werden. Wenn Geschichten anderer Menschen erzählt werden, dann soll das auch klar so kommuniziert werden. Denn jeder Trainer verliert all seine Glaubwürdigkeit in dem Moment, in dem herauskommt, dass die Geschichte – die er angeblich selbst erlebt hat – nicht von ihm ist.

Durchführung: Die Geschichte muss präzise erzählt sein, sodass die Teilnehmenden merken, dass das Erzählte etwas mit ihnen und ihrer Situation zu tun hat.

Aus der Sicht des Trainingsdesigners

Es ist – wie oben beschrieben – immer besser, wenn die Geschichte vom Trainer persönlich erlebt wurde. Für Trainer mit wenig Erfahrung ist es daher besser, Geschichten aus Büchern zur Verfügung zu stellen (ein Beispiel sind die von Hans Heß herausgegebenen Bände „Erzählbar“ I und II, erschienen beim Verlag managerSeminare). Für erfahrene Trainer kann man im Trainerhandbuch zusätzlich die Quintessenz beschreiben, die in der Geschichte ausgedrückt sein muss. Dann können diese entweder auf die vorgegebene Geschichte zurückgreifen oder eine eigene verwenden.

„Storytelling“ ist laut vieler Medien en vogue. Dabei war Storytelling noch nie out. Das Geschichtenerzählen gibt es beinahe seit dem Bestehen der Menschheit und begleitet zudem jeden Menschen individuell in seinem Leben. Angefangen bei der Gute-Nacht-Geschichte, über die ersten selbst gelesenen Romane und geschauten Filme, bis hin zum biografischen Berichten eigener Erlebnisse, ist das Erzählen nicht nur etwas, was wir ganz natürlich machen, es besitzt dazu noch eine besondere Gabe: Es erzeugt – gut erzählt – Emotionen beim Zuhörer.

Das hat in den letzten Jahren auch der Kapitalismus für sich entdeckt. Denn das klassische Marketing à la „besser, schneller, weiter“ kam an seine Grenzen und dann kam irgendwer auf die Idee, Storytelling in seinem Marketingkontext einzusetzen. Jetzt wurde also nicht mehr darüber gesprochen, wie viel besser man doch im Gegensatz zur Konkurrenz ist, stattdessen wurden Geschichten ausgepackt. Darüber, wie Produkte oder wie Unternehmen entstanden sind, Geschichten über den Unternehmenschef und mitunter auch über die Mitarbeiter. Mit großem Erfolg: Die Begeisterung für Steve Jobs ließ ja sogar Menschen vor Shops campieren!

Aber zurück zum eigentlichen Thema: Natürlich besitzen gute Storys, egal in welchem Kontext, diese Fähigkeiten – deshalb eignen sie sich auch im Seminarkontext. Am besten ist es, wie gesagt, eine eigene Geschichte zu erzählen. Auch wichtig: sich auf *eine* Botschaft der Story zu beschränken. Sonst kommt keine wirklich an und der erwünschte Effekt geht verloren.

Bingo

Ziel: Den Sinnbezug aufbauen.

Material: Ausdrucke mit Begriffen des Trainings

Zeit:
- Vorbereitung: 1–10 Minuten
- Durchführung: 2–15 Minuten

Teilnehmeranzahl: Unbegrenzt

Vorbereitung: Für jeden Teilnehmer wird ein Bingo-Blatt ausgedruckt.

Durchführung: Beim echten Bingo erhalten alle Ausdrucke mit unterschiedlichen Zahlen. Dann werden nacheinander Zahlen gezogen und auf dem Ausdruck markiert. Wer zuerst alle Zahlen hat, ruft: „Bingo!"

In der Trainingsvariante finden sich auf einem DIN-A4-Blatt die zwölf bis zwanzig wichtigsten Begriffe des Moduls. Nachdem diese unter den Teilnehmenden verteilt wurden, werden diese dazu aufgefordert, zu markieren, was bekannt, weniger bekannt und unbekannt ist. Dann tauschen sich alle mit ihren Sitznachbarn darüber aus, was sie über die Begriffe wissen und wo noch Lücken bestehen. Diese Begriffe kommen im Laufe des kompletten Trainings vor. Immer, wenn die Teilnehmenden einen der Begriffe im Verlauf des Trainings hören, haken sie diesen ab. Der Erste, der alle gehört hat, ruft dann Bingo. Als Gewinn kann etwas Süßes oder ein Applaus der anderen dienen oder etwas anderes, was auf jeden Fall „Gut gemacht!" ausdrückt.

Ein schöner Nebeneffekt: Am Anfang kennen die Teilnehmenden von ihrem Zettel vielleicht nur die Hälfte der Begriffe, sie wissen also direkt, wo sie besser aufpassen sollten. Ganz am Ende des Seminars kann die Gruppe die Zettel ebenfalls noch mal hervorholen, um sich zu fragen, ob eine Verbesserung im Vergleich zum Anfang stattgefunden hat.

Aus der Sicht des Trainingsdesigners

Bingo ist witzig, weckt den Spieltrieb und kann leicht eingesetzt werden. Wichtig ist, dass die Blätter nicht einfach ausgeteilt werden und dann sofort die Präsentation der Inhalte beginnt, sondern dass alle die Zeit bekommen, sich mit den Begriffen allein oder zu mehreren vertraut zu machen.

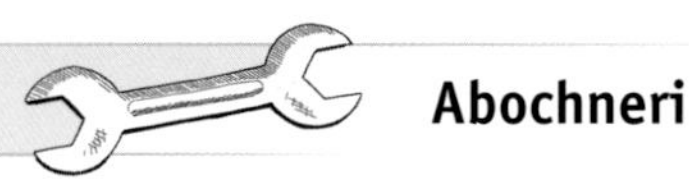

Abochneri

Ziel: Bezug zum Thema „Als Team mehr Ideen haben als allein".

Material: Flipchart, Papier und Stift für die Teilnehmer

Zeit:
- Vorbereitung: 1–10 Minuten
- Durchführung: 2–15 Minuten

Teilnehmeranzahl: 5–20 Personen

Vorbereitung: Das Wort „Abochneri" wird aufs Flipchart geschrieben.

Durchführung: Der Trainer gibt allen 60 Sekunden, um aus den Buchstaben „Abochneri" so viele Wörter wie möglich zu bilden. Die Regeln:

- Wenn ein Buchstabe nur einmal vorkommt, darf er auch nur einmal verwendet werden: Das Wort Anna gilt also nicht, weil nur ein A und nur ein N bei Abochneri vorkommt.
- Bei jedem neuen Wort hat der Teilnehmer auch wieder alle Buchstaben zur Verfügung.
- Die gebildeten Wörter müssen nicht alle neun Buchstaben enthalten: NOCH ist also erlaubt.

Sobald die 60 Sekunden verstrichen sind, fragt der Trainer nach, wer die meisten Wörter gebildet hat. Diese Wörter des einen Teilnehmers werden an dem Flipchart gesammelt. Der Trainer kommentiert diese Leistung, indem er auf das Flipchart schreibt: *„(Teilnehmer) ist der/die Beste."* Danach werden die Worte ergänzt, die die anderen Teilnehmenden noch gebildet haben und die noch nicht auf dem Flipchart stehen. Dadurch werden es richtig viele Wörter. Der Trainer schreibt nach diesem Ergebnis dazu: *„Das Team ist besser/kreativer/hat mehr Ideen."*

Aus der Sicht des Trainingsdesigners

Man kann die Teilnehmenden hinterher auch ergänzen lassen, was ihnen noch zusätzlich einfällt, was noch auf keinem Papier stand. Falls jeder zuerst für sich ein Brainstorming machen soll, dann die Ideen zusammengetragen werden sollen und schließlich ein weiterführendes Brainstorming gemacht wird, dann eignet sich diese Übung gut, um zu erkennen, dass es mehrere Runden für gute Ideen benötigt.

Change five Things/Verändere fünf Dinge

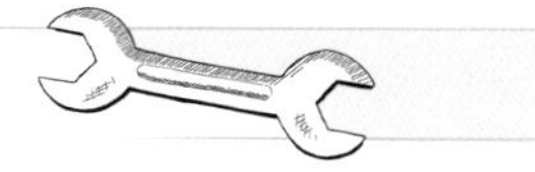

Ziel: Sinnbezug zum Thema „Veränderung“ aufbauen.

Material: Keins

Zeit:
- Vorbereitung: 1–2 Minuten
- Durchführung: 15–20 Minuten

Teilnehmeranzahl: 6–20 Personen

Vorbereitung: Flipchart und Stift bereitstellen.

Durchführung: Die Teilnehmenden stellen sich paarweise gegenüber auf und betrachten sich gegenseitig. Der Trainer bittet die Teilnehmenden, sich umzudrehen und fünf Dinge zu verändern.

Wenn diese Änderungen durchgeführt sind, muss das Gegenüber jeweils diese fünf Veränderungen aufdecken. Wenn die fünf Dinge identifiziert sind, dürfen sie nicht zurückgeändert werden. Die Teilnehmer werden gebeten, sich umzudrehen und weitere fünf Sachen zu verändern. An dieser Stelle muss sich der Trainer schon mal auf Gegenwind gefasst machen. Schlaue Teilnehmende schauen sich bei den anderen etwas ab und lernen von ihnen. Dann muss wieder identifiziert werden, was geändert wurde.

Spätestens bei der dritten Runde wird derart protestiert, dass diese mitunter gar nicht mehr durchgesetzt werden kann. Der Trainer fordert die Teilnehmenden dann auf, sich wieder an ihre Plätze zu setzen. Er wird beobachten, dass diese direkt alles, was sie verändert hatten, zurückändern.

Zur Info: Meistens ziehen Teilnehmenden etwas aus, sie geben also etwas her (z. B. Schuhe, Schmuck). Manchmal wird etwas vertauscht (z. B. die Uhr wechselt den Arm, die Krawatte wird nach hinten gedreht). Die wenigsten bedenken, dass sie auch etwas an sich nehmen können (z. B. Flipchart-Stifte).

Der Trainer kann auf dieser Basis Verschiedenes machen. Einmal kann er fragen, was die beliebtesten Strategien waren und diese auflisten. Bei der Strategie „Etwas dazuzunehmen“ – an die oft gar nicht gedacht wird – kann der Trainer darauf hinweisen, dass es bei Mitarbeitern oft nicht verankert ist, dass man im Rahmen einer Veränderung auch etwas bekommen kann. Menschen denken bei Veränderungen in erster Linie daran, dass sie dadurch etwas verlieren werden, als dass sie die möglichen positiven Seiten sehen.

Eine andere Frage kann sein, warum die Teilnehmenden nach Beenden der Methode sofort alles zurückgetauscht haben. Der Tenor der Antworten wird sein: „Weil es so bequemer ist." Darauf kann der Trainer aufbauen, indem er klarmacht, dass genau das den Menschen passiert, sobald sie von einer Veränderung betroffen sind und die Chance haben, in ihre Komfortzone zurückzugehen. Es sensibilisiert also dafür, dass in Change-Situationen den Beteiligten genau diese Chance genommen werden muss, damit eine Veränderung sich tatsächlich durchsetzt.

Aus der Sicht des Trainingsdesigners

Das Tool eignet sich auch für große Gruppen sehr gut. Es baut Sinnbezug auf zu Themenkomplexen, die mit Veränderung/Change-Management zu tun haben.

Information

- Unterschiedliche Arten kennen, auf die Inhalte präsentiert werden können.
- Wissen, dass auch die Teilnehmenden Wissen erarbeiten können.
- Wissen, dass die Anwendung des Neuen demonstriert werden muss.
- Das zeitliche Verhältnis Information zu Erfahrung ist 1/3 zu 2/3.

- Verstehen, dass die Inhalte weitergegeben werden, die der Teilnehmer braucht und nicht das Wissen, das verfügbar ist.
- Anleitung zum Nichtstun – vom Trainer zum Lernermöglicher.

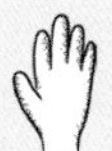

- Neue Tools und Ideen designen können, damit der Trainer beiseitetreten und die Teilnehmenden von- und miteinander lernen können.

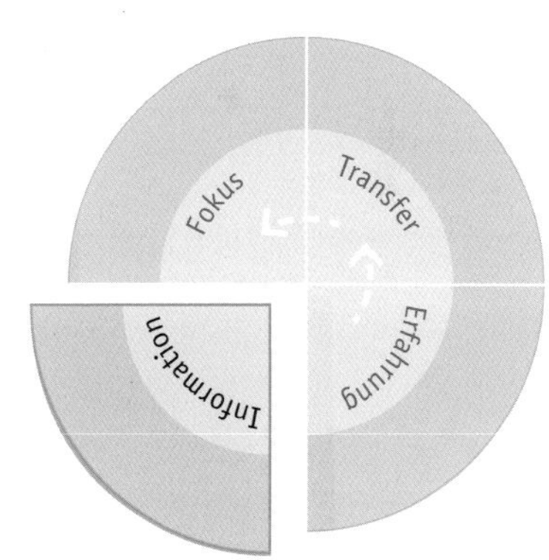

Der Schritt Information im Navigator besteht aus zwei Unterschritten:

1. Inhalte präsentieren
2. Anwendung demonstrieren.

Bei **„Inhalte präsentieren"** geht es darum, die Information auf vielfältige Arten zu vermitteln – von der „merkwürdigen" Präsentation bis zur Erarbeitung durch die Teilnehmenden mit Begleitung durch den Trainer.

„Anwendung demonstrieren" bedeutet, dass den Teilnehmenden ein Beispiel für den Lernstoff demonstriert wird. So wird die Information mit einer exemplarischen Durchführung verknüpft.

Inhalte präsentieren

Der Trainingsdesigner plant, wie der Trainer den Teilnehmenden den Inhalt präsentiert, den diese benötigen. Dafür muss der Trainingsdesigner gerade bei diesem Schritt darauf achten, für welche Art von Trainern er das Training designt. Ob es ein Profi oder ein Jungtrainer ist, spielt an dieser Stelle eine sehr entscheidende Rolle. Je weniger Erfahrung der Trainer, für den das Trainingsdesign geschrieben wird, im Trainieren hat, desto weniger Teilnehmeraktivität wird es zu diesem Zeitpunkt geben – was niemals heißt, dass es gar keine gibt. Haben wir es jedoch mit einem Profi zu tun, kann er das Lernen mehr den Teilnehmenden übergeben, während er selbst seine Rolle als Lernermöglicher wahrnimmt.

S'Gschichtl

Als ich noch in Schule und Universität war, war ich dem klassischen Lehrvortrag unterworfen. Lehrer, Assistenten und Professoren sprachen. Man hatte mitzuschreiben, zu lernen, wiederzugeben. Zu Beginn meines Berufslebens in einem amerikanischen Großkonzern besuchte ich ein Training zum Thema „Moderationstechnik" und verstand zum ersten Mal, dass Lernen auch ganz anders und ganz leicht sein kann. Und es war kein „Besuch" mehr, es war freudvolles Lernen.

Im gleichen Konzern durfte ich auch ein einwöchiges Statistikseminar in einem dunklen Keller eines amerikanischen Seminarhotels besuchen. (Der Keller war üblich, schließlich hatten die Overhead-Projektoren (!) noch nicht so gute Leuchten.) Nach drei Tagen war ich geschafft, denn Hypothesen testen auf Englisch ohne ausreichend Übungs- und Anschauungsmaterial war zu viel. Und dann kam dieser wunderbare Trainer, der das schwierige Thema „Design of Experiments" mit Charme, einer Leichtigkeit und anhand eines Würfels so erklärte, dass sowohl meine Aufmerksamkeit als auch meine Lust am Lernen schlagartig wieder da waren. Dass der Trainer dann noch eine praktische Übung vorbereitet hatte, unterstützte mein Lernen ungemein.

Der von mir wahrgenommene Unterschied erklärte sich Jahre später in einem Train-the-Trainer-Seminar, als der Trainer von dem Verhältnis „Information zu Erfahrung" sprach: Maximal ein Drittel der Zeit sollte für das Vermitteln der Inhalte verwendet werden und mindestens zwei Drittel für das Üben und das Anwenden der vermittelten Inhalte.

Ganz logisch? Eh klar? Macht doch jeder? Nein, denn das ist fast so wie mit dem gallischen Dorf im Asterix-Comic. Es gibt sie noch, die Trainer, die viele, sehr viele Inhalte haben und nicht abgeben können. Die Trainer, die wunderbar unterhalten können. Die an einem ganzen Trainingstag von sechs Stunden immerhin ganze vier Übungen zu fünf Minuten einbauen und glauben, dass damit etwas gelernt sei. Dabei ist hier maximal ein bisschen Samen gesät, der die Schwelle des Seminarraums nicht überlebt. Nur, wenn viel geübt wird, gibt das den Teilnehmenden die Selbstsicherheit, das Gelernte nach dem Training auch anzuwenden. Und nur dann ändert sich etwas für den Teilnehmer und das Unternehmen.

Das Lehr-Lernkontinuum

Dieses Kontinuum habe ich zusammengestellt, um den Zusammenhang zwischen Teilnehmeraktivität und Lernerfolg zu veranschaulichen. Dabei gehe ich von meiner persönlichen Erfahrung und der jahrelangen Anwendung in Trainings aus: Je mehr die Teilnehmenden in der Trainingssituation üben können, desto eher werden sie ihr Wissen danach auch anwenden. Dies führt zu der These: Je mehr die Teilnehmenden involviert sind, desto größer ist der Lernerfolg.

Umso involvierter, umso mehr Lernerfolg

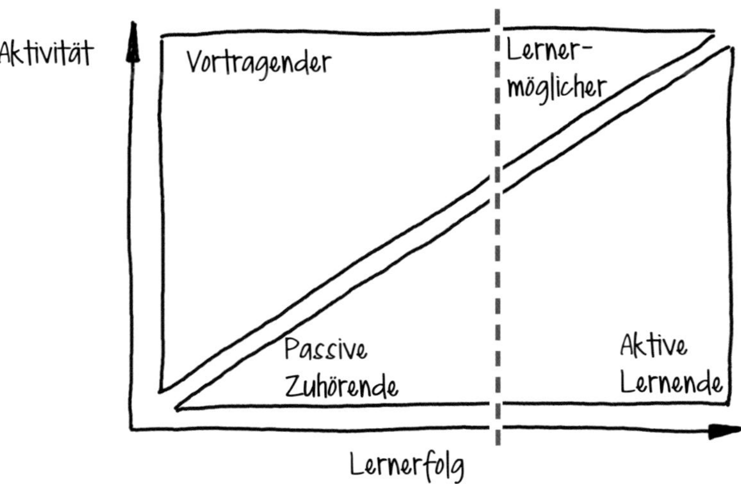

Abb.: Das Lehr-Lernkontinuum.

Die linke Achse zeigt 100 Prozent Aktivität und ist die Summe aus der Trainer- und der Teilnehmeraktivität. Die untere Achse zeigt den Lernerfolg. Je weiter rechts, desto aktiver die Teilnehmenden und desto größer der Lernerfolg.

Im oberen Dreieck ist die Traineraktivität abgebildet: je weiter links, desto mehr macht der Trainer – er spricht, er mag auch unterhalten, doch die Teilnehmenden sind passive Zuhörer. Je weiter rechts, desto weniger macht der Trainer und desto mehr aktive Lerner gibt es.

Dort, wo der Strich ist, wird die Drittel-Regel dargestellt: Maximal ein Drittel der Zeit sollte für das Vermitteln der Inhalte verwendet werden und mindestens zwei Drittel für das Üben, das Anwenden der vermittelten Inhalte. Das bedeutet, dass der Trainer die Inhalte erklärt und somit noch einen sehr aktiven Part einnimmt.

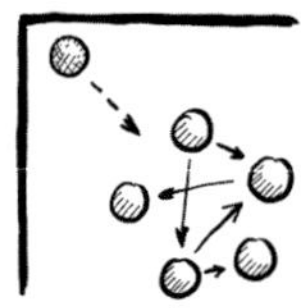

Wie man sieht, ist dann noch Spielraum. Was wäre, wenn die Trainer noch weniger machen und die Teilnehmenden noch mehr ins Tun bringen? Wenn die Inhaltsvermittlung eben eine Inhaltserarbeitung wird? Und sich das Üben aus der Erarbeitung und dem Anwenden auf eigenen Fälle ergibt? Dann ist das erreicht, was ich „Training from the back of the room" nenne. Die Vision, dass der Trainer so viel wie irgend möglich abgibt und die Teilnehmenden ins Tun kommen. Und ja, es ist eine Vision. Denn es geht nicht immer. Und doch geht es viel öfter, als man es für möglich hält. Es benötigt allerdings Zeit und Kreativität vor dem Training, also im Design, damit die Umsetzung erfolgreich ist.

Das Schöne daran ist, dass damit der Wechsel vom Trainer zum Lerner möglicher gelingt. Die Teilnehmenden werden gleichzeitig von passiven Zuhörern zu aktiven Lernern. Weil im Trainingsraum mehr an die Teilnehmenden ausgelagert wird, hat der Trainer mehr Zeit, individuell auf den einzelnen Teilnehmer einzugehen. Als Trainer weiß man ja nicht, warum manche Teilnehmer nicht mitmachen, man weiß nicht, ob alle es verstanden haben und kann auch nicht nachfragen. Es kann immer sein, dass 80 Prozent es verstanden haben und 20 Prozent nicht. Aber das wird erst sichtbar, sobald der Trainer die Teilnehmenden aktiviert. Wenn die Teilnehmer den Inhalt selbst erarbeiten, wird offenbar, was Sache ist. Und das Gute: Der Trainer hat auf diese Art und Weise die Zeit, den Teilnehmenden zu helfen.

Und die Auswirkungen aufs Trainingsdesign?

Das Involvieren von Teilnehmern ist vorbereitungsintensiv

Genau an dieser Stelle ist Trainingsdesign gefragt und alle kreativen Ideen, die es benötigt, um die Veränderung hinzubekommen. Die Arbeit verlagert sich zusehends auf die Zeit, bevor der Raum betreten wird. Je mehr an die Teilnehmenden ausgelagert wird, desto mehr an guter Vorbereitung bedarf es.

An dieser Stelle noch ein Hinweis für den Trainingsdesigner: Es ist extrem wichtig zu wissen, wer die zukünftigen Trainer sind, die das Training durchführen werden.

Das Design muss die Trainerkompetenz des Trainers berücksichtigen

Je nach Trainingserfahrung und Einarbeitungszeit muss das Design unterschiedlich aussehen. Je unerfahrener ein Trainer ist, desto weniger wird er sich gleich am Anfang von PowerPoint lösen und sich in offene Lernszenarien begeben wollen. Je erfahrener, desto kreativer kann man hier arbeiten und Dinge vorgeben. Fakt ist: Das Trainerhandbuch ist an dieser Stelle dann das A und O, damit Neues ausprobiert wird.

Manche Trainer werden sich bei dem Gedanken, nichts zu tun, wahrscheinlich nutzlos vorkommen. Aber die Arbeit des Trainers beschränkt sich nicht darauf, wie aktiv er im Seminar ist. Wer mehr und mehr Inhalte von den Seminarteilnehmern erarbeiten lassen möchte, muss das Gelingen sehr gut planen und das ist wirklich viel Arbeit. Nur wenn der Trainer perfekt vorbereitet ist und den Teilnehmenden etwas zur Verfügung stellen kann, wird das Ganze möglich. Und Trainer, die das einmal gemacht haben, können diese Technik immer wieder verwenden. Als Trainingsdesigner kann man dieses Über-sich-Hinauswachsen der Trainer maßgeblich beeinflussen. Denn das Ziel des Trainings ist ja, dass es angewendet wird.

Frustration bei Teilnehmern vermeiden

Dazu aber noch eine Anmerkung: Trainer sollten dabei aber nicht die Frustrationstoleranz ihrer Teilnehmenden übertreten. Das heißt, während diese sich den Inhalt erarbeiten, darf es zwar anspruchsvoll sein, nur die Teilnehmenden dürfen an der Aufgabe nicht komplett scheitern. Wer immer mal nachfragt, ob es ihnen noch gut geht, ob sie noch weiter probieren wollen oder Fragen haben, kann damit einschätzen, wann und wie er einspringen muss, bevor die Teilnehmenden frustriert sind und aufgeben.

Anwendung demonstrieren

Im Hard-Skill-Bereich war für mich immer klar, dass ich auch die Anwendung demonstrieren muss. Je nachdem, um was es ging, wurde das Tool oder die Methode vorgestellt und die Anwendung von mir gezeigt, bevor die Teilnehmer es selbst in einer Übung ausprobierten. Für die Übungen gilt an dieser Stelle: Der Inhalt muss gar nicht ernst sein, sonst halten sich die Teilnehmenden zu sehr am Inhalt auf und verstehen nicht unbedingt, wie das Tool funktioniert.

Auch bei Soft Skills ist Demonstration wichtig

Im Soft-Skill-Bereich war die Demonstration für mich weniger selbstverständlich. Es gab eine lange Zeit, da habe ich in meinen Soft-Skill-Trainings die Informationen präsentiert, dazu eine Übung gemacht und diese Übung reflektiert – das war's. Ich war damals der Meinung, wenn ich den Teilnehmern die Informationen gebe, damit sie die Übung durchführen können, ist das ausreichend.

S'Gschichtl

Für ein französisches Unternehmen wurde ein Training auf drei Ebenen designt:

- Prozessverbesserung für Projektleiter
- Prozessverbesserung für Teammitglieder
- Projektcoaching für die Projektcoachs der Projektleiter

Die Teammitglieder bekamen zwei Tage Training, die Projektleiter fünf und das Projektcoaching dauerte ebenfalls fünf Tage.

Da ich noch nie in China trainiert hatte, fragte ich bei erfahrenen Kollegen nach. Viele machten ganze Horrorszenarien auf. Ein Kollege allerdings sagte: *„Anna, in China kannst du trainieren wie sonst auch überall. Mach alles wie immer. Der einzige Unterschied ist: die chinesischen Teilnehmer wollen eine Masterkopie"*. Das bedeutet: Einmal muss der Guru ihnen vorführen, wie es geht.

Mit diesem Wissen stieg ich in den Flieger nach China und habe dort Projektcoaching trainiert. Ein klares Soft-Skill-Thema. Ich war in der irrigen Annahme, dass allen klar ist, wie Coaching funktioniert, wenn ich erkläre *„Das ist der Coach und der kann aktiv zuhören und Feedback geben und gut kommunizieren"*. Ich hatte ihnen den Prozess erklärt, die Kommunikationstools wie „aktives Zuhören" und dachte, jetzt können sie coachen.

Doch dann fragte mich die Gruppe, ob ich die Anwendung demonstrieren könne. Ich erinnerte mich daran, dass mein Kollege genau das erzählt hatte. Also wählte ich einen Teilnehmer mit seinem Projekt aus und habe ihn vor den anderen gecoacht. Die anderen haben das sogar mit ihren Handys gefilmt. Diese Erfahrung hat mir gezeigt, dass gerade auch der Soft-Skill-Bereich den Schritt „Anwendung demonstrieren" braucht.

Aus der Sicht des Trainingsdesigners

Beim Unterschritt „Anwendung demonstrieren“ geht es also wirklich darum, dass die Inhalte lebendig gemacht werden, damit die Teilnehmenden eine Idee bekommen, wie die Theorie in der Praxis aussieht. Diese Demonstration kann mit einem Co-Trainer oder einem Teilnehmer durchgeführt werden.

Der Trainingsdesigner sollte für den Trainer ein Beispiel für eine Demonstration ins Trainerhandbuch schreiben. Damit weiß der Trainer, dass er die in diesem Schritt vermittelte Theorie den Teilnehmenden auch demonstrieren muss, bevor sie diese im nächsten Schritt, dem Erarbeiten, einüben

Toolbox – Lehrvortrag mit Interaktion zwischendurch

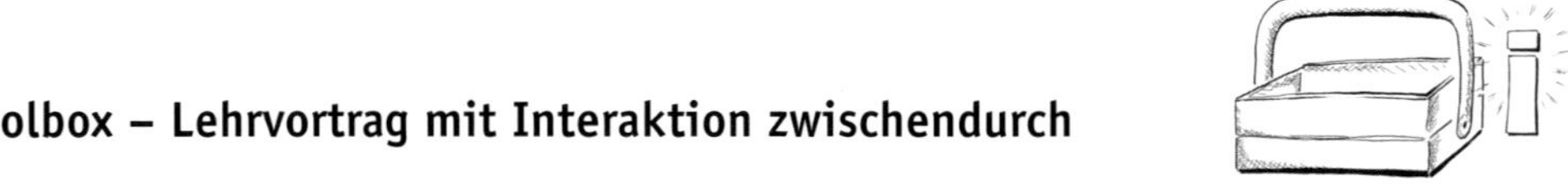

Für den Bereich „Information“ stellen wir Ihnen nacheinander drei Toolboxen vor, bei denen der Trainer stärker als Vortragender oder aber eher als Lernermöglicher wirkt.

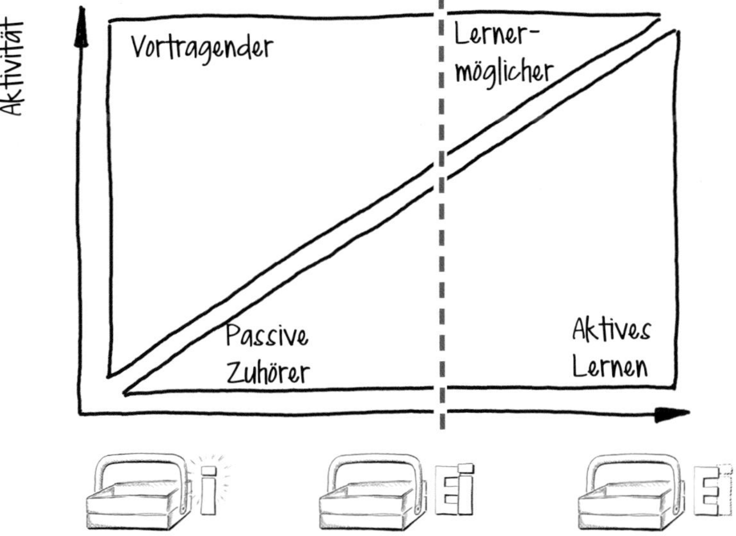

Abb.: Verortung von drei Toolarten im Lehr-Lernkontinuum.

Bei dieser ersten Toolbox (i) ist der Trainer überwiegend in der Rolle des Vortragenden, die Teilnehmenden bekommen die **I**nformation durch ihn. In der zweiten wird zusätzlich Information selbst **e**rarbeitet (e), in der dritten wird sie vorrangig selbst erarbeitet.

Zunächst lernen Sie Ideen dafür kennen, wie der Trainer einen Lehrvortrag hält, der immer wieder von Interaktion unterbrochen wird. Immer nach dem Motto: Wenn schon länger vortragen, dann zumindest so!

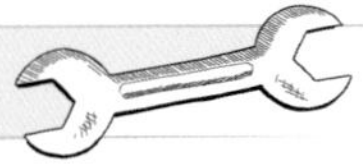

Lehrvortrag

Der Lehrvortrag ist die klassische Methode, um Informationen an die Teilnehmenden weiterzugeben. Der Trainer erzählt den Stoff und lässt die interaktiven Parts einfließen. Auch wenn ein Vortrag eher passive Zuhörer zur Folge hat, kann der Trainer immer wieder mit ihnen interagieren.

Aus der Sicht des Trainingsdesigners

Der Lehrvortrag selbst ist jetzt noch nicht besonders kreativ. Wichtig ist die Beachtung der 10-Minuten-Regel, die bedeutet, dass ungefähr alle zehn Minuten ein Impuls kommt, der zur Teilnehmeraktivität beiträgt.

Fragen

Ziel: Die Aufmerksamkeit fokussieren.

Material: Keins

Zeit:
- Vorbereitung: 1–5 Minuten
- Durchführung: 1–5 Minuten

Teilnehmeranzahl: Unbegrenzt

Vorbereitung: Der Trainer ist für seinen Vortrag vorbereitet und weiß, wann er welche Frage stellen wird.

Durchführung: Das Stellen von Fragen ist die einfachste Anwendung der 10-Minuten-Regel (s. links). Der Trainer bezieht die Teilnehmemden in den Vortrag ein.

Aus der Sicht des Trainingsdesigners

Es gibt zwei Arten von Fragen, um die Aufmerksamkeit der Teilnehmer zu fokussieren:

- Fragen während des Vortrags stellen. Zum Beispiel: *„Kennen Sie das? Wo könnten Sie das anwenden? Was bedeutet diese Information für Sie?"*

- Fragen vor dem Vortrag stellen und die Teilnehmenden überlegen sich während des Vortrags Antworten. Beispielsweise kann der Trainer zu Beginn sagen: *„Ich werde jetzt das Thema XY präsentieren. Während ich präsentiere, bitte ich Sie, folgende zwei Fragen im Kopf mitlaufen zu haben: ‚Was ist neu für mich?', ‚Was ist das Wichtigste für mich?'"*

Bei dieser Art der Fokussierung ist es gut, jeden Teilnehmenden dann zu fragen, was denn neu und was das Wichtigste sei. Besonders wirkungsvoll sind diese Fragen, wenn jeder Teilnehmer danach gefragt wird, was neu/wichtig war und das am Flipchart verschriftlicht wird.

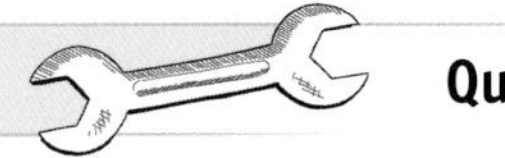

Quiz

Ziel: Die Aufmerksamkeit der Teilnehmenden während des Lehrvortrages erhöhen.

Material: Quizfragen auf Papier, Flipchart, in PowerPoint oder in einer App

Zeit:
- Vorbereitung: 1–10 Minuten
- Durchführung: 5–30 Minuten

Teilnehmeranzahl: Unbegrenzt

Vorbereitung: Der Trainer ist auf seinen Vortrag vorbereitet.

Durchführung: Es gibt zwei Arten, ein Quiz in den Vortrag einzubauen:

- Der Trainer hat die Fragen vorbereitet und unterbricht den Vortrag alle paar Minuten, stellt die Fragen und reagiert auf die Antworten.

- Der Trainer fordert die Teilnehmer dazu auf, während seines Vortrags Quizfragen zum Thema zu entwickeln. Dadurch wird erreicht, dass sie zuhören, gleichzeitig mitdenken und sich gute Quizfragen ausdenken. Der Trainer kann auch vorgeben, wie viele Quizfragen jeder Einzelne während des Vortrags entwickeln soll. Außerdem gibt der Trainer den Zeitrahmen seines Vortrags an, damit die Teilnehmer eine zeitliche Orientierung haben. Die erarbeiteten Quizfragen können entweder direkt im Anschluss gestellt werden oder als Recap-Spiel eingesetzt werden, beispielsweise am nächsten Seminartag.

Aus der Sicht des Trainingsdesigners

Die Erstellung von Quizfragen fokussiert die Aufmerksamkeit.

Murmelgruppe

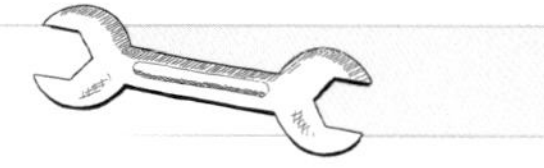

Ziel: Die Teilnehmenden besprechen das Gehörte/Gelernte.

Material: Keins

Zeit:
- Vorbereitung: 1–5 Minuten
- Durchführung: 1–5 Minuten

Teilnehmeranzahl: Unbegrenzt

Vorbereitung: Vortrag so planen, dass an passenden Stellen Fragen an die Teilnehmenden auftauchen.

Durchführung: Während des Vortrags unterbricht der Trainer und bittet die Teilnehmenden, eine bestimmte Frage in nebeneinandersitzenden Zweier- und Dreiergruppen zu bemurmeln. Dabei sollen sie besprechen, was an dem bisher Gesagten wichtig war, was interessant war, was neu war oder was sie gern mal anwenden würden (welche Frage, entscheidet der Trainer). Die Ergebnisse der Murmelgruppe brauchen nicht vorgestellt zu werden. Der Trainer fragt nur, ob es dazu noch Fragen gibt, beantwortet diese und geht im Stoff weiter.

Aus der Sicht des Trainingsdesigners

Die Ergebnisse der Murmelgruppe brauchen nicht vorgestellt zu werden. Hier wird den Teilnehmenden die Möglichkeit gegeben, über das Gelernte zu sprechen und dabei Sichtweisen auszutauschen.

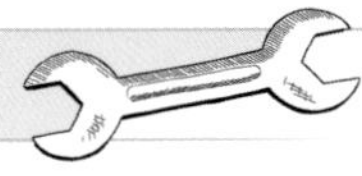

Laserpointer

Ziel: Die 10-Minuten-Regel (s. S. 148) anwenden und Wissen abfragen.

Material: Laserpointer, Computer, Beamer, Flipchart

Zeit:
- Vorbereitung: 5–10 Minuten
- Durchführung: 1–10 Minuten

Teilnehmeranzahl: Unbegrenzt

Vorbereitung: Jeder Teilnehmer bekommt einen funktionierenden Laserpointer. Der Vortrag wird so vorbereitet, dass immer wieder Fragen mit mehreren Antwortmöglichkeiten auftauchen, die für jeden im Raum sichtbar sind.

Durchführung: Während des Vortrags unterbricht der Trainer immer wieder und lässt die Teilnehmenden mit ihren Laserpointern auf die Antwort zeigen, die diese für richtig halten. Abhängig von den Antworten entscheidet der Trainer, worauf er noch mehr eingehen möchte.

Aus der Sicht des Trainingsdesigners

Die Methode eignet sich für große Gruppen, sie ist schnell und kann aktiv, involvierend und humorvoll sein.

Ampelkarten

Ziel: Inhalte präsentieren.

Material: Karten in Rot, Gelb und Grün

Zeit:
- Vorbereitung: 5–10 Minuten
- Durchführung: 1–10 Minuten

Teilnehmeranzahl: Unbegrenzt

Vorbereitung: Die Karten werden unter den Teilnehmern verteilt. Jeder Teilnehmer oder jede Gruppe erhält jeweils eine rote, gelbe und grüne Karte.

Durchführung: Im Vortrag tauchen wieder Fragen auf, die die Teilnehmer oder Gruppen anhand der Karten beantworten. Rot bedeutet falsch, Grün richtig und Gelb teilweise richtig.

Aus der Sicht des Trainingsdesigners

Nicht alle Teilnehmer sprechen gerne in Seminaren, eine Beteiligung in Form der Ampelkarten ist meist leicht machbar.

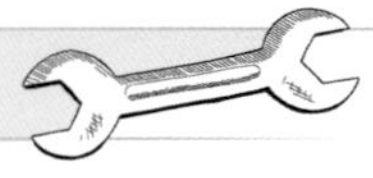

Graphic Organiser

Ziel: Überblick über die Lerninhalte geben.

Material: Ausgedruckte Graphic Organiser

Zeit:
- Vorbereitung: 5 Minuten
- Durchführung: 10–30 Minuten

Teilnehmeranzahl: Unbegrenzt

Vorbereitung: Der Graphic Organiser wird unter den Teilnehmenden verteilt und erklärt.

Durchführung: Jeder Graphic Organiser ist ein DIN-A4- oder DIN-A3-Blatt, das in unterschiedliche Felder aufgeteilt ist, die sich nach den Inhalten des Moduls/Trainings richten (vgl. S. 77). Mit dem Graphic Organiser können sich die Teilnehmenden am Vortrag entlangorientieren. An einer Stelle stehen dann vielleicht drei Bulletpoints, die ausgefüllt werden sollen, woanders wird danach gefragt, welche Ideen man während des Vortrags hatte, an anderer Stelle wird nach der wichtigsten Information des Vortrags für einen persönlich gefragt. Wichtig ist, dass der Trainer sich im Vortrag an den vorgezeichneten Weg hält, damit die Teilnehmenden nicht durcheinanderkommen oder Bestandteile vermissen und deshalb nicht mehr zuhören.

Aus der Sicht des Trainingsdesigners

Ein Graphic Organiser kann entweder für ein Modul oder für das komplette Seminar genutzt werden. Er hilft den Teilnehmern, die Orientierung im Seminar zu behalten, das Gelernte und Ideen zu notieren und auch die beste Idee eines Workshops/einer Lerneinheit festzuhalten.

Toolbox – Übungen, welche zum Thema hinführen

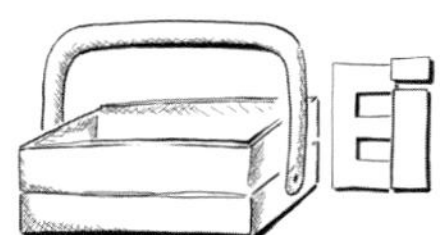

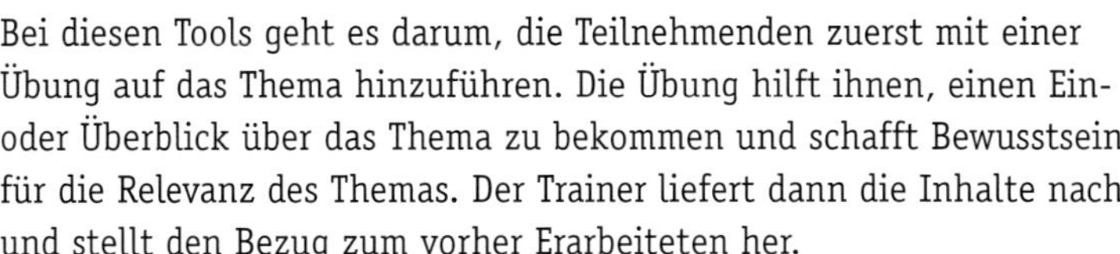

Bei diesen Tools geht es darum, die Teilnehmenden zuerst mit einer Übung auf das Thema hinzuführen. Die Übung hilft ihnen, einen Ein- oder Überblick über das Thema zu bekommen und schafft Bewusstsein für die Relevanz des Themas. Der Trainer liefert dann die Inhalte nach und stellt den Bezug zum vorher Erarbeiteten her.

S'Gschichtl

In einem Training zum Thema „Prozessmanagement" ging es darum, Start und Ende eines Prozesses definieren zu können. Denn wer einen Prozess verbessern will, muss sich zuerst mit seinem Team darüber einig sein, was überhaupt zum Prozess gehört und was nicht. Wenn Start und Ende nicht sauber definiert werden, sind zwar alle daran beteiligt, den Prozess zu verbessern, aber alle sprechen von anderen Teilbereichen des Prozesses: und auf dieser Grundlage wird es schwierig mit dem Verbessern.

Weil ich klarmachen wollte, warum das ein Problem ist, nahm ich ein Flipchart und schrieb einen Prozess auf „Bier bestellen". Jeder Teilnehmer bekam zwei Post-its® auf denen er den Start und das Ende des Prozesses schreiben sollte. Was passierte? Alle klebten nach und nach ihre Start- und End-Post-its® an das Flipchart und je nachdem wurde der Prozess kleiner oder größer. Die Kärtchen enthielten Inhalte wie „Lokal betreten", „den Ober rufen", „Bestellung aufgeben", „Bier trinken", „Bier bezahlen", „Lokal verlassen".

Danach fragte ich die Gruppe, was denn jetzt der „richtige" Start und das „richtige" Ende des Prozesses seien? Die Antwort: *„Na ja, das hängt davon ab ..."* Wer sich nicht einig darüber ist, welcher Prozess besprochen wird, wird auch keinen Prozess verbessern können. Nachdem sie sich über Start und Ende geeinigt hatten, fragte ich weiter: *„Bei der Prozessverbesserung haben wir ja nur ein Ziel: einen glücklichen Kunden – oder? Wenn unser Kunde jetzt ein Bier bestellt, was sind dann seine Erwartungen und Wünsche?"* Darauf kamen Antworten wie: Er will ein richtiges Bier (was ist ein richtiges Bier?), es muss kalt sein (wie definiert sich kalt?), es muss im richtigen Glas sein (was ist das richtige Glas?) usw. Daraufhin sprachen wir darüber, wie genau die Kundenerwartungen für eine Prozessverbesserung definiert werden müssen, um daran feststellen zu können, dass Erwartungen erfüllt werden.

Diese Übung zeigt, dass man mit einem sehr simplen Beispiel die Anwendung des Gelernten gut deutlich machen kann.

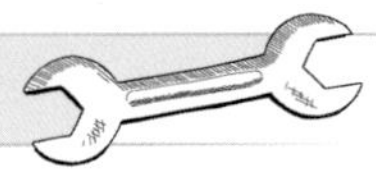

Lernlandkarte

Ziel: Die Teilnehmenden erarbeiten eine Struktur und diskutieren die (neuen) Begriffe.

Material: Beschriebene Kärtchen

Zeit:
- Vorbereitung: 1–5 Minuten
- Durchführung: 10–20 Minuten

Teilnehmeranzahl: 6–30 Personen

Vorbereitung: Bei der Lernlandkarte werden Kärtchen mit Inhalten zur Lerneinheit verteilt.

Durchführung: Die Teilnehmenden werden in kleine Gruppen unterteilt und erhalten die Aufgabe, das System bzw. den Prozess hinter den Karten zu erkennen und die Karten richtig aufzulegen. In den Gruppen diskutieren sie dann und entscheiden, wie die Kärtchen angeordnet werden sollten. Die Teilnehmenden erarbeiten die Struktur, der Trainer hilft, wenn Unklarheiten bestehen.

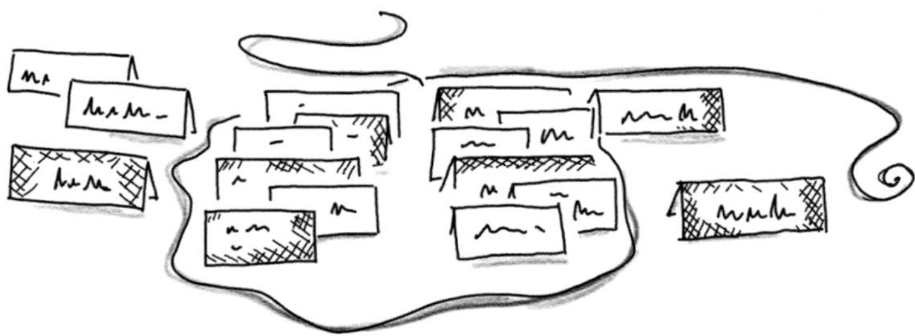

Wenn Gruppen unterschiedliche Ergebnisse haben, ermutigt der Trainer die Teilnehmenden, Spione in andere Gruppen auszuschicken, deren Ergebnisse anzusehen und etwas für die Diskussion in der eigenen Gruppe mitzubringen. Sind Karten unklar, kann er auch die falsch gelegten Karten aus dem Grundgerüst ziehen und zeigt damit an, an welcher Stelle sie noch mal nachdenken müssen. In der Rolle des Lernermöglichers muss man in dieser Übung jederzeit zu 100 Prozent präsent sein und dafür sorgen, dass die Teilnehmenden zu einem guten Ergebnis kommen.

Wenn alle ein Ergebnis haben, pinnt der Trainer das richtige Ergebnis an die Pinnwand. Der Trainer fasst dann noch zusammen, dass die Teilnehmenden jetzt ein Grundgerüst kennengelernt haben, selbst eine Struktur erkannt haben, die Begriffe angewendet haben und fragt, ob es an dieser Stelle noch Fragen gibt.

Beispiel: In der Weiterbildung zum Trainingsdesigner wird der Navigator nicht erklärt, sondern den Teilnehmern in Form von Kärtchen zur Verfügung gestellt.

Aus der Sicht des Trainingsdesigners

Die Lernlandkarte ist ein großartiges Tool für das Erarbeiten von Strukturen oder Prozessen. Sie ist vielseitig einsetzbar, z.B. für die Phasen von Projekt- oder Prozessmanagement, für die Schritte beim Kundengespräch und das Einlernen vor Arbeitsabfolgen.

Anhand der Lernlandkarte arbeitet die Gruppe mit dem Thema, noch bevor sie eine Einführung bekommen hat. Und die Teilnehmenden befassen sich intensiv mit neuen Begriffen, diskutieren über deren Funktion und Bedeutung. Am nächsten Tag kann die Übung auch als Recap wiederholt werden.

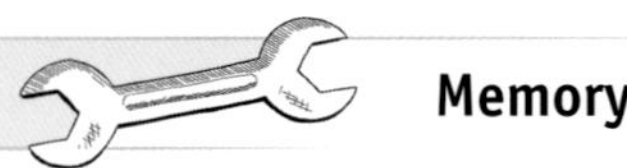

Memory

Ziel: Die Teilnehmenden erarbeiten Inhalte selbst.

Material: Moderationskarten

Zeit:
- Vorbereitung: 1–5 Minuten
- Durchführung: 10–30 Minuten

Teilnehmeranzahl: 20 Personen

Vorbereitung: Die Lerninhalte werden auf Moderationskarten geschrieben, wobei jeweils eine Frage- und eine Antwortkarte geschrieben wird. Am besten werden Fragekarten und Antwortkarten in unterschiedlichen Farben vorbereitet.

Durchführung: Die Teilnehmer spielen Memory und erarbeiten sich so die Grundlagen eines neuen Themas.

Aus der Sicht des Trainingsdesigners

Die Methode ist vielseitig einsetzbar, z. B. für Sprachen (Tasse – Cup), Buchhaltung (Gewinn- und Verlustrechnung – Erklärung dazu), IT-Training (Bild vom Icon – Erkärung des Icons). Aus Designsicht ist allerdings genau zu überlegen, welche Begriffe hier erarbeitet werden sollen (max. 20 Begriffspaare) und wie der Trainer dann genau damit weiterarbeitet.

Brainwalking oder: Das Hirn geht spazieren

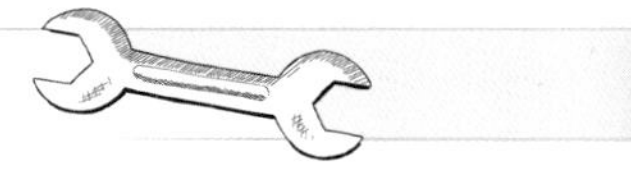

Ziel: Bestehendes Wissen aus den Köpfen der Teilnehmer holen und verschriftlichen.

Material: Flipcharts, Stifte, Klebeband

Zeit:
- Vorbereitung: 10 Minuten
- Durchführung: 20 Minuten

Teilnehmeranzahl: 6–20 Personen

Vorbereitung: Auf unterschiedliche Flipcharts werden unterschiedliche Überschriften gesetzt. Die Gruppe wird aufgeteilt, sodass mindestens zwei, aber nicht mehr als fünf Teilnehmende an einer Flipchart stehen.

Durchführung: Jede Gruppe bekommt zwei Minuten Zeit, um zu dem vorgegebenen Thema jeweils vor einem Flipchart zu brainstormen. Nach den zwei Minuten wechseln sie im Uhrzeigersinn zum nächsten Flipchart und ergänzen dort. Das wiederholt sich, bis alle wieder bei ihrem Ursprungschart angekommen sind.

Jetzt – und das ist wichtig, damit es nicht zu langweiligen Präsentationen kommt – geht jede Gruppe noch mal zu jedem Flipchart und markiert die Aussagen mit einem Punkt, die für sie noch unbekannt oder unklar sind. Der Trainer fragt dann pro Flipchart, wer den Punkt gemacht und wer die Aussage auf das Flipchart geschrieben hat, damit die Frage gemeinsam gelöst werden kann. Der Trainer ergänzt nur auf den Flipcharts, wenn etwas wirklich Wichtiges vergessen wurde.

Beispiel: Beim Thema „Moderationstechniken in Meetings“ kann man fünf Flipcharts mit folgenden Überschriften vorbereiten: „Vor dem Meeting“/„Zu Beginn des Meetings“/„Während des Meetings“/„Am Ende des Meetings“/„Nach dem Meeting“. Die Seminarteilnehmer wissen in der Regel, wie Meetings ablaufen und können daher ihr Wissen auf die Flipcharts schreiben. Wenn der Trainer später die Inhalte ergänzt, kann er immer wieder Bezug auf das Wissen der Teilnehmenden nehmen.

Aus der Sicht des Trainingsdesigners

Brainwalking eignet sich für Seminarthemen, in denen die Teilnehmer ein gewisses Grundwissen haben. Diese Übung kann ein Trainingsdesigner nur in das Trainerhandbuch schreiben, wenn diese Erfahrung/dieses Wissen auch tatsächlich vorhanden ist. Mit dieser Methode findet dann sehr schnell ein Zusammenstellen des Wissens und ein erster Austausch zwischen den Teilnehmenden statt. Der Trainer baut auf dieser Grundlage auf.

Geometrische Formen

Ziel: Schwierigkeiten in der Kommunikation erlebbar machen.

Material: Ausdrucke vorbereiteter Motive in verschiedenen Schwierigkeitsstufen, unbeschriebenes Papier, Stift

Zeit:

- Vorbereitung: 5–10 Minuten
- Durchführung: 20 Minuten

Teilnehmeranzahl: Unbegrenzt

Vorbereitung: In Zweiergruppen setzen sich die Teilnehmenden Rücken an Rücken. Einer der beiden bekommt ein Blatt Papier mit vier unterschiedlichen geometrischen Formen darauf, der andere bekommt ein leeres Blatt Papier und einen Stift. Eine Vorlage mit den geometrischen Formen erhalten Sie unter den Download-Ressourcen.

Durchführung: Derjenige mit dem Motiv erklärt nun demjenigen mit dem leeren Blatt, was er zeichnen muss. Das Ziel ist, dass die beiden Bilder gleich aussehen.

1. **Runde**: A erklärt B die Zeichnung, B darf keine Rückfragen stellen und ist allein auf das angewiesen, was der andere erklärt. Meistens wird B schon nicht mitgeteilt, ob das Papier waagerecht oder senkrecht gehalten werden muss. Nachdem sie fertig sind, werden die Ergebnisse miteinander verglichen und A und B besprechen, was sie beim nächsten Mal besser machen würden.

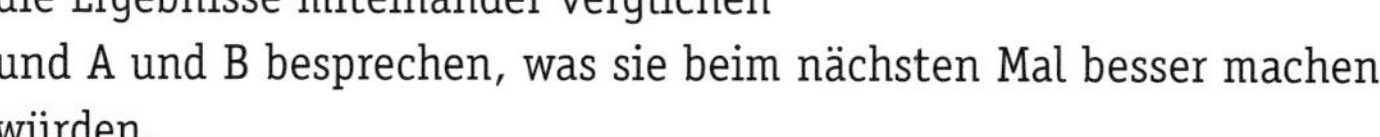

2. **Runde**: Die Übung wird mit einer neuen Zeichnung mit sieben geometrische Formen wiederholt und – je nach Ziel der Übung – dürfen dieses Mal Rückfragen gestellt werden

Nach der Übung kann der Trainer auf unterschiedliche Themen im Bereich der Kommunikation tiefer eingehen. Mögliche Themen sind: virtuelle Kommunikation, aktives Zuhören, klare Beschreibungen/ Handlungsanweisungen geben, Sender – Empfängermodell.

Aus der Sicht des Trainingsdesigners

Die Methode eignet sich sehr gut für viele Themen rund um Kommunikation. Achtung: Ingenieure tun sich bei dieser Übung oft sehr leicht, diese Art von Zeichnung mit exakten Angaben ist für sie zu einfach.

Die Kopf-Umfang-Messung – ein Spezialbeispiel

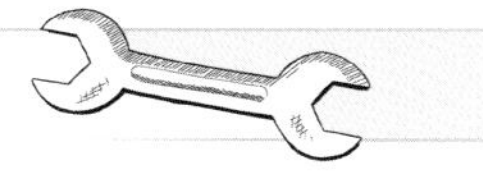

Ziel: Inhalte präsentieren, auch für sperrige Themen.

Material: Maßband

Zeit:
- Vorbereitung: 10 Minuten
- Durchführung: 30 Minuten

Teilnehmeranzahl: 10–20 Personen

Vorbereitung: Der Trainer stellt drei Stühle gut sichtbar auf. Es werden sechs Teilnehmende ausgewählt und nach vorne gerufen.

Durchführung: Drei der sechs ausgesuchten Teilnehmenden sollen vor der Tür warten. Die anderen drei setzen sich auf die platzierten Stühle. Der erste von den drei draußen wartenden Teilnehmern wird hereingerufen und bekommt die Aufgabe, die drei Köpfe der Sitzenden mit einem Maßband zu messen. Nacheinander kommen die anderen beiden draußen wartenden Teilnehmenden wieder in den Seminarraum und bekommen dieselbe Aufgabe. Die Ergebnisse werden notiert und die Messungen werden jeweils wiederholt. Nach dem Ende der Übung werden die Ergebnisse der Messungen miteinander verglichen. Dadurch, dass es keine genaue Angabe darüber gibt, ob die Köpfe waagerecht oder senkrecht ausgemessen werden sollen, gibt es drei unterschiedliche Ergebnisse, die zwar alle auf ihre Art richtig sind, aber eben nicht gleich.

- Diese Übung zeigt, wie schwierig es ist, konsistent die gleichen Daten zu produzieren. Wenn eine Person einen Gegenstand zwei Mal abmisst, kommt dann zwei Mal das gleiche Ergebnis raus?
- Wenn mehrere Personen dasselbe ausmessen, sind die Daten dann konsistent?

Aus der Sicht des Trainingsdesigners

Die Übung kann auch mit der Länge oder dem Umfang von Lollies oder der Höhe von Plastikbechern durchgeführt werden. Grundsätzlich eignet sich das Beispiel für das Spezialthema Messsystemanalyse. Was ich damit aufzeigen möchte: Auch für Themen, die einem sperrig oder schwierig vorkommen, gibt es Interaktionen, die das Thema witzig aufbereiten und bei denen man gleichzeitig ganz viel Wissen leicht darstellen kann.

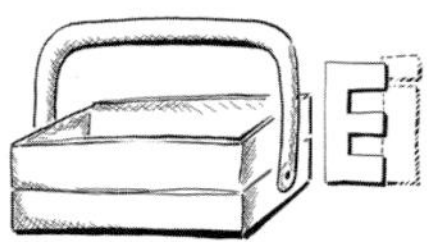

Toolbox – Übungen, bei denen Teilnehmende die gesamten Inhalte selbst erarbeiten

Bei diesen Tools erarbeiten sich die Teilnehmenden die gesamten Inhalte selbst. Der Trainer schafft es dabei durch gute Fragen, die Theorie aus den Köpfen der Teilnehmenden zu holen und zu visualisieren. Das eindrücklichste Beispiel zu dieser Variante wurde mit dem Praxisbeispiel des „Statistik-Computerprogramms“ auf S. 21 ff. beschrieben.

Diese Art des Trainings dauert länger – die Teilnehmenden benötigen Zeit, um sich die Inhalte zu erarbeiten und sie auch gleich auf ein Thema anzuwenden Dafür ist das Gelernte länger im Gedächtnis und bildet eine solide Grundlage für die weiteren Inhalte.

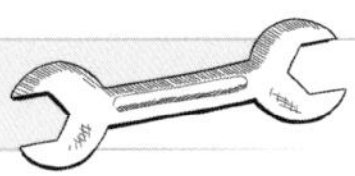

Teach back

Ziel: Durch das Erarbeiten und Präsentieren von Inhalten lernen.

Material: Informationen zu Themeninhalten

Zeit:
- Vorbereitung: 5–10 Minuten
- Durchführung: 30–60 Minuten

Teilnehmeranzahl: 8–20 Personen

Vorbereitung: Die Teilnehmer bilden Gruppen mit drei bis fünf Personen. Den Gruppen werden die vorbereiteten Materialien ausgeteilt.

Durchführung: Die Gruppen arbeiten die Materialien durch und schreiben die Kernelemente auf ein Flipchart. Die Inhalte sollen dann von ihnen so aufbereitet werden, dass sie in 15 Minuten eine Präsentation für die anderen halten oder vorgegebene Fragen beantworten können.

Aus der Sicht des Trainingsdesigners

Alle Gruppen bekommen unterschiedliche Materialien. Die Qualität steigt, wenn ihnen nicht nur Unterlagen, sondern auch zu beantwortende Fragen an die Hand gegeben werden. Der Trainingsdesigner hat darauf zu achten, dass der Schwierigkeitsgrad der Texte der Zielgruppe angemessen ist.

Stühle kippeln

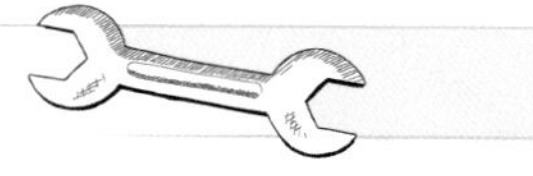

Ziel: Sinn aufbauen, zum Beispiel zu Themen wie „Moderation“, „Führung“, „Taktzeit“ oder „Standardisierung“.

Material: Eine gleiche Anzahl Stühle (keine Drehstühle) wie die Anzahl der Teilnehmenden

Zeit:
- Vorbereitung: 1–2 Minuten
- Durchführung: 10–30 Minuten

Teilnehmeranzahl: 6–25 Personen

Vorbereitung: Die Stühle werden im Kreis aufgestellt, die Lehne zeigt nach außen. Dabei soll der Abstand von Stuhl zu Stuhl maximal einen Meter betragen. Wenn die Stühle nach innen gekippt werden, sollen diese sich nicht berühren.

Durchführung: Jeder Teilnehmer steht hinter einem Stuhl, nimmt diesen und kippt ihn nach innen, sodass dieser auf den vorderen beiden Stuhlbeinen ausbalanciert ist. Jeder dreht sich dann nach links und darf seinen Stuhl nur noch mit der rechten Hand berühren. Die Aufgabe besteht darin, als Gruppe den Stuhlkreis im Uhrzeigersinn zu umrunden, ohne dass ein Stuhl umfällt bzw. den Boden berührt. Es darf dabei immer nur ein Stuhl berührt und auch nur die rechte Hand verwendet werden. Die Aufgabe ist beendet, wenn jeder wieder am Ausgangspunkt steht und kein Stuhl den Boden berührt hat.

S’Gschichtl

Oft wird „Stühle kippeln“ als Energiser nach dem Mittagessen genutzt, weil die Teilnehmenden in Bewegung kommen. Auch ich habe das immer wieder gemacht. Bis mich einmal ein Teilnehmer nach der Übung darauf angesprochen hat, dass es sich mit dieser Übung so verhalte wie mit dem Thema „Taktzeit“ im Lean Management.

Ich habe an diesem Punkt schnell geschaltet, bin zum Flipchart gegangen und habe gesagt: *„Genau, wie die Taktzeit im Lean Management. Was habt ihr in der Übung gebraucht, damit die Taktzeit funktioniert?“* Von jetzt auf gleich konnten mir die Teilnehmer die komplette Theorien nennen – und zwar ohne meine Zutun. Ich brauchte an der Stelle nur die richtigen Fragen zu stellen. Ein anderer Teilnehmer brachte dann ein: *„Das ist auch wie Standardisierung."* Also fragte ich, was es gebraucht hatte, um während der Übung Standards herzustellen. Auch hier konnte ich die komplette Theorie aus den Teilnehmenden herausarbeiten.

An diesem Punkt musste ich als Trainerin nur noch wissen, an was sie nicht gedacht hatten. Das konnte ich ganz unaufgeregt noch ergänzen und fertig war die Theorie. Und was hatte ich dafür großartig getan? Fast nichts.

Aus der Sicht des Trainingsdesigners

„Stühle kippeln" ist ein Beispiel dafür, dass man einen sogenannten Energiser verwenden kann, um ein Thema einzuleiten. Das oberste Gebot ist „Have the end in mind": Was muss bei der Übung rauskommen, auf welches Thema genau soll es hinzielen? Welche Fragen muss der Trainer stellen, damit nicht Teamdynamiken diskutiert werden, wenn man über Standardisierung diskutieren will? Das Tool eignet sich unter anderem auch für Themen wie Kommunikation, Führung, Moderation, Taktzeiten und Schnittstellen.

Site Visit mit Aufgaben

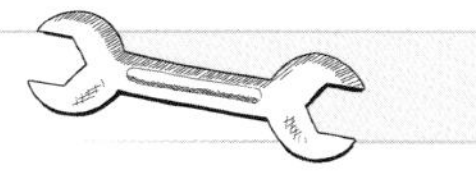

Ziel: Inhalte erarbeiten, mit dem Erlebten verbinden und einen Transfer in den eigenen Alltag machen.

Material: Trainingsunterlagen

Zeit:
- Vorbereitung: ein halber Tag
- Durchführung: ein Tag

Teilnehmeranzahl: Bis zu 20 Personen

Vorbereitung: Die Teilnehmenden werden in Gruppen aufgeteilt, denen verschiedene Themen zugeteilt werden. Ein Fabrikbesuch ist zu organisieren.

Durchführung: Die Teilnehmenden erarbeiten in Gruppen das ihnen zugeteilte Material, lernen dieses und sind somit inhaltlich für ihr Thema fit.

Später am Tag oder am nächsten Tag besucht die komplette Gruppe eine Fabrik. Hier haben sie die Aufgabe, ihr Thema in den Abläufen wiederzuentdecken. Nach dem Fabrikbesuch bekommen die Teilnehmenden wieder Zeit, um

- eine Präsentation für die Theorie vorzubereiten,
- aufzuzeigen, was davon in der Fabrik gesehen wurde und was dort geändert werden könnte,
- Anwendungsgebiete des Gelernten für eigene Projekte/die eigene Tätigkeit aufzuzeigen.

Obwohl alle Gruppen unterschiedliche Themen haben, waren alle in derselben Fabrik und können so das Präsentierte mit Erinnerungen verknüpfen, die von allen geteilt werden. Das hilft beim Lernen und Verstehen.

Aus der Sicht des Trainingsdesigners

Das Tool eignet sich, wenn viele Inhalte präsentiert werden sollen und die Teilnehmenden weniger Abstraktes sehen wollen. Es ist interaktiv und anwendungsorientiert. Bei der Auswahl des Lernortes kann man Kreativität walten lassen: Es kann ein Unternehmen sein, das das gleiche Produkt herstellt, es kann ein Unternehmen sein, dass etwas Ähnliches oder etwas ganz anderes macht.

Beispiel: In Ermangelung eines zu besichtigenden Unternehmens habe ich in Sydney alle Teilnehmenden zum Hafen geschickt, von dem Linienboote ein- und ausfuhren. Die Präsentationen waren umwerfend, der Lernerfolg großartig und auch der Spaßfaktor ist definitiv nicht zu kurz gekommen.

Erfahrung

- Kennen der beiden Unterschritte „Übung durchführen" und „Übung reflektieren".
- Wissen, was bei der Planung einer Übung notwendig ist.

- Mit Übung und Erfahrung findet echtes Lernen statt.
- Die Lernenden benötigen ausreichend Zeit, um neue Ideen zu integrieren und Verhaltensweisen auszuprobieren.

- Tools und Ideen für die Unterschritte „Übung durchführen" und „Übung reflektieren" im Trainingsdesign einsetzen können.

Der Schritt „Erfahrung" im Navigator besteht aus zwei Unterschritten:

- Übung durchführen
- Übung reflektieren

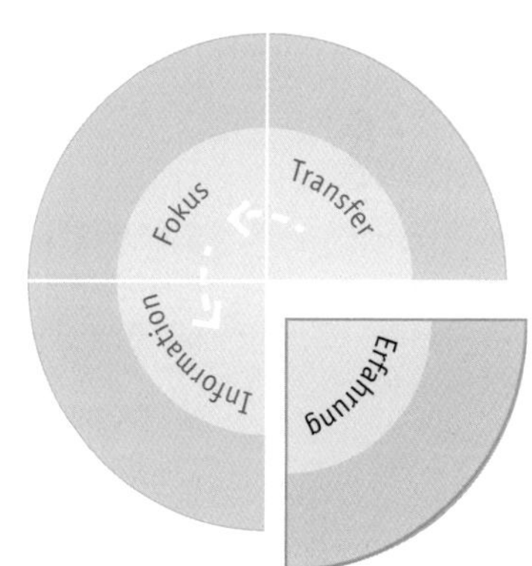

Bei „**Übung durchführen**" geht es darum, eine auf die Zielgruppe zugeschnittene Übung durchzuführen bzw. eine von den Teilnehmern aufkommende Fragestellung aufzugreifen. Der Designer sorgt dafür, dass die Übung genau auf die zu erzielende Lernerfahrung zugeschnitten ist.

„**Übung reflektieren**" bedeutet, dass die Teilnehmenden sich bewusst machen, was vom Gelernten schon anwendbar war, was gut gelungen ist und was man noch besser machen kann. Der Trainer im Raum beantwortet alle offenen Fragen zur Übung. Die Rolle des Trainingsdesigners besteht hier darin, allfällige Fragen vorauszudenken und dem Trainer die notwendige Information im Trainerhandbuch zur Verfügung zu stellen.

Übung durchführen

Was muss der Trainingsdesigner machen, damit der Trainer die Übung durchführen kann? Zuerst steht die saubere Planung und es wird an Kopf, Herz und Hand gedacht. Wenn der Inhalt feststeht, dann braucht es eine Übung, in der die Teilnehmenden ihr bis dahin gesammeltes Wissen anwenden können.

Das bedeutet, an dieser Stelle muss eine Übung ausgesucht werden, begleitet von dem Mantra „Have the end in mind". Es ist wichtig, dass ein Teilnehmer das Gelernte später anwendet, nicht so sehr, wie toll die Übung an sich ist oder wie viel Spaß sie macht oder wie außergewöhnlich sie ist. Die Übung muss hier allein ihren Zweck erfüllen. Die richtige Übung auszuwählen, ist die wirkliche Kunst des Trainingsdesigns.

Kriterien für eine Übungsauswahl

Wenn jetzt der Trainingsdesigner in seinem Kämmerchen sitzt und die Übung plant, hat er dabei das eine oder andere zu beachten.

Die Kriterien, nach denen Übungen ausgewählt werden

- **Ziel:** Was müssen die Teilnehmenden am Ende des Moduls – und auch in ihrem Alltag – umsetzen können und wollen?

- **Material:** Welches Material ist notwendig? Wer kauft es? Wer bezahlt es? Wie kommt es in die Trainingsräume? Wer weltweit trainiert, muss sich überlegen, ob er selbst das Material mitbringt. Kann das Material an den Trainingsort versendet werden? Es muss bei den Übungen auch immer mitgeplant werden, ob das logistisch umsetzbar ist. Wie funktioniert das, wenn der Trainer kein Auto hat? Wie, wenn er fliegen muss? Wer kümmert sich um das Teile-Handling? Was muss passieren, damit das Material in der benötigten Qualität am richtigen Ort ist?

- **Zeit:** Wie lange wird die Übung andauern? Die Zeit für eine Übung festzulegen, hat für einen Trainingsdesigner so seine Tücken. Jede Gruppe soll so viel Zeit bekommen, wie sie benötigt, um die Übung gut durchführen zu können. Es gibt es unterschiedliche Möglichkeiten, mit der Zeitthematik umzugehen:

  Fixe Zeitangaben, die strikt eingehalten werden müssen: Dazu muss die Übung so konzipiert sein, dass es in der Zeit zu schaffen ist. Oder dem Trainer werden Ideen aufgezeigt, wie er die Übung durch gute Interventionen in diesem Zeitfenster durchführen kann.

- Der Trainer schreibt eine vom Trainingsdesigner geschätzte Zeit auf das Flipchart und schaut, wie die Gruppe es in der Zeit schafft.
- Der Trainer schreibt keine Zeit auf das Flipchart, sondern schaut immer nach einer bestimmten Zeit nach, wie weit die Gruppen sind.

Der Trainingsdesigner muss im Trainerhandbuch klar ersichtlich machen, ob die unbedingte Zeiteinhaltung wichtig ist oder ob es möglicherweise einen Puffer gibt und wie der Trainer damit umgehen kann.

- **Vorbereitung des Raumes:** Kann garantiert werden, dass der Raum die richtige Größe hat? Gibt es einen Notfallraum, falls der ursprünglich angedachte doch nicht die Erwartungen erfüllt?

- **Lust auf die Übung machen:** Trainer haben es immer wieder mit Teilnehmenden zu tun, die nicht gerne Übungen machen. Hier sollte der Trainer die Übung inszenieren, also sie mit Worten einleiten, die Interesse wecken, damit die Teilnehmenden direkt merken, wie hervorragend jetzt diese Möglichkeit ist, um auszuprobieren, wie das Gelernte funktioniert. Wer sich als Trainingsdesigner dazu vorher etwas überlegt, schenkt dem Trainer motiviertere Teilnehmende. Was auch immer wieder vorkommen kann, ist, dass Teilnehmende die Übung schon kennen – was dann? Das Problem kann der Trainingsdesigner entweder dadurch umgehen, dass er bereits bei der Trainingsbedarfsanalyse (s. S. 39 ff.) nachfragt, welche Übungen die Gruppe kennen könnten. Je nachdem muss dann eine andere Übung ausgewählt werden. Eine Übung kann dann aber auch bewusst noch mal eingesetzt werden, mit dem Hinweis, dass der Kontext, in dem die Übung angewandt wird, ein anderer ist.

- **Durchführung:** Welche Gruppengröße ist geeignet? Welcher Schritt folgt auf den vorherigen? Wie muss die genaue Anleitung aussehen? Was sind die Schritte, die in der Anleitung auftauchen müssen?

  Weil der Trainingsdesigner bei der Umsetzung nicht dabei ist, muss er sich dabei auch alle Probleme, Fragen und mögliche Antworten überlegen, die die Gruppe zu der Übung haben könnte, damit der Trainer darauf vorbereitet werden kann.

- **Regeln definieren:** Übungen auszuwählen ist das eine, sich zu überlegen, was die Teilnehmenden zum Lösen der Übung tun dürfen und was nicht, das andere. Trainingsdesigner machen ihren Trainern das Leben leichter, wenn sie das definieren. Es muss klar beschrieben sein, was der Trainer den Teilnehmenden erlauben darf und was nicht. Außerdem sollte auch mitbedacht werden, was passiert, wenn die Übung unter diesen Voraussetzungen von den Teilnehmenden nicht gelöst werden kann.

- **Unterschiedliche Schwierigkeitsgrade der Übung:** Zu leichte Übungen sind langweilig, zu schwierige sind frustrierend. Deshalb wird immer wieder darüber diskutiert, ob es sinnvoll ist, verschiedene Varianten in ein Trainerhandbuch zu schreiben. Generell gilt bei mir: am besten nur eine Übungsvariante ins Trainerhandbuch schreiben. Denn wird das Training für Jungtrainer geschrieben, dann verwirrt sie eine Variantenvielfalt: Schließlich müssen sie dann alle Varianten im Kopf haben und erkennen, wann die Gruppe Variante a, b oder c braucht. Erfahrene Trainer wiederum können selbst variieren, sie wissen meist, wie man Übungen leichter oder schwerer macht.

- **Trainererfahrung:** Welche Erfahrung hat der Trainer? Wie viel wurde schon trainiert? Bekommen die Trainer vorher noch eine Ausbildung? Können die Trainer das Training erst von jemand anderem trainiert beobachten, bevor sie selbst trainieren? Das sind alles Informationen, die in der Trainingsbedarfsanalyse geklärt werden müssen, damit sie hier einfließen können, um die passende Übung zu definieren.

- **Informationsstand der Teilnehmenden:** Haben die Teilnehmenden zu diesem Zeitpunkt bereits alle Informationen, um das neue Wissen auch in der Übung anwenden zu können?

- **Aufwand vs. Nutzen der Übung**: Der Trainingsdesigner hat seinen Fokus immer darauf, ob die Übung das erreicht, was sie erreichen soll. Deshalb muss er sich auch immer wieder den Spiegel vorhalten: Braucht es an dieser Stelle jetzt eine Übung, die mindestens fünfzehn Minuten dauert oder tut es auch eine, die nur fünf Minuten benötigt, aber dasselbe Ergebnis hat? Warum braucht es vielleicht doch die Fünfzehn-Minuten-Variante? Gerade Jungtrainer neigen dazu, zu designen um des Designens willen: Übungen dürfen nicht eingeplant werden, nur weil der Designer diese kennt oder davon begeistert ist.

Das Beschreiben der Übungen im Trainingshandbuch

Die zentralen Übungsanweisungen fürs Trainerhandbuch

Für jede Übung schreibt der Trainingsdesigner ganz klare Anweisungen ins Trainerhandbuch. Jede Übungsanleitung braucht mindestens diese drei Informationen:

- Ziel der Übung
- Anleitung/ durchzuführende Schritte
- Zeit

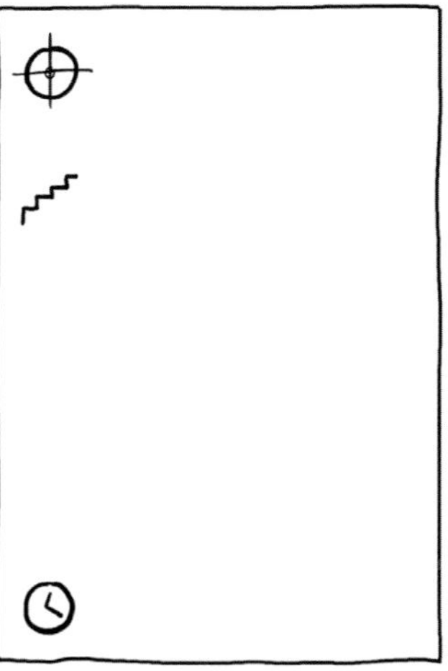

Übungsanleitungen sind während des Trainings – außer man will bewusst Verwirrung stiften – immer durch den durchführenden Trainer zu verschriftlichen, z. B. am Flipchart, am Beamer, in den Teilnehmerunterlagen. Soll der Trainer der Gruppe bei der Übungsanleitung zusätzliche Informationen geben, werden diese ebenfalls im Trainerhandbuch vermerkt. Je nach Übung kann es zum Beispiel sein, dass erst eine Rollenkonstellation in Bezug auf die Übung geklärt werden muss, also ob es einen Moderator in der Gruppe geben muss oder einen Teilnehmer, der das dann am Ende präsentiert.

Was sich der Trainingsdesigner noch fragen muss, ist, ob er die Regeln klar oder unklar lässt für die Übung. Unklare Regeln sind tatsächlich eher etwas für erfahrene Trainer, weil diese darin geübter sind, mit Fragen zu Regeln der Übungen von Teilnehmenden umzugehen. Unerfahrenen Trainern schreiben Trainingsdesigner also ganz genau dazu, was bei der Durchführung erlaubt ist und was nicht.

Was tut der Trainer während der Übung?

Und was macht der Trainer während der Übung? Auch das schreibt der Trainingsdesigner ins Trainerhandbuch. Da mag jetzt manches für Trainingsprofis banal klingen, aber bei unerfahrenen Trainern rentiert sich der eine oder andere Hinweis!

Der Trainer

- Beobachtet! Und der Designer kann anmerken, worauf genau an dieser Stelle geachtet werden muss.

- Bleibt bei der Gruppe! Trainer, die den Raum während der Übung verlassen, können das Problem bekommen, dass die Teilnehmenden die Übung falsch verstanden haben und es ist dann schwierig, sie von einem falschen Pfad wieder zurückzuholen.

- Kann Spione aussenden! Wenn ein Team die Lösung hat und bei einem anderen hakt es, dann kann diese Gruppe jemanden zu dem Team mit der Lösung schicken.

- Bereitet die Reflexion vor! Dazu darf er eigene Notizen machen, um diese später bei der Reflexion einzusetzen und er sieht sich Reflexionsfragen aus dem Trainerhandbuch an und überlegt, ob er noch etwas ergänzen kann, was zur Gruppe passt.

- Fotografiert! Teilnehmende lieben Gruppenfotos in den Fotoprotokollen von Seminaren.

- Begleitet die Gruppen währen der Übung und fungiert als Lernermöglicher! Er beantwortet aufkommende Fragen zur Übung und gibt Hilfe zur Selbsthilfe, denn Trainer helfen erst dann, wenn es gar nicht mehr anders geht.

  Er fragt also erst, wer vielleicht helfen könnte, ob sie noch etwas ausprobieren wollen, ob sie noch einen Spion aussenden wollen, was es zur Lösung braucht und erst, wenn der Trainer merkt, dass es wirklich nicht anderes geht, dann hilft er direkt.

- Prüft die Regeleinhaltung! Wenn Übungen sehr genau auf die Lernziele ausgerichtet sind, dann müssen gewisse Regeln eingehalten werden, um in der Reflexion auch auf das gewünschte Thema zu kommen. Wenn das so ist, muss der Trainer die Regeleinhaltung auch sehr genau nehmen.

- Schafft ein Bewusstsein für den Zeitrahmen! *„Wir haben noch fünf Minuten!"*, *„Die Zeit wäre jetzt um, wie lange würdet ihr noch brauchen?"*.

Gruppen einteilen

In einem Training ist es immer wieder notwendig, die Gruppen zu teilen und viele Teilnehmende wünschen es sich, immer wieder neu durchmischt zu werden. Für das Bilden von Gruppen gibt es viele unterschiedliche Methoden, die hier in sogenannte „steuerbare" und „nicht steuerbare" Methoden eingeteilt werden.

- Nicht steuerbare Methoden

Methoden zur willkürlichen Gruppenbildung

  - **Selbst organisieren:** Die Teilnehmenden teilen sich selbst in Gruppen auf. Dabei wird nur angegeben, wie viele Gruppen mit wie vielen Teilnehmenden gebildet werden sollen.
  - **Spielkarten:** Ein 08/15-Spielkarten-Set mit Herz, Pik, Kreuz und Karo wird analog zur Personenanzahl ausgezählt und gemischt, jeder Teilnehmer zieht dann eine Karte. Diejenigen, die dieselben Symbolen ziehen, bilden eine Gruppe. Das funktioniert auch mit Farbkarten (Rot, Grün, Gelb, Blau) oder Uno-Karten (Farbe, Zahl).
  - **Tierstimmen** – die launige Variante: Der Trainer bereitet Zettel vor, auf denen Tiere stehen (z. B. Schwein, Kuh, Hahn oder Hund). Jeder Teilnehmer zieht einen Zettel und schaut sich das gezogene Tier an. Auf Los macht jeder das Geräusch seines Tieres nach und sucht sich seine Gruppe. Diese Methode bringt sehr viel Spaß, und je vertrauter die Teilnehmenden untereinander sind, desto besser funktioniert die Methode. Und, liebe Trainingsdesigner: bitte nicht am Seminaranfang ins Trainerhandbuch schreiben.

- Steuerbare Methoden

Gesteuerte Gruppenbildung

  - **Süßigkeiten:** Der Trainer bringt einen Topf mit Süßigkeiten mit. Die Teilnehmenden mit der gleichen Süßigkeit finden sich zusammen. Wenn der Trainer die Gruppenbildung nicht steuern will, lässt er einfach jeden Teilnehmer eine Süßigkeit aussuchen. Will er aber steuern, verteilt er selbst die Süßigkeiten. Diese Methode ist sehr beliebt, besonders nach der Mittagspause.
  - **Abzählen:** Ein Trainer hat zum Beispiel 15 Teilnehmende und möchte diese in fünf Gruppen aufteilen. Wer die Gruppenbildung nicht steuern möchte, lässt die Teilnehmenden nach der Reihe immer bis fünf zählen. Beim Abzählen kann man steuern, je nachdem, von welcher Seite einer Tischgruppe man mit dem Zählen anfängt. Wer die gleiche Zahl hat, ist dann zusammen in einer Gruppe.
  - **Seilskalierung:** Diese Methode eignet sich vor allem dann, wenn Teilnehmende mit unterschiedlicher Erfahrung zusammengebracht werden sollen. Das heißt, dass Teilnehmende mit viel Erfahrung zu einem Thema mit Teilnehmenden mit wenig Er-

fahrung gemischt werden. Dazu wird auf den Boden ein Seil in Hufeisenform gelegt. Anfang und Ende werden vom Trainer benannt, beispielsweise bedeutet ein Ende „wenig Erfahrung", das andere Ende wäre „viel Erfahrung". Die Teilnehmenden ordnen sich dann selbst am Seil an, je nachdem ob sie sich selbst so einschätzen, dass sie viel Erfahrung haben oder eher weniger. So wie die Teilnehmenden dann stehen, finden die sich am Seil gegenüberliegenden Teilnehmenden zusammen in eine Gruppe. So können sich die Teilnehmenden bei den Übungen gegenseitig helfen und voneinander lernen.

Übung reflektieren

Nachdem die Übung von allen durchgeführt wurde, kommt der zweite Unterschritt bei der Erfahrung: Die Übung wird reflektiert. Das heißt, nach der Übung präsentieren die Teilnehmenden die Ergebnisse und der Trainer beantwortet Fragen, die genau zu diesem Trainingsinhalt und dieser Übung passen (= „Übung reflektieren"). Manchmal fällt hier von Teilnehmenden auch der Satz: *„Bei mir ist alles ganz anders."* So kann es z. B. sein, dass ein Inhalt und eine Übung angeboten wurden, die für den ganz spezifischen Prozess oder das Projekt des Teilnehmers tatsächlich nicht verwendet werden können. Dann hat der Trainer die Aufgabe, zu fragen, was der Teilnehmer hier und jetzt von ihm braucht, damit er das Gelernte anwenden kann. Ob das dann zeitlich noch im Modul oder im Tag untergebracht werden kann oder dem Teilnehmer anderweitig zur Verfügung gestellt wird, muss der Trainer entscheiden. Das Gespräch wendet sich in dem Fall also dem „Transfer hier und jetzt" zu. Das Planen der tatsächlichen Anwendung findet dann in einem weiteren Schritt statt: „Transfer Zukunft". Es sind also drei aufeinander folgende Bereiche abzugrenzen:

Transferschritte der Übungserfahrung

1. Erfahrung – Übung reflektieren
2. Transfer – hier und jetzt
3. Transfer – Zukunft

Auf den „Transfer hier und jetzt" und den „Transfer Zukunft" wird auf S. 187 ff. eingegangen. An dieser Stelle geht es zunächst um das Reflektieren der Übung. Dazu sind verschiedene Reflexionsfragen möglich.

Reflexionsfragen

- Wie ist es gelaufen?
- Wie war das Tool?
- Wie war die Toolanwendung?
- Was wurde beobachtet?
- Wie war die Übung?
- Hat es zu eurem Projekt/ Prozess gepasst?
- Was habt ihr dabei gelernt?
- Was hat funktioniert?
- Was nicht?
- Was war euer persönliches Highlight?
- Was ist passiert?
- Wie fühlt ihr euch?
- Wie habt ihr die Aufgabe gelöst?
- Welche konkrete Idee nehmt ihr mit?
- Was war hilfreich?
- Was war hinderlich?
- Was bewegt euch?
- Was ist für euch wichtig gewesen?
- Was war wichtig, um das Lernprojekt zu lösen?
- Welche Kompetenzen waren notwendig?
- Was würdet ihr verändern, wenn ihr die Aufgabe noch einmal bekommt?
- Wie habt ihr die Situation empfunden?
- Was hattest du für ein Gefühl in Bezug auf einzelne andere?
- Gab es eine besondere Situation?
- Wie hast du die Gruppe wahrgenommen?
- Was hättet Ihr gebraucht, um effektiver zu arbeiten?
- Was hat euch betroffen gemacht?
- Wann hat es Veränderungen gegeben?
- Wie waren die Veränderungen?
- Wie bewertet ihr die Leistungsfähigkeit des Teams?
- Was hat die Übung mit euch gemacht?
- Wie erging es euch?
- Wie habt ihr euch gefühlt?
- Welche Erfahrungen habt ihr gemacht?
- Was würdet ihr anderen raten?
- Wie war der Kontakt der einzelnen zur Gruppe?
- Wie war die Sicht von außen?
- Was hat euch gehemmt?
- Wie seid ihr vorgegangen?
- Was ist euch leicht-/schwergefallen?
- Welche Gefühle haben euch begleitet?
- Wie habt ihr miteinander kommuniziert?
- Welche Hilfestellung hättet ihr euch gewünscht?
- Welche Rollen gab es?
- Gab es Wendepunkte?
- Wann kam der Wendepunkt?
- Wo gab es Engpässe?
- Was waren Meilensteine?
- Was waren Hindernisse?
- Stellt euch vor, es hätte geklappt ...
- Angenommen, ihr müsstet die Aufgabe nochmals lösen ...
- Was würdet ihr beim nächsten Mal anders machen?

Aus der Sicht des Trainingsdesigners – Übung reflektieren

Der Trainingsdesigner kann den Trainer auch darauf hinweisen, dass nicht jede Gruppe alle Ergebnisse präsentieren sollte – das kostet Zeit und ist oft für Teilnehmende und auch den Trainer langatmig. Er sollte stattdessen nur das in die Reflexionsrunde holen, was wichtig ist! Und wichtig ist insbesondere das, was für die Gruppe neu ist. Teilnehmende tendieren dazu, die ganze Vorgehensweise der Übung zu erzählen. Das kann man verdichten, indem der Trainer die Teilnehmenden auffordert, nur über die genaue Anwendung des Neuen zu berichten. Daher gilt der Hinweis: Nur über das Neue, die Anwendung des Tools, reflektieren!

Das reflektieren, was wichtig ist

Eine Möglichkeit der Reflexion für fortgeschrittene Trainer ist auch, die Teilnehmenden die Ergebnisse vergleichen zu lassen. Dazu kann man bei manchen Übungen die Ergebnisse auch auf Moderationskarten oder Karten in A5-Größe schreiben lassen. Die kann man auf eine Pinnwand nebeneinander hängen und die Teilnehmenden vergleichen selbst die Ergebnisse. Sind Unterschiede in den Antworten, kann man die Teilnehmenden diskutieren lassen oder – wenn es das gibt – eine klare Antwort einspielen.

Toolbox – Erfahrung

Der Trainingsdesigner kann ganz unterschiedliche Übungen anbieten. Welche davon in welchem Kontext und welcher Zielgruppe zur Anwendung kommen wird, hängt – wie immer – von den erwarteten Ergebnissen ab.

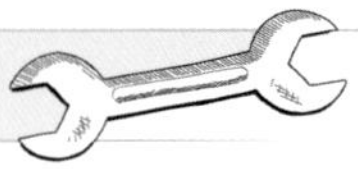

Fallstudie

Die Teilnehmenden erhalten detaillierte Informationen zu einem realen Problem oder einer schwierigen Situation einer Organisation. Auf Basis dieser Hintergrundinformation müssen sie agieren und zusammen erarbeiten, was sie aufgrund der Informationslage tun würden.

Eigenes Projekt/eigener Anwendungsfall

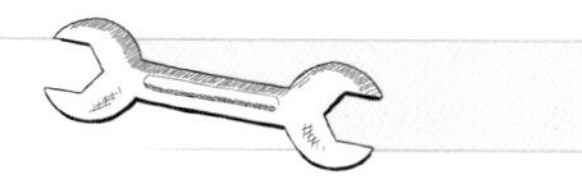

Viele Trainings bauen darauf auf, dass Teilnehmenden ihre eigenen Projekte/Anwendungsfälle mitbringen. Das ist praktisch, weil die Teilnehmenden bei der Übung am eigenen Projekt den Input anwenden, sodass besser sichergestellt werden kann, dass das, was sie gelernt haben, auch nach dem Training angewendet wird.

Außerdem erhöht ein eigenes Projekt die emotionale Beteiligung der Teilnehmenden, sodass ihr Interesse am Lernen steigt.

Beispiele: Prozessverbesserung, Projektmanagement, Zeitmanagement, Verhandlungstechnik etc.

S'Gschichtl

Wann immer möglich, versuche ich, die Auftraggeber davon zu überzeugen, dass das Training mehr bringt, wenn die Teilnehmenden ein Lernprojekt mit ins Training bringen. Das klappte bei einem neuen Kunden auch sehr gut. Bis ich dann schließlich eine Gruppe dieses Kunden im Train-the-Trainer hatte, bei der sich im Laufe des Trainings herausstellte, dass ein Teil davon kein Projekt mithatte und sie auch noch nie trainiert hatten. Das war im Training spürbar, als ich dann meine Toolbox auspackte und jede Übung direkt mit dem Lernprojekt verknüpfte. In diesem Fall konnten die Teilnehmenden dann nur noch sehr hypothetisch teilnehmen.

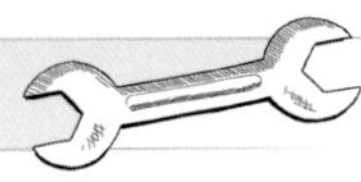

Rollenspiel

Beim Rollenspiel übernehmen Teilnehmende Rollen und spielen eine Situation durch. Die Form der Übung eignet sich besonders im Soft-Skill-Bereich (z. B. Verhandlungsführung, Mitarbeitergespräch, Konfliktklärung).

Dabei kann der Trainingsdesigner fertige Rollenspiele zur Verfügung stellen oder dem Trainer freistellen, mit den Anwendungsfällen der Teilnehmenden die Rollenspiele durchzuführen. Bei der Durchführung mit eigenen Fällen kann man dem Trainer folgende Tipps ins Trainerhandbuch schreiben:

- Die Teilnehmenden überlegen sich einen Fall sowie die Personen, die beteiligt sind.
- Der Fallgeber schildert die Situation und sucht sich aus, wen er selbst spielen möchte und wer die andere(n) Rolle(n) übernehmen wird.
- Das Rollenspiel wird durchgeführt, die restlichen Teilnehmenden und der Trainer beobachten. Wenn Teilnehmende im Beobachten noch nicht geübt sind, können Beobachtungsblätter zur Verfügung gestellt werden.
- Während der Durchführung kann man eine „Stopp-Taste" zulassen, die den Rollenspielern erlaubt, um hilfreiche Sätze zu bitten.
- Nach dem Rollenspiel werden zuerst die Rollenspieler selbst befragt und dann mit dem Feedback der nicht beteiligten Gruppe und dem Trainerfeedback ergänzt. (Unbedingt auf Einhalten der Feedback-Regeln achten.)

Der Vorteil beim Rollenspiel ist, dass die Teilnehmenden die Situation selbst erleben und gespiegelt bekommen, wie ihre Kommunikation ankommt. Rollenspiele sind bei Teilnehmenden oft unbeliebt und doch ungemein wirksam. Und auch, wenn Teilnehmende gerne sagen, dass sie nicht die Realität widerspiegelten: Sie sind oft erschreckend realistisch.

S'Gschichtl

In einem Training, in dem es auch um Konfliktgespräche ging, schickte ich die Teilnehmenden ins Rollenspiel. Ein Teilnehmer hatte immer wieder Probleme, von seinem Vorgesetzten Ressourcen für seine Projekte zu bekommen. Er briefte einen Kollegen, der ihn selbst darstellen sollte und schlüpfte in die Rolle seiner Führungskraft. Danach meinte er lachend: *„Jetzt weiß ich, wie einfach es ist, immer nur Nein zu sagen."* Und jetzt konnte er Ideen entwickeln, wie er mit dieser Führungskraft besser zusammenarbeiten könnte.

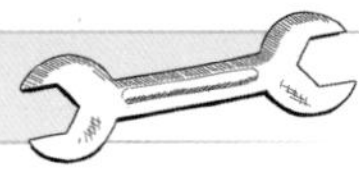

Seminarschauspieler

Eine Sonderform der Rollenspiele ist die Arbeit mit Seminarschauspielern. Vom Ablauf her haben Übungen mit Seminarschauspielern denselben Ablauf wie Rollenspiele: Eine reale Situation wird nachgespielt, in diesem Fall spielt sich der Fallgeber selbst und die andere Rolle wird mit einem Seminarschauspieler besetzt. Aufgrund der Ausbildung der Schauspieler können diese noch besser in die Rolle schlüpfen und schnell auf Änderungen reagieren.

Besonders wichtig ist die enge Zusammenarbeit von Trainer und Seminarschauspieler. Seminarschauspieler haben gelernt, Verhalten genau zu beobachten, konkret zu beschreiben, detailliert Feedback zu geben und dieses auch zu begründen. Im Gegenzug weiß der Trainer, wann er welche Informationen und Handlungen des Seminarschauspielers abrufen muss, um die entsprechende Reaktion des Teilnehmers zu erreichen, welche dann die Grundlage für die gewünschte Verhaltensänderung bietet.

Planspiel

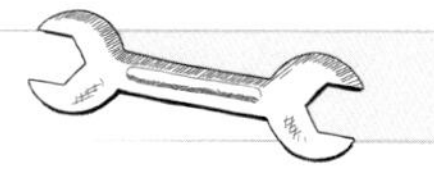

Planspiele bieten ein hohes Maß an Lerntransfer durch erlebte Erfahrungen. Die Teilnehmenden übernehmen ganz konkret Verantwortung für ein virtuelles Unternehmen oder Projekt, treffen Entscheidungen, füllen Führungspositionen aus, leiten Teams und konkurrieren mit anderen Unternehmen. Durch ihre Entscheidungen beeinflussen sie den Erfolg ihres Unternehmens positiv – oder auch negativ. Sie erhalten ein Gespür für die internen und externen Faktoren, welche Einfluss auf den wirtschaftlichen Erfolg eines Unternehmens haben. Im Vordergrund steht ganzheitlich vernetztes Denken und Handeln. Theoretisches Wissen wird durch die praktische Anwendung vertieft.

Planspiele gibt es in sehr vielen Varianten und zu unterschiedlichen Themengebieten. Sie können entweder als Standardvariante verwendet werden (z. B. Celemi: „Apples & Oranges" und die Planspiele der Schirrmacher Group) oder man arbeitet mit Planspielexperten zusammen und erstellt ein Planspiel, das genau auf das beauftragende Unternehmen zugeschnitten ist.

S'Gschichtl

Ein Kunde ließ sich von einem Planspielexperten ein Finanzspiel auf die eigene Firmensituation zuschreiben. So wurden statt Münzen die eigenen Produkte auf dem Spielplan verschoben, die Finanzzahlen wurden übernommen und auch die Strategie der nächsten drei Jahre konnte in dem Spiel abgebildet werden. So konnten sich die Teilnehmenden im Seminar ein Bild davon machen, wie sich die neue Strategie auf ihren Arbeitsbereich auswirken würde.

Da ich auch mit einem generellen Finanzplanspiel vertraut bin, konnte ich den Unterschied in der Lernerfahrung und dem Transfer in den Alltag gut wahrnehmen.

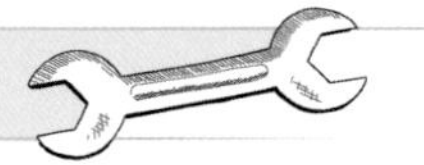

Simulation

Bei einer Simulation wird ein Trainingsthema im Sinne einer Aktivität abgebildet. Dafür werden unterschiedliche Stationen im Raum aufgebaut, an denen von den Teilnehmenden eine Tätigkeit ausgeführt wird. Die Simulation ist so angelegt, dass der Prozess am Anfang zum Scheitern verurteilt ist. Im Laufe des Trainings werden unterschiedliche Inhalte angeboten und immer wieder in die Simulation eingebaut, sodass am Ende der Prozess gut läuft. Gerade beim Thema „Prozessverbesserung" eignen sich daher Simulationen. Schließlich hat man das immer gleiche Problem, dass ein Produkt produziert wird und in der richtigen Qualität zum richtigen Zeitpunkt zum Kunden kommen soll.

Beim Planen einer Simulation ist wieder einmal vom Ende auszugehen: Was sollen die Teilnehmenden erfahren, lernen und umsetzen? Ausgehend von den Inhalten und der Tiefe, die beim Lernen erreicht werden soll, wird dann die Simulation geplant. Bei der Durchführung gibt es dann zwei Varianten. Bei der einen Variante wird zu Beginn des Trainings die erste Runde gespielt. Dann wird immer ein Modul geschult und sofort in der Simulation umgesetzt, sodass man die Verbesserung sofort erkennen kann.

Bei der anderen Variante kann man die zum Scheitern verurteilte Simulation zu Beginn durchführen. Dann werden alle Inhalte trainiert und als eine Art Masterübung an die Teilnehmenden übergeben: Sie müssen in Teams möglichst alle theoretischen Inputs umsetzen und die Simulation damit wiederholt durchführen. Diese Variante ist inhaltlich gruppendynamisch und äußerst interessant. Wenn man keine Zeit für gruppendynamische Effekte hat, ist die erste Variante die bessere.

S'Gschichtl

Eine Simulation für den Dienstleistungsbereich wurde etwa für einen Krediteinreichungsprozess durchgeführt. Die Teilnehmenden mussten dazu an unterschiedlichen Arbeitsstationen Kreditanträge ausfüllen und Dokumente hinzufügen. Schon bei der ersten Runde hatten die Teilnehmenden Ideen für Verbesserungen.

Im Industriebereich wurde für ein Unternehmen die Plug-Lean-Simulation gekauft, bei der Stromstecker zusammengebaut werden. Die reisefreundliche Variante für ein anderes Unternehmen bestand in Klebepunkten, die auf Papier geklebt werden mussten. Das war sehr kostensparend und hatte dennoch den richtigen Aha!-Effekt.

Fertige Trainingstools

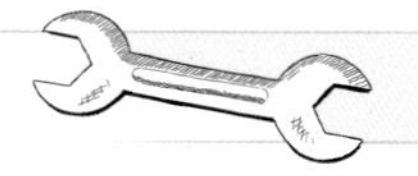

Es gibt Übungen, die man fertig kaufen kann, wie z. B. die Trainingstools der Firma Metalog. Diese sind polykontextuell einsetzbar und so werden die Teilnehmer in der Übung die Erfahrung machen können, die sie brauchen. Wichtig ist dabei, dass das Tool richtig inszeniert und durchgeführt wird, damit man am Ende tatsächlich das erwünschte Ergebnis erhält.

S'Gschichtl

Bei dem Tool „Stackman" ist es Ziel der Akteure, aus 15 Elementen ein „Stackman" (ein Gesamtkonstrukt) zusammenzustellen. Dafür bekommt die Gruppe eine grafische Darstellung und jeder Teilnehmende ist für eines oder zwei der Elemente verantwortlich.

In einem Training für die Ausbildung von Projektcoaches wurde ein Freiwilliger zum Coach gemacht und bekam dafür auch ein gelbes Kapperl auf. Seine Aufgabe wäre gewesen, das Team arbeiten zu lassen und nur dann zu coachen, wenn diese nicht weiterkommen. Das Team tat sich schwer und dem Coach fiel seine Aufgabe zunehmend schwerer, bis das Kapperl zuerst hinter seinem Rücken geknetet wurde und dann ganz am Boden lag. Der Coach involvierte sich dann direkt in die Lösung der Aufgabe mit der Gruppe. Einen besseren Einstieg in das Thema Coaching, die Aufgaben des Coaches und dessen Tools hätte ich nicht haben können.

Transfer

- Kennen der beiden Unterschritte „Transfer hier und jetzt" und „Transfer Zukunft".
- Kennen der Notwendigkeit für die beiden Unterschritte.

- Ohne Transfer ist alles nichts.

- Denkt für den Trainer vor und bietet Ideen für „Transfer hier und jetzt" an.
- Kann Tools für den Unterschritt „Transfer Zukunft" anwenden.

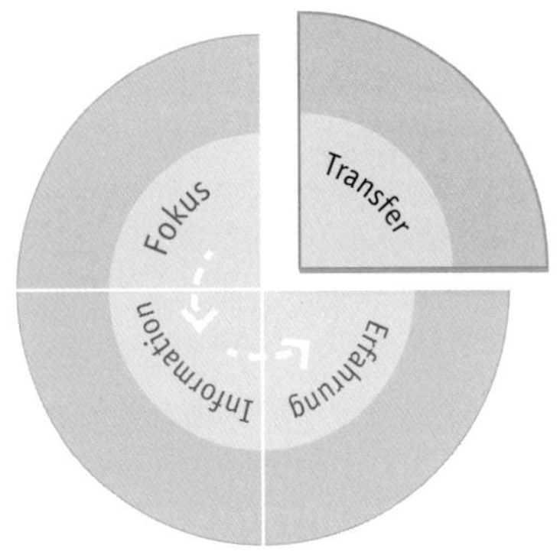

Der Schritt Transfer im Navigator besteht aus zwei Unterschritten:

1. Transfer hier und jetzt
2. Transfer Zukunft

Beim „**Transfer hier und jetzt**" geht es darum, den Teilnehmenden alle noch offenen Fragen zum jeweiligen Inhalt zu beantworten, damit diese den Transfer auch in ihrem Aufgabengebiet durchführen können. Im vorhergehenden Schritt „Übung reflektieren" werden die Fragen zur Übung selbst beantwortet. Benötigt der Teilnehmer darüber hinaus noch Information, weil seine Alltagssituation anders ist, wird hier noch nachgesteuert.

„**Transfer Zukunft**" bedeutet, die Anwendung des Gelernten im Alltag zu planen. Je nach Trainingsdauer kann diese Einheit nur wenige Minuten dauern. In diesen Minuten überlegen sich die Teilnehmenden, welche Idee oder welche Ideen sie umsetzen möchten. Später kann dann für eine gute Planung in den Alltag viel mehr Zeit erforderlich sein.

Transfer hier und jetzt

Beim „Transfer hier und jetzt“ sollten alle offenen Fragen geklärt werden, die nach den vorherigen drei Schritten des Navigators noch bestehen. Wie bereits geschildert, kann es passieren, dass einem Teilnehmer ein Inhalt und eine Übung angeboten wurden, die für den ganz spezifischen Arbeitsinhalt, den Prozess, das Projekt des Teilnehmers tatsächlich anders oder nicht verwendet werden können. Dann hat der Trainer die Aufgabe, diesen zu fragen, was der Teilnehmer denn hier und jetzt von ihm braucht, damit er das Gelernte anwenden kann. Nur so kann die Wahrscheinlichkeit erhöht werden, dass jeder Teilnehmer das Gelernte im Alltag umsetzen wird.

Nachfragen, was der Teilnehmer zum Transfer noch braucht

Eigentlich sollte dieser Fall gar nicht eintreten – hat doch der Trainingsdesigner genaue Kenntnisse über die Zielgruppe. Und doch kommt die Anmerkung *„Aber bei mir ist das alles ganz anders“* immer wieder von Teilnehmenden. Deshalb fragt er jeweils nach, was der Teilnehmer noch braucht, damit er das Gelernte in seiner speziellen Situation anwenden kann. Je mehr der Trainer an dieser Stelle beantworten kann, desto besser.

Aus der Sicht des Trainingsdesigners

Was kann der Designer hier für den Trainer tun? Er kann darauf aufmerksam machen, dass dieser Fall eintreten kann und auch vor Augen führen, dass man sich im Design bewusst für ein Tool und/oder ein Modell entschieden hat und in Kauf nehmen muss, dass es Fragen zur Anwendbarkeit an dieser Stelle geben wird. Möglicherweise kann ein Designer – in Kenntnis der Auftragsklärung und des Unternehmens – Hinweise geben, welche Alternativen der Trainer an dieser Stelle anbieten kann.

Eine hilfreiche Frage für den Trainingsdesigner kann sein: *„Was braucht der Teilnehmer jetzt noch an Wissen und/oder Übungen, damit er das Gelernte und Geübte im Alltag umsetzen kann? Was muss ich noch ins Trainerhandbuch schreiben?“*

Transfer Zukunft

Im Anschluss folgt der „Transfer Zukunft“ und der Trainingsdesigner muss sich gut überlegen, wie er den Transfer in die Zukunft gestaltet.

Fragen zum zukünftigen Transfer

Hilfreiche Fragen sind hier: *„Was braucht der Teilnehmer, damit er das Gelernte auch tatsächlich umsetzt? Wer oder was kann beim Transfer helfen, wer oder was kann den Transfer verhindern und wie wird die Verhinderung verhindert?"*

Zu beachten ist: Der „Transfer Zukunft" muss nicht zwingend in jedem Modul detailliert durchgeführt werden. Allerspätestens am Ende des Trainings (s. „Training beenden", S. 236 ff.) muss jedoch ein Transferblock kommen, damit etwas Konkretes von den Teilnehmenden mitgenommen wird.

Toolbox – Transfer zum Modulende

An dieser Stelle werden kleine Übungen für ein Modulende vorgestellt. Die ausführlichen Transferübungen finden sich in dem Kapitel: „Der Transferprozess" (s. S. 343 ff.).

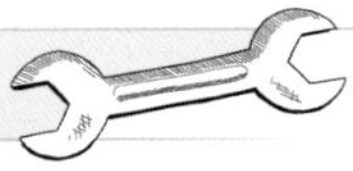

Fragen stellen

Ziel: Den Transfer anleiern.

Material: Keins bzw. Papier und Stift

Zeit:
- Vorbereitung: 1–5 Minuten
- Durchführung: 3–10 Minuten

Teilnehmeranzahl: 2–30 Personen

Vorbereitung: Der Trainer übernimmt die vorbereiteten Fragen aus dem Trainerhandbuch.

Durchführung: Am Ende eines Moduls stellt der Trainer folgende Transferfragen. Die Wirksamkeit erhöht sich für die Teilnehmenden, wenn sie die Antworten verschriftlichen und erst danach dem Trainer eine Rückmeldung geben.

- Was habe ich persönlich gelernt?
- Welche konkrete Idee nehme ich mit?
- Was mache ich nun anders?
- Wann, wie, wo kann ich es anwenden?
- In welchem Kontext werde ich es anwenden?
- Was trage ich zum Umsetzungserfolg bei?
- Wozu hilft die Umsetzung im Alltag?
- Welches Fazit ziehe ich daraus?
- Wie können die Veränderungen konkret aussehen?
- Was können wir optimieren?
- Welche Vereinbarungen treffe ich?
- Was braucht es, damit die Vereinbarungen halten?
- Was können wir in den Alltag mitnehmen?
- Was machen wir morgen anders?
- Was sind die Auswirkungen, wenn sich nichts ändert?
- Wie sehen die nächsten Schritte aus?

Aus der Sicht des Trainingsdesigners

Je nach Anzahl und Tiefe der Fragen kann das ein sehr kurzer oder auch längerer Abschluss eines Moduls sein.

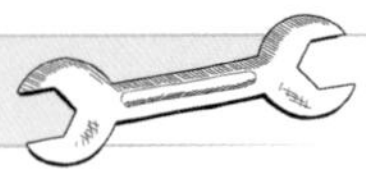

Aktionsplan erstellen

Ziel: Konkrete Maßnahmen werden vereinbart.

Material: Papier und Stift

Zeit:
- Vorbereitung: 1–5 Minuten
- Durchführung: 5–10 Minuten

Teilnehmeranzahl: Unbegrenzt

Vorbereitung: Der Trainer bereitet ein Flipchart vor, auf dem die Übung und die Spalten eines Aktionsplans erklärt sind: Was?/Wie genau?/Bis wann?/Wer unterstützt? Der Punkt „Wer unterstützt?“ hilft bei der Umsetzung des Aktionsplans.

Was?	Wie genau	Bis wann?	Wer unterstützt?

Durchführung: Am Ende jedes Moduls lässt der Trainer die Teilnehmenden Aktionen aufschreiben, die diese jetzt durchführen werden.

Aus der Sicht des Trainingsdesigners

Wird die Liste tatsächlich am Ende jedes Moduls gemacht und ergänzt, so muss am Ende des Trainings noch Zeit gegeben werden, die Tätigkeiten nach Wichtigkeit und Dringlichkeit zu sortieren. Nicht alle Aktionspunkte können und sollen sofort angegangen werden.

Einminütige Videos drehen lassen

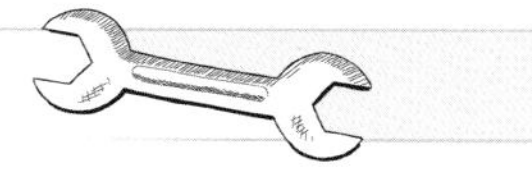

Ziel: Zusammenfassen der wichtigsten Inhalte in einem Stegreif-Video.

Material: Mobiltelefon mit Videofunktion

Zeit:
- Vorbereitung: 1–5 Minuten
- Durchführung: 5–10 Minuten

Teilnehmeranzahl: Unbegrenzt

Vorbereitung: Der Trainer bittet die Teilnehmenden, ihre Mobiltelefone griffbereit zu haben.

Durchführung: Zu dem, was ein Teilnehmer sich vornimmt, kann er, statt auf Papier zu schreiben, auch ein Handy-Video drehen. Dafür finden sich immer zwei Teilnehmende zusammen, die sich gegenseitig aufnehmen. Der Trainer nennt den Teilnehmenden dazu Fragen, die sie im Video beantworten sollen. Beispielsweise: *„Was hast du gelernt?"* und *„Was nimmst du dir jetzt vor?"* Oder: *„Was machst du am Montag anders?"*

Das Video an sich sollte nicht länger als eine Minute sein und einfach munter runtergesprochen werden. Die Teilnehmenden können dabei auch gern noch wiederholen, was sie gelernt haben oder was sie besonders beeindruckt hat. Mit dieser Methode hat jeder Teilnehmer sein Transfervorhaben ständig in der Tasche und hin und wieder stolpert er auch drüber, weil es im eigenen Handy abgespeichert ist.

Aus der Sicht des Trainingsdesigners

Eine schnelle Methode. Die Teilnehmenden können sich kurz die wichtigsten Ideen aufschreiben, sollen dann aber so schnell wie möglich live gehen.

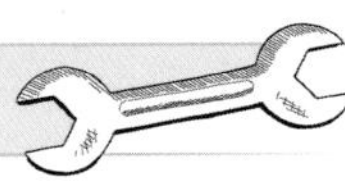

Der Merksatz und das Wort

Ziel: Information kondensieren.

Material: Ein beschriftbarer Gegenstand, z. B. ein Kreisel

Zeit:
- Vorbereitung: 1–5 Minuten
- Durchführung: 5–10 Minuten

Teilnehmeranzahl: 4–20 Personen

Vorbereitung: Der Trainer stellt Gegenstände zur Verfügung.

Durchführung: Der Trainer fordert die Teilnehmenden auf, die für sie wichtigste Information aus dem Gelernten in einem Satz zusammenzufassen. Danach fragt er, wie sich der Satz in einem Wort subsumieren lässt. Dieses Wort kann dann auf einen Gegenstand geschrieben werden, am besten ein Gegenstand, den man mitnimmt, statt ihn wegzuwerfen. Auf diese Weise wird das ganze Modul auf dieses eine Wort kondensiert.

Aus der Sicht des Trainingsdesigners

Reduktion dient dem Lernen! So wird die für den Teilnehmer wichtigste Information verankert.

Der Gegenstand kann mit dem Inhalt des Seminars zusammenhängen oder symbolisch sein. In einem Kurztraining wurde beispielsweise ein Schlüssel (Stressball) für das Key Learning verteilt, in einem anderen ein Kreisel für den Tanz der guten Ideen.

3-3-3

Ziel: Konkrete Schritte nach dem Seminar.

Material: Papier, Schreibmaterial, der Kalender der Teilnehmer

Zeit:
- Vorbereitung: 5 Minuten
- Durchführung: 10–20 Minuten

Teilnehmeranzahl: Unbegrenzt

Vorbereitung: Der Trainer beschreibt ein Flipchart mit der Übungsanleitung.

Durchführung: Die Teilnehmenden überlegen sich, was sie in den nächsten drei Stunden, den nächsten drei Tagen und den nächsten drei Wochen umsetzen möchten. Das kann sein: *„In den nächsten drei Stunden verabrede ich mich mit der Führungskraft zum Mittagessen, um über das Training zu erzählen. In den nächsten drei Tagen habe ich XYZ mit den Kollegen besprochen und einen Plan für die Umsetzung gemacht und in den nächsten drei Wochen habe ich XYZ durchgeführt und weiß, ob es funktioniert."*

Die Vorhaben können von den Teilnehmenden gleich in ihren (digitalen) Kalendern eingetragen werden.

Aus der Sicht des Trainingsdesigners

Diese Übung kann man auch bei Microtraining Sessions machen. Dann kann 3-3-3 auch auf 3 Minuten, 3 Stunden, 3 Tage verkürzt werden. Das schriftliche Fixieren/Eintragen in den Kalender erhöht die Umsetzungswahrscheinlichkeit.

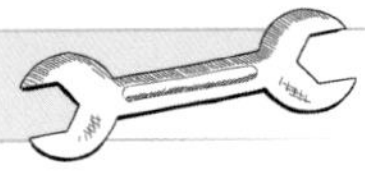

Ich packe meinen Koffer

Ziel: Klären, was wichtig ist und was nicht mehr nötig ist.

Material: Papier mit dem Bild eines Koffers und Stift

Zeit:
- Vorbereitung: 1–5 Minuten
- Durchführung: 5–15 Minuten

Teilnehmeranzahl: Unbegrenzt

Vorbereitung: Übungsanleitung vorbereiten.

Durchführung: Alle Teilnehmenden packen am Ende des Seminars ihren Transfer-Koffer. Sie beantworten dafür schriftlich die Fragen:

- Was nehme ich mit?
- Was lasse ich da?

Das spiegelt einerseits, was gelernt wurde und zeigt auf, was es nicht mehr benötigt. Den Zettel mit ihrem Koffer nehmen sie sich zur Erinnerung mit.

S'Gschichtl

Am Ende eines Train-the-Trainer-Seminars nahm eine Teilnehmerin freudestrahlend mit, dass sie jetzt zeichnen könne und ließ ihre Angst vor schwierigen Seminarsituationen da, weil dies für sie ausführlich behandelt wurde.

Aus der Sicht des Trainingsdesigners

Eine schnelle Transferübung, die aufzeigt, dass man etwas umlernen kann und auch verlernen darf und nicht mehr fortführen muss.

What? So what? What now?

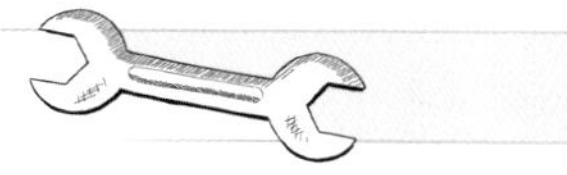

Ziel: Klären, was jetzt anders wird.

Material: Papier und Stift

Zeit:
- Vorbereitung: 1–5 Minuten
- Durchführung: 5–15 Minuten

Teilnehmeranzahl: Unbegrenzt

Vorbereitung: Übungsanleitung und ein Beispiel zur Erklärung vorbereiten.

Durchführung: Die Teilnehmenden beantworten folgende Fragen schriftlich für sich:

- What?/Was habe ich gelernt?
- So what?/Was bedeutet es?
- What now?/Und was mache ich jetzt damit?

Aus der Sicht des Trainingsdesigners

Eine kurze Transferübung, mit der die Teilnehmenden sich noch mal klarmachen, was sie eigentlich gelernt haben, was das für sie bedeutet und was sie in Zukunft mit dem neuen Wissen anfangen werden

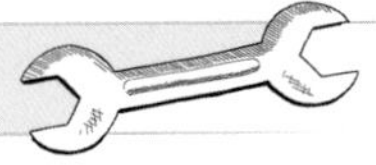

Spickzettel schreiben

Ziel: Die Reduktion des Gelernten.

Material: Papier und Stift

Zeit:
- Vorbereitung: 1–5 Minuten
- Durchführung: 3–10 Minuten

Teilnehmeranzahl: 4–20 Personen

Vorbereitung: Eine Übungsanleitung und ein Beispiel zur Erklärung dazu vorbereiten. Ein Beispiel kann etwa sein, wie wir in der Schule Spickzettel schrieben und sie danach nicht benötigten.

Durchführung: Am Ende jedes Moduls schreiben die Teilnehmenden die wichtigsten Punkte auf einen Spickzettel. Am Ende des Trainings hat jeder seinen individuellen Schummler. Wenn die Teilnehmenden offen dafür sind, kann der Trainer davon Fotos machen und diese im Fotoprotokoll veröffentlichen.

Aus der Sicht des Trainingsdesigners

Wie schon in der Schule, helfen Spickzettel beim Lernen durch das Reduzieren und Aufschreiben in eigenen Worten. Besonders eignet sich das Tool bei IT-Trainings. So kann sich jeder Teilnehmer die für ihn wichtigsten Tastenkombinationen, Shortcuts und Eingabeschritte notieren. Zum Beispiel *„Ich möchte einen Kunden anlegen: Was sind die sechs wichtigsten Dinge, auf die ich achten muss?"*

Diese Spickzettel können sich die Teilnehmenden, wenn sie wieder zurück am Arbeitsplatz sind, gut sichtbar befestigen.

Training und Tag beginnen

- Kennen der typischen Themen, die zu Beginn des Trainings und des Tages durchgeführt werden.

- Der Beziehungsaufbau zu Beginn des Trainings unterstützt das Lernen.
- Das Verstehen von „Vom Ich zum Du zum Wir und der Themenbezug“.

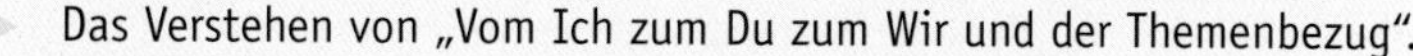

- Abhängig von der Länge des Trainings die richtigen Methoden einsetzen können.

Im Buch „Neurodidaktik für Trainer“ schreiben Franz Hütter und Sandra Mareike Lang, beide Trainer mit dem Schwerpunkt der Gehirnforschung, dass *„Lernprozesse, die in soziale Situationen eingebunden sind, wirksamer verlaufen […]. Auf der elementaren Ebene des Lernens im Seminar sprechen diese Befunde für die Wichtigkeit des Beziehungsaufbaus zwischen Trainer und Teilnehmenden sowie zwischen den Teilnehmenden untereinander. Sie sprechen dafür, nicht allzu schnell in den Stoff zu starten, sondern ein ausgiebiges Kennenlernen, insbesondere der Hintergründe, Motive, Sorgen und Nöte der Teilnehmenden zu Beginn des Seminars zu ermöglichen“.*

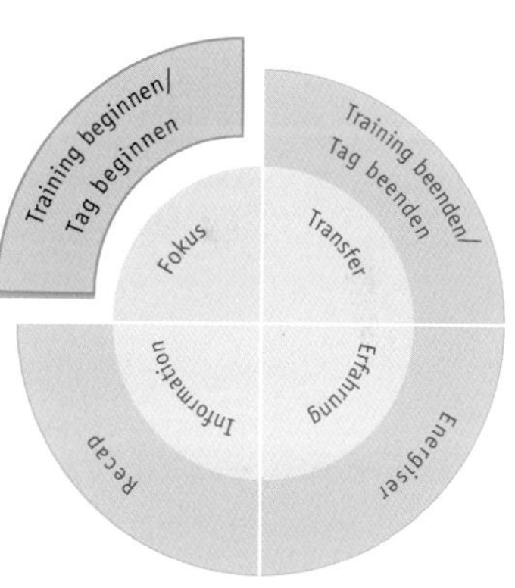

Daraus ergibt sich, dass zu Beginn des Trainings ausreichend Zeit für ein Ankommen und ein Kennenlernen gegeben wird – natürlich abhängig von der Dauer des Trainings. Eine lockere Kennenlernrunde, die Herstellung des Bezugs zum Thema und möglicherweise eine Selbsteinschätzung zum Inhalt hilft den Teilnehmenden, sich wohlzufühlen und sich auch fürs Lernen zu öffnen.

Training beginnen

Zu Seminarbeginn schweben viele Fragen im Kopf der Teilnehmenden herum:

Fragen zu Beginn des Trainings

- Was ist das Ziel des Trainings?
- Was lerne ich da?
- Wann gibt es Pause?
- Was für ein Typ ist der Trainer?
- Hat der was drauf?
- Was ist mein Mehrwert?
- Gibt's ein Zertifikat?

Der Trainer stellt sich auch Fragen:

- Was für Teilnehmende kann ich erwarten?
- Wie motiviert sind sie?
- Habe ich an alles gedacht?
- Bin ich gut vorbereitet?
- Wie gewinne ich sie für mich?
- Sind alle Unterlagen da?
- Und sind alle Absprachen eingehalten?

Die Aufgabe des Trainingsdesigners besteht darin, so viele Fragen wie möglich vorwegzunehmen und im Design zu berücksichtigen und im Trainerhandbuch zu dokumentieren. Fakt ist: Die Anfangssequenz wird ausgiebig geplant und den Teilnehmenden wird ausreichend Zeit für ein soziales und inhaltliches Andocken gegeben.

Bei der Planung der Anfangssequenz hat sich folgendes Schema als sehr praktikabel erwiesen:

Schema für den Trainingsbeginn

1. Vom Ich
2. Zum Du
3. Zum Wir
4. Zum Thema

Das bedeutet, dass sich die Teilnehmenden vorstellen („Wer bin ich?"), dann miteinander in Kontakt kommen („Wer bist du?"), Gemeinsamkeiten feststellen („Wer sind wir?") und dann erkennen, wie sie mit dem Thema verbunden sind („Wie sind wir mit dem Lernthema verbunden?"). Auf diese Weise wird eine Atmosphäre geschaffen, in der sich jeder Teilnehmer wohl- und wertgeschätzt fühlt. Bei meiner Weiterbildung zum Trainingsdesigner wende ich dies so an:

1. Vom Ich: Zuerst bitte ich die Teilnehmenden, Moderationskarten mit ihrem Namen und der Position in der Firma zu beschriften. Diese werden an eine Pinnwand geheftet.

2. Zum Du: Jetzt bitte ich die Teilnehmenden paarweise ins Gespräch zu kommen und Gemeinsamkeiten herauszufinden, die sie direkt auf das Pinnwandpapier schreiben und mit Strichen zwischen den Namen verbinden. Das kann die gleiche Automarke sein, die Tatsache, dass beide verheiratet sind oder Kinder haben, beide betreiben den gleichen Sport etc. Ziel ist es, dass jeder mit jedem ins Gespräch kommt und versucht eine bis drei Gemeinsamkeiten zu finden.

3. Zum Wir: Hier spiele ich das Spiel „PerspActive" von Metalog-Tools. Jeder Akteur nimmt ein oder zwei Schnüre in die Hand. Eine Kugel – die an dieser Stelle „das Training" symbolisiert – wird auf der Startseite in den Transportschlauch eingeführt und soll nun von der Gruppe durch geschicktes dreidimensionales Drehen des PerspActive durch die Windungen des Schlauchs so bewegt werden, dass sie am anderen Ende der Öffnung den Schlauch verlässt und im Zielkästchen – gleichbedeutend mit dem „erfolgreichen Training" – landet. Aus dieser Übung heraus erarbeite ich direkt die Regeln für die Zusammenarbeit während des Seminars.

4. Und zum Thema: Jetzt steige ich erst ins Thema ein und gebe den inhaltlichen und logistischen Rahmen bekannt und kläre die Erwartungen an das Training.

Natürlich beschreibt der Trainingsdesigner im Trainerhandbuch den Ablauf des Trainingsstarts. Hier ist ein Überblick für alle Themen, die im Trainerhandbuch vorkommen müssen und dort detailliert beschreiben sind.

Der Ablauf des Starts im Trainerhandbuch

- Willkommen: Der Trainer stellt sich und seinen Bezug zum Thema vor.
- Kennenlernen: Vom Ich zum Du zum Wir.
- Grundregeln: Erstellen von Regeln, an die die Gruppe sich für die Dauer der Zusammenarbeit halten wird.
- Thema und Lernziele: Vorstellen des Themas und Bekanntgabe der Lernziele.
- Agenda: grober Überblick über den Tag/die Tage.
- Logistik: Start und Ende, Pausenzeiten, Verpflegung, Fotoprotokoll etc.
- Erwartungen: Die Teilnehmenden werden nach ihren Erwartungen zum Seminar befragt (oder auch nicht).

Erwartungen

Wenn der Prozess richtig läuft, dann hat der Teilnehmer die Seminarbeschreibung gelesen, mit der Führungskraft über die Teilnahme gesprochen und im besten Fall schon Veränderungsvorhaben mit der Führungskraft vereinbart. Wenn so ein Teilnehmer ins Training kommt, hat er eine klare Vorstellung, was ihn erwartet, hat er sich doch mit den Inhalten auseinandergesetzt und sitzt aus guten Gründen im Seminar. Und er hat auch Erwartungen an das Training, die sich klar aus der Trainingsbeschreibung ergeben.

Nicht immer haben wir so fleißige Teilnehmer und ich nehme mich selbst bei der Nase: Gelegentlich sitze ich in Trainings, bei denen ich mich sehr wundere, habe ich doch nur die Überschrift gelesen, diese für toll befunden und mich angemeldet. Ich fliege meist auf, weil meine Erwartungen dann nicht zum Seminarinhalt passen.

Die Erwartungsabfrage

Es gibt sehr unterschiedliche Ansichten zum Thema „Erwartungen“: Von *„Die Erwartungsabfrage ist ein Muss“*, bis zu *„Lieber keine machen, das Training kann nicht geändert werden“*, ist alles dabei. Wenn die Erwartungsabfrage ins Trainerhandbuch kommt, dann gibt es dazu immer noch eine Handlungsanweisung, wie mit den Erwartungen umgegangen werden soll. Der Trainer soll die Erwartungen verschriftlichen und auch gleich dazusagen, wenn manche Erwartungen in diesem Training definitiv nicht erfüllt werden können. Gerade Jung-Trainer – so ist die Rückmeldung in den Train-the-Trainer-Seminaren – wollen möglichst alle Erwartungen erfüllen. Das führt zur totalen Überforderung, weil ja das Training an sich inklusive allem, was an Betreuung der Teilnehmenden und Kommunikation mit der Seminarlocation anfällt, anstrengend genug ist. Da braucht es keine große Liste an möglicherweise unerfüllbaren Erwartungen mehr.

Eine Erwartungsabfrage macht immer dann Sinn, wenn der Trainer zuversichtlich ist, die meisten Erwartungen erfüllen zu können beziehungsweise wenn er zu Beginn klarmacht, welche Erwartungen sich außerhalb des Themen- und Zeitrahmens befinden.

Tag beginnen

Auch für den Start der einzelnen Trainingstage gibt es einen festen Ablauf. Nach einem herzlichen Willkommen nimmt der Trainer kurz Bezug zum vorherigen Trainingstag. Er geht die Agenda des Tages durch, erkundigt sich, ob Fragen vom Vortag übrig geblieben sind, und beginnt mit dem ersten Modul des Tages. Hier ist wiederum ein Überblick für alle Themen, die im Trainerhandbuch vorkommen und dort detailliert beschreiben sind.

Im Trainerhandbuch aufgeführte Punkte

- Willkommen: Der Trainer heißt die Teilnehmenden am neuen Tag willkommen.
- Rückblick auf das Feedback des Vortages.
- Agenda: Überblick über den Tag.
- Offene Fragen klären.
- Erwartungen: Wenn eine Erwartungsabfrage stattgefunden hat, kann der Trainer die Teilnehmenden bitten, die schon erledigten Punkte abzuhaken.
- Logistik: Am letzten Trainingstag kann es wichtig sein, die Reiselogistik für alle Teilnehmenden zu klären. Wer (internationale) Teilnehmende mit Zug- oder Flugverbindungen hat, checkt am besten gleich für alle, wer wann mit welchem Taxi wohin muss. Das nimmt Druck aus den Köpfen der Teilnehmenden.

Aus der Sicht des Trainingsdesigners

Kennenlernen braucht Zeit! Je länger das Training läuft, desto mehr Zeit bekommen die Teilnehmenden, um vom Ich zum Du zum Wir und zum Thema zu kommen. Je kürzer das Training ist (z. B. 70-Minuten-Workshops auf Trainerkongressen), desto schneller verläuft die Kennenlernrunde. Dann reicht es auch, vom Ich zum Du zu gehen, indem man eine schnelle Murmelgruppe mit Themenbezug durchführt. So entsteht ein bisschen Kontakt zwischen den Teilnehmenden.

Der Trainingsdesigner muss sich grundsätzlich fragen: Wie viel Kennenlernen ist für welchen Kontext notwendig? Und das kann sich je nach Trainingsart unterscheiden. Bei einem Training, das zwei mal drei Tage dauert, darf der Punkt „Training beginnen" schon die ersten beiden Stunden Zeit in Anspruch nehmen, denn dann ist außer dem Kennenlernen auch der Zusammenhang zum Thema gut hergestellt. Auch hier gilt: „Have the end in mind!"

Toolbox – Training und Tag beginnen

Kennenlernübungen gibt es wie Sand am Meer. Und es ist definitiv erlaubt, Variationen bei diesen Übungen zuzulassen und nicht immer nur den Ball im Kreis herumzuwerfen und seinen Namen dazuzusagen.

Kennenlernübungen werden erst am Ende ins Trainerhandbuch geschrieben. Nämlich erst dann, wenn man eine Idee hat, inwieweit man die Teilnehmenden von Anfang an mit der Art des Trainings (interaktiv), einer Herausforderung (raus aus der Komfortzone) oder auch schon ins Thema einleiten will.

Bei einer meiner Lieblingsübungen erstellen die Teilnehmenden auf einem DIN-A3-Blatt Zeichnungen und stellen diese dann vor (vgl. „Zeichenkunst", S. 205). Es ist immer wieder erstaunlich, wie viel Hemmungen Menschen vor dem Zeichnen haben, und wie gut die Zeichnungen erkennbar sind, auch wenn viele betonen, dass die Bilder ganz schrecklich sind. Als Einladung in die Themen „Raus aus der Komfortzone" und „Ich kann nicht visualisieren", ist dieses Kennenlernspiel wunderbar geeignet.

Seil skalieren

Ziel: Einen Eindruck über den Wissensstand der Gruppe bekommen.

Material: Ein Seil oder ein Klebeband

Zeit:
- Vorbereitung: 2 Minuten
- Durchführung: 10–15 Minuten

Teilnehmeranzahl: 4–20 Personen

Vorbereitung: Ein Seil wird in Hufeisenform auf den Seminarboden gelegt.

Durchführung: Die Aufgabe für die Teilnehmenden lautet, sich an dem Hufeisen entlang aufzustellen. Der Trainer legt fest, welche Stelle des Seils welche Bedeutung bekommt. In der ersten Runde stellen sich alle nach dem Alphabet auf. In der zweiten Runde nach ihrem Geburtstag (Tag und Monat, nicht Jahr, das mögen manche nicht so gerne preisgeben). In der dritten Runde stellen sie sich nach Dauer der Firmenzugehörigkeit hin. Diese ersten drei Runden sehe ich als Phase zum Eingewöhnen, damit die Teilnehmenden wissen, wie es funktioniert.

Ab der vierten Runde kann der Trainer Verbindung mit dem Thema herstellen, also beim Thema „Projektmanagement" beispielsweise kann er die Teilnehmenden nach ihrer Erfahrung im Projektmanagement aufstellen lassen (keine Erfahrung, einmal in einem Projekt mitgearbeitet, Projektleiter eines kleinen Projektes, Projektleiter eines großen Projektes, Programm-Manager).

Der Trainer sollte immer wieder die beiden Pole des Hufeisens ändern, damit die Teilnehmenden in Bewegung kommen. Diese Übung ist auch für den Trainer gut, denn er sieht direkt, welches Niveau die Teilnehmenden haben. Um ein gutes Gespür für die Kenntnisse der Gruppe zu haben, kann er beim einen oder anderen Teilnehmer noch vertiefende Fragen stellen.

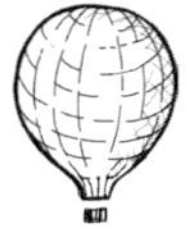

Aus der Sicht des Trainingsdesigners

Diese schnelle Übung dient dem Kennenlernen und vor allem dem Einschätzen der Gruppe. Sie kann mit bis zu sechs bis acht Fragen gut durchgeführt werden.

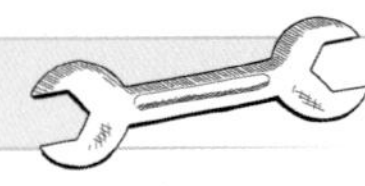

Gemeinsamkeiten und Unterschiede

Ziel: Das Kennenlernen abseits von Name und Position.

Material: Flipchart und Stifte

Zeit:
- Vorbereitung: 1–5 Minuten
- Durchführung: 15–30 Minuten

Teilnehmeranzahl: 6–20 Personen

Vorbereitung: Die Teilnehmenden werden in Gruppen zusammengewürfelt und jede Gruppe bekommt ein Flipchart-Papier. Die Teilnehmenden sollten sich vorher möglichst nicht kennen.

Durchführung: Jede Gruppe schreibt auf ein Flipchart alle Namen ihrer Mitglieder und welche Position sie im Unternehmen haben. Denn das ist einfach eine Information, die viele voneinander wissen wollen.

Als Nächstes sollen sie aufschreiben, was sie als Kleingruppe gemeinsam haben. Je spezifischer, desto besser. Wenn alle ein Haustier haben und es dann bei allen eine Katze ist, dann schreiben sie „Katze" auf das Flipchart. Wenn die Katzen alle dieselbe Rasse haben, schreiben sie die Rasse auf das Flipchart.

Die Gruppen sollen so viele Gemeinsamkeiten wie möglich finden. Dann kommt der Unterscheid: Jedes Mitglied muss eine Sache finden, die es als Person einzigartig in der Gesamtgruppe macht. Einer von ihnen hat beispielsweise einen Gepard gestreichelt, ein anderer einen bestimmten Berg erklommen, jemand anderes spielt ein ganz außergewöhnliches Instrument etc. Ist auch das geschafft, stellen die Gruppen den anderen Teilnehmenden ihre Ergebnisse vor. Ziel dieser Übung ist ebenfalls, schnell die Kommunikation zwischen den Teilnehmenden herzustellen.

Aus der Sicht des Trainingsdesigners

Diese Übung – besonders da sie verschriftlicht ist – hilft den Teilnehmenden und dem Trainer auf persönlicher Ebene immer wieder leicht ins Gespräch einzusteigen: denn wer hat wann den Geparden gestreichelt?

Zeichenkunst

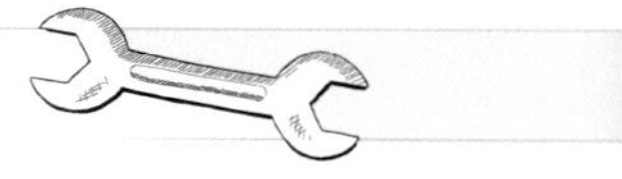

Ziel: Teilnehmende stellen sich vor – auf unübliche Art.

Material: DIN-A3- oder Flipchartpapier, Flipchartstifte, Wachsmalkreiden

Zeit:
- Vorbereitung: 1–5 Minuten
- Durchführung: 20–30 Minuten

Teilnehmeranzahl: 4–16 Personen

Vorbereitung: Der Trainer bereitet die Materialen vor. Eine Flipchart-Anleitung wird angefertigt und zeigt vier Felder, in denen jeweils steht, was dort gezeichnet werden soll: im ersten Feld ein Selbstportrait, also nur den Kopf, im zweiten die Hobbys, im dritten den Lieblingsort (z. B. Hängematte, Weltkugel, Baumhaus, Strand) und im vierten Feld, wo sich die Teilnehmenden in drei bis fünf Jahren sehen. Über die vier Quadranten sollen die Teilnehmenden noch ihren Namen dazuschreiben.

Durchführung: Weil im Erwachsenenalter (fast) alle von sich annehmen, nicht zeichnen zu können, beginnt der Trainer mit einer Suggestivfrage: *„Wir können eh alle nicht zeichnen oder? Dann macht es ja auch nichts, wenn wir das jetzt alle machen."*

Sobald alle fertig sind, werden die Bilder aufgehängt und jeder stellt sich anhand seiner Zeichnung vor.

Schlaue Trainer und/oder Trainer mit schlechtem Namensgedächtnis hängen die Zeichnungen so auf, dass sie diese selbst immer im Blick haben, um sich die Namen der Teilnehmenden immer wieder einzuprägen.

Aus der Sicht des Trainingsdesigners

Im Training geht es darum, Neues und/oder Unbekanntes auszuprobieren. Da zeigt der Musterbruch in der Vorstellungsrunde auf, dass hier etwas anders sein wird.

40 Fragen

Ziel: Vom Ich zum Du – auch in sehr großen Gruppen.

Material: 40 Fragen, die auf einzelnen Kärtchen vorbereitet sind.

Zeit:
- Vorbereitung: 1–5 Minuten
- Durchführung: 5–20 Minuten

Teilnehmeranzahl: Unbegrenzt

Vorbereitung: Der Trainer verteilt die Kärtchen und erklärt die Spielregel.

Durchführung: Hat man beispielsweise 40 Teilnehmende, werden 40 Fragen auf 40 Kärtchen geschrieben und verteilt. Die Fragen können ganz banal sein und sollen nicht verfänglich wirken:

- Was ist dein Lieblingsessen?
- Wenn du EIN Musikinstrument virtuos spielen könntest, welches wäre das?
- Wenn du zwei Kräfte eines Superhelden hättest, welche wären das?

Eine Vorlage mit 40 Fragen erhalten Sie in den Download-Ressourcen zu diesem Buch.

Nun sucht sich jeder Teilnehmer einen Gesprächspartner und dann stellen diese sich gegenseitig eine Frage, die auf ihren Karten steht. Also beispielsweise: *„Was ist dein Lieblingsessen?“* Der, der antwortet, soll keine Ein-Wort-Antwort geben, sondern ein wenig ins Erzählen kommen. Wenn beide die Fragen beantwortet haben, tauschen sie die Karten miteinander und heben die Hand, denn das bedeutet, dass sie frei für einen anderen Teilnehmer sind.

Auch wenn die beiden Personen noch einmal zusammenkommen, so treffen immer neue Fragen aufeinander. Diese Kennenlernübung bringt immer schnell viel Energie in den Raum und sie kann beliebig lange gespielt werden.

Aus der Sicht des Trainingsdesigners

- Mit dieser Übung wird erreicht, dass die Teilnehmenden sich in einer wahnsinnigen Geschwindigkeit über ganz unterschiedliche Themen unterhalten, wobei jeder nur das preisgeben muss, was er selbst möchte.

- Sie eignet sich für große Gruppen. Selbst wenn man 160 Teilnehmer hat, dann werden die 40 Fragen einfach vier Mal auf unterschiedliche Farbkarten gedruckt/geschrieben und die Teilnehmenden, die dieselbe Farbe ziehen, spielen untereinander, damit sich die Fragen nicht doppeln.

- Mit dieser Übung kann auch schon ins Thema des Trainings eingeleitet werden, indem auch oder nur themenspezifische Fragen gestellt werden. Beim Thema „Konflikte" könnten das folgende Fragen sein: *„Was war mein schlimmster Konflikt? Welchen Konflikt wollte ich immer schon gelöst haben? Bist du konfliktscheu? Liebst du Konflikte? Gehst du gern in Diskussionen?"*

  In einem Train-the-Trainer wären das Fragen wie: *„Was ist deine beste Trainingserfahrung? Vor welcher schwierigen Seminarsituation hast du am meisten Angst? Was bewegt dich dazu, an diesem Training teilzunehmen?"*

Aktive Anna

Ziel: Namen lernen und „Fehler machen ist erlaubt" vorwegnehmen.

Material: Keins

Zeit:
- Vorbereitung: 1 Minute
- Durchführung: 20–30 Minuten

Teilnehmeranzahl: 6–20 Personen

Vorbereitung: Teilnehmende und Trainer sitzen in einem Stuhlkreis.

Durchführung: Bei dieser Übung sucht jede Person ein Adjektiv aus, das mit demselben Anfangsbuchstaben wie ihr Vorname beginnt und das sie selbst positiv beschreibt. Wenn alle ein Adjektiv gefunden haben, beginnt der Trainer zum Beispiel so: *„Ich bin die aktive Anna."* Der Teilnehmer neben dem Trainer deutet dann auf den Trainer und sagt: *„Das ist die aktive Anna und ich bin der digitale David."* Die dritte Person fängt auch wieder beim Trainer an, erwähnt alle dazwischen und ergänzt: *„Das ist die aktive Anna, das ist der digitale David und ich bin der jubelnde Jacob."*

In etwa vier bis fünf Adjektiv-Namen-Kombinationen können sich noch alle Teilnehmenden merken, dann stoppt der Trainer und fragt, ob jemand unter den Teilnehmern die bisher vorgestellten Teilnehmer wiederholen kann. Außerdem betont der Trainer, dass man im Seminar ist und Fehler machen genau hier erlaubt ist.

Meistens meldet sich dann jemand und wiederholt die Namen der bisher vorgestellten vier bis fünf Teilnehmenden. Dann werden die nächsten drei bis vier vorgestellt. Auch danach fragt der Trainer, ob jemand in der Gruppe das wiederholen kann. Und wenn sich jemand doch nicht mehr ganz sicher ist, darf er sehr gerne die Nachbarn um Hilfe bitten. Das wiederholt sich so lange, bis alle vorgestellt wurde.

Dann fragt der Trainer die Gruppe, ob es auch jemand in die andere Richtung kann. Selbst jetzt gibt es immer wieder Teilnehmende, die sich alle anderen mit ihren Adjektiven merken können und wenn nicht: Hurra! Fehler machen ist erlaubt und um Hilfe bitten ist genau das, was wir in diesem Seminarraum haben wollen: Hier ist ein Platz zum Lernen.

Dann stehen alle auf und wechseln ihren Platz. Der Trainer fragt dann noch mal, ob es jetzt auch noch jemand wiederholen kann. Im Anschluss daran stehen wieder alle Teilnehmenden auf und begrüßen sich gegenseitig persönlich mit den jeweiligen Vornamen. Und der Trainer betont, dass es gar nicht schlimm ist, wenn ein Teilnehmer sich nicht erinnert.

Mit 20 Teilnehmern dauert die Übung 20–25 Minuten. Wenn das Training in einem internationalen Kontext stattfindet, begrüßen sich die Teilnehmer in ihrer jeweiligen Landessprache.

Aus der Sicht des Trainingsdesigners

Die Übung eignet sich besonders für Gruppen, bei denen unter anderem folgende Themen von Anfang im Trainingsraum gesetzt werden sollen:

- Fehlerkultur
- Fehler bringen uns weiter
- Aus Fehlern lernt man
- Best-Practice-Sharing ist wichtig

Emotion Cards

Ziel: Über Bildkarten ins Gespräch kommen.

Material: 30–50 Bildkarten/Bildimpulse

Zeit:
- Vorbereitung: 5 Minuten
- Durchführung: 10–30 Minuten

Teilnehmeranzahl: 4–20 Personen

Vorbereitung: Der Trainer verteilt Bildkarten – am besten schon vor Trainingsbeginn – auf dem Fußboden. Die Bildkarten können aus unterschiedlichen Quellen gesammelt oder gekauft werden (etwa als KartenSet vom Verlag managerSeminare oder die Emotion Cards von Metalog).

Durchführung: Der Trainer legt die Karten auf und bittet jeden Teilnehmer, eine Karte zu suchen, die im Moment am besten zu ihm passt. Wenn jeder eine Karte gezogen hat, besprechen die Teilnehmenden in Zweiergruppen oder in der Großgruppe, warum sie genau dieses Bild ausgesucht haben.

Der Trainer kann auch zwei Karten mit unterschiedlichen Fragen aussuchen lassen, wie z. B.: *„So geht es mir jetzt"* und *„Das verbinde ich mit dem Seminarthema"*.

Aus der Sicht des Trainingsdesigners

Das ist eine sehr feine Übung. Sie kann in sehr kurzen und langen Trainings eingesetzt werden und holt die Teilnehmenden emotional ab. Jeder Betrachter verknüpft mit den Bildern eigene Assoziationen, persönliche Erfahrungen und Gefühle kommen auf diese Weise viel leichter zur Sprache. Bildkarten sind auch in größeren Gruppen gut einsetzbar.

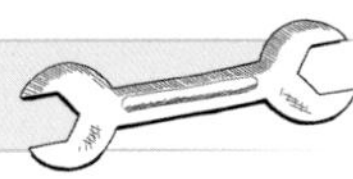

Themenpatenschaften

Ziel: Die Teilnehmenden mit dem Thema verbinden.

Material: Moderationskarten, Flipchart-Stift

Zeit:

- Vorbereitung: 10–15 Minuten
- Durchführung: Dauer des Trainings

Teilnehmeranzahl: 4–20 Personen

Vorbereitung: Der Trainer schreibt die unterschiedlichen Trainingsthemen auf Moderationskarten.

Durchführung: Mit dieser Übung werden Menschen mit anderen Menschen und Themen verbunden. An einer Pinnwand werden Themenkarten befestigt. Jeweils zwei Teilnehmende können für eines der Themen eine Patenschaft übernehmen.

Man kann ihnen jetzt schon ein paar Minuten Zeit geben, zu sammeln, ob und was sie zu dem Thema wissen.

Die Aufgabe über das komplette Seminar ist dann, dass sie alles zu dem Thema sammeln und am Ende des Seminars eine Zusammenfassung machen, was sie zu dem Thema gehört haben. Außerdem sollen sie für sich die Frage beantworten, wie sie das Gehörte in ihrer täglichen Arbeit anwenden werden.

Aus der Sicht des Trainingsdesigners

Auf diese Weise kann eine klare Fokussierung auf die Themen, die im Seminar behandelt werden, erreicht werden. Es ist auch eine sehr gute Übung im Sinne der Aufmerksamkeitsfokussierung: Wenn es das Thema eines Teilnehmers ist, wird er dabei besonders aufmerksam sein.

Recaps

- Wiederholen ist wichtig für die Lernerfolgskontrolle der Teilnehmenden.
- Wiederholen hilft dem Trainer beim Überprüfen des Wissenstandes und dient dem Lerntransfer.

- Wiederholen ist ein Must-have, kein Nice-to-have.

- Kennen von unterschiedlichen Recap-Methoden.
- Anwenden des richtigen Recaps zur richtigen Zeit.
- Verwenden der Recap-Checkliste.

„Die meisten Lernvorgänge erfolgen durch Wiederholung und unter Einsatz aller Sinnesorgane, es sei denn, eine intensive Gefühlsregung ist damit verbunden.

Wenn Sie sich beim Kochen verbrennen, dann müssen Sie das nicht erneut erleben, um zu begreifen, welche Gefahr mit Hitze verbunden ist. Demgegenüber ist es so gut wie unmöglich, eine Fremdsprache in einem einmaligen Versuch zu lernen. Dabei ist wiederholtes Üben unerlässlich. Dies trifft auch zu, wenn nach vielen Jahren ein Verhalten verändert werden soll." (Beaulieu, 2008)

Beim Lernen ist die Wiederholung wichtig und je aktiver, lebendiger und emotionaler, desto besser. Das kann bei eintägigen Seminaren nach der Mittagspause sein und bei mehrtätigen Seminaren jeden Tag gleich in der Früh. Und je nachdem, was man damit erreichen will und wo der Fokus gesetzt werden soll, kann man die Durchführung allein, zu zweit oder in anderen Gruppengrößen machen.

Denn durch beständiges Wiederholen werden die Synapsen gebildet, die es braucht, Gelerntes abrufbar zu haben. Je öfter eine Synapse Information überträgt, desto eher kann das Wissen dann auch gefunden werden. Das kann man sich vorstellen wie einen Gang durchs Gestrüpp. Beim ersten Mal geht man noch durch das Dickicht und je öfter man den gleichen Weg geht, desto eher entwickeln sich Trampelpfade.

Da stumpfes Wiederholen aber nicht viel bringt, folgt man bei den Wiederholungen am besten Dave Meier, dem amerikanischen Erfinder von Accelerated Learning, der sagte: *„I don't repeat, I'm doing same things with different material."* Frei übersetzt mit: *„Ich wiederhole nicht, ich verwende unterschiedliche Methoden für den gleichen Inhalt."* Es geht um die Bearbeitungsvielfalt, die Spaß machen soll und auch darum, bei den Teilnehmenden alle Sinneskanäle anzusprechen. Je aktiver sich die Teilnehmenden mit dem Lernstoff auseinandersetzen, desto tiefer das Verstehen und Behalten!

Der Charme der Wiederholung liegt auch darin, dass die Teilnehmenden sehen, was sie schon gelernt haben, es findet hier eine Lernziel- bzw. Lernerfolgskontrolle statt. Die Teilnehmer können Unklarheiten erkennen und nochmals nachfragen. Des Weiteren kommen sie miteinander ins Tun und in Bewegung und beleuchten den Stoff erneut aus unterschiedlichen Perspektiven. Denn auch aus der Lerntheorie ist bekannt, dass das Rekonstruieren und Darüberreden das Lernen unterstützt.

Auch der Trainer profitiert, kann er ja sehr schnell erkennen, was den Teilnehmenden leichtfällt, was in der Gruppe diskutiert wird und welche Fragen an den Trainer gestellt werden. Jetzt schon erkennt man, ob alles verstanden wurde oder bei der Präsentation des Recaps durch die Gruppe noch zusätzliche Klärung mit Einzelnen oder der Gesamtgruppe notwendig ist.

Recaps dienen sehr häufig ebenso dazu, einen Übergang vom Vortag in das Thema des nächsten Tages zu schaffen. Wenn möglich, sollte der Trainingsdesigner daher genau die Themen forcieren, die als Grundlage für das weitere Lernen dienen.

S'Gschichtl

Ich arbeite immer mit Wiederholungen in meinen Trainings. Auch wenn die Zeit knapp wird und ich noch viel Inhalte zu schulen habe. Und besonders gerne und mit viel Zeit dann, wenn ich merke, dass ein Inhalt noch nicht sitzt, auf dem das weitere Training aufbaut.

Es war die dritte Trainingswoche von vier, die Gruppe hatte zwar die Inhalte des Trainings verinnerlicht, nur der rote Faden war noch nicht da. Ich wusste, dass der Rest nur klar werden würde, wenn die Zusammenhänge klar würden.

Ich griff tief in meine Trickkiste und sagte der Gruppe an, sie möge die Inhalte von zweieinhalb Wochen Training in Form eines Theaterstückes darstellen. Ich erklärte, welchem Kriterium das Stück genügen müsste: den Zusammenhang der Inhalte erkennbar machen. Und dabei war mir bewusst, dass die Teilnehmenden sich sehr intensiv mit den Inhalten würden auseinandersetzen müssen, um die Quintessenz herauszuarbeiten.

Das Ergebnis war großartig: Es war ein tolles Stück über einen Sultan, seinen Sohn und die Kosten von drei Haremsdamen. Statistik dargestellt mit Menschen, die sich groß und klein machen, und es gab vor allem einen Aha-Effekt, was den Zusammenhang zwischen den Inhalten betrifft. Wieder einmal war ich überzeugt, dass sich jede Minute dieser Wiederholung ausgezahlt hatte.

Recap-Kategorien

Es gibt unterschiedliche Möglichkeiten, Recaps zu kategorisieren. Nach:

- der Vorbereitung der Trainer: Was benötigt der Trainer an Zeit und Material für die Vorbereitung?
- der Aktivität der Teilnehmenden: Sollen die Teilnehmenden sitzen oder sich bewegen? Wie viel Bewegung braucht die Gruppe?
- dem Zeitbedarf für die Durchführung: Wie viel Zeit steht zur Verfügung?
- dem notwendigen Tiefgang: Wie schwierig waren die Inhalte des Vortages? Braucht es eine leichte, schnelle Wiederholung oder ein längeres, zeitintensiveres Recap?
- einer Kombination aus Zeitbedarf und Tiefgang: Jedes Recap, wie zum Beispiel Quizfragen, kann vom Trainer vorbereitet werden. Sehr oft ist es aber so, dass gerade die Erarbeitung durch die Teilnehmenden viel mehr zum Wiederholungsfaktor beiträgt.

- der Transferorientierung: Recaps bieten eine wunderbare Transfermöglichkeit, indem man gleich Fragen für die Anwendung mit in die Übungsanleitung schreibt: *„Wann genau werden Sie das Gelernte das erste Mal anwenden?", „Nennen Sie drei Anwendungsmöglichkeiten im beruflichen Alltag in den nächsten drei Monaten."*

- einem vorhandenen oder nicht vorhandenen Wettbewerb: Manche Zielgruppen lieben den Wettbewerb oder leben ihn sehr im Alltag. In solchen Fällen sollte man ihn unbedingt einplanen. Bei anderen Trainings sollte man sich – wie so oft – die Frage stellen, ob Wettbewerb an dieser Stelle zieldienlich ist, also z. B. für eine inhaltlich bessere Wiederholung oder für eine aktivere Durchführung am frühen Morgen.

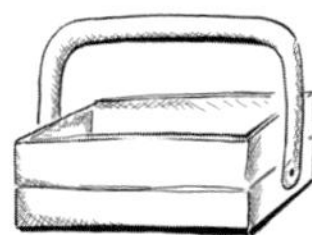

Toolbox – Recaps

In diesem Buch wurden bereits drei Methoden beschrieben, die sich auch leicht als Recap verwenden lassen:

- Die Lernlandkarte – wenn der Trainer sie von den Teilnehmenden nach einem Modul nochmals legen lässt (s. S. 156).
- Der Graphic Organiser – dieser kann auch von den Teilnehmenden nach einem Modul entweder nochmals ausgefüllt oder neu erstellt werden (s. S. 77).
- Brainwalking (s. S. 159)

Hier werden nun weitere Tools vorgestellt, die für das spielerische Verankern von Wissen hilfreich sind.

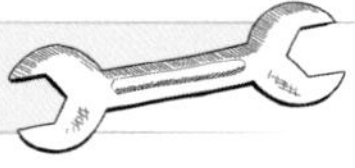

Buchstabensalat

Ziel: Eine Wiederholung der wichtigsten Begriffe.

Material: Flipchart und Stifte

Zeit:
- Vorbereitung: 10 Minuten
- Durchführung: 15 Minuten

Teilnehmeranzahl: 6–20 Personen

Vorbereitung: Der Trainer überlegt sich die Begriffe, die wiederholt werden sollen. Bei größeren Gruppen ein Begriff pro Teilnehmer, bei kleineren Gruppen auch zwei Begriffe pro Person.

Dann werden die Begriffe auf das Flipchart geschrieben, allerdings mit vertauschten Buchstaben. So kann aus dem Wort „Lernermöglicher" folgendes werden: ICRLNERGMRLEOHE. Alle zu wiederholenden Worte werden untereinandergeschrieben. Für den Trainer ist es hilfreich, die Worte auf einem Spickzettel notiert oder mit Bleistift aufs Flipchart geschrieben zu haben. Trotz bester Vorbereitung ist er nicht davor gefeit, plötzlich nicht mehr zu wissen, welches Wort dort steht.

Durchführung: Die Teilnehmenden werden gebeten, die Buchstaben in die richtige Reihenfolge zu bringen. Es hilft, dazuzusagen, dass die Worte in der Reihenfolge stehen, wie sie am Tag davor geschult wurden. So können die Teilnehmenden den Tag rekapitulieren und herausfinden, was die gesuchten Worte sind.

Jedes richtige Wort wird auf dem Flipchart notiert. Dann wiederholt jeder Teilnehmer einen Begriff, wobei die Regel gilt, dass die anderen helfen und ergänzen dürfen. War die Antwort inhaltlich noch nicht befriedigend, gibt es Bonusfragen von Trainerseite.

Aus der Sicht des Trainingsdesigners

Dieses Recap ist eine schnelle Wiederholung. Die Teilnehmenden kommen dabei ins Tüfteln und gehen das Gelernte nochmals gedanklich durch. Jeder Teilnehmer wird dann noch gefordert, das Wissen wiederzugeben

Variante: „Selbst-lautlos" ist eine Variante vom Buchstabensalat, in der sich nur die Vorbereitung, nicht jedoch der Ablauf ändert.

Die Buchstaben werden zwar in der richtigen Reihenfolge geschrieben, jedoch werden die Selbstlaute weggelassen. So wird aus dem Lernermöglicher ein LRNRMGLCHR. Besonders schwierig ist es, wenn man – so wie auch hier gezeigt – keine Leerzeichen lässt, wo ein Selbstlaut wäre.

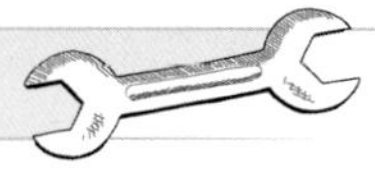

Megamindmap

Ziel: Eine Wiederholung des Gelernten, wenn das Training in mehreren Modulen stattfindet.

Material: Flipcharts bzw. A4-Ausdrucke der Flipcharts bzw. PowerPoint-Folien

Zeit:
- Vorbereitung: 15 Minuten
- Durchführung: 15 Minuten

Teilnehmeranzahl: 4–20 Personen

Vorbereitung: Am besten ist es, die vorhandenen Flipcharts vom letzten Training zu verwenden oder aus dem Fotoprotokoll bzw. den PowerPoint-Folien diejenigen mitzunehmen, die im Training besprochen wurden und diese dann im A4-Format auszudrucken.

Durchführung: Alle Flipcharts/Papiere werden gemischt und auf dem Fußboden ausgebreitet. Die Gruppe wird gebeten, die Flipcharts/Ausdrucke zu sortieren und Themeninseln zu bilden.

Dabei müssen die Teilnehmenden alle Dokumente ansehen und fangen an, sich zu erinnern, Orientierung zu schaffen und darüber zu sprechen.

Aus der Sicht des Trainingsdesigners

Die Teilnehmenden gehen das Gelernte in Ruhe nochmals gedanklich durch. Die Methode ist gut geeignet als Einstieg bei einem Training mit zwei Teilen, wenn zwischen den Teilen mehrere Wochen Zeit sind. Diese Methode ist gut kombinierbar mit dem nun folgenden Quiz.

Quiz

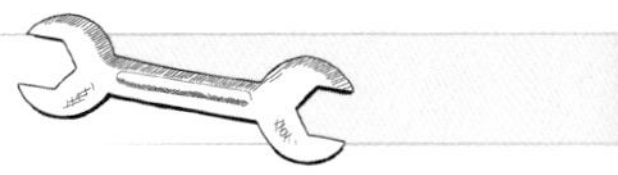

Ziel: Lernmaterial nochmals gründlich ansehen, durchdenken und Quizfragen dazu erstellen.

Material: Flipcharts/Pinnwände/Ordner, Moderationskarten, Stifte

Zeit:
- Vorbereitung: 10 Minuten
- Durchführung: 30 Minuten

Teilnehmeranzahl: 4–20 Personen

Vorbereitung: Das Material festlegen, für das ein Quiz erstellt wird.

Durchführung: Die Teilnehmenden werden aufgefordert, in Zweier- oder Dreiergruppen Quizfragen zum Material zu erstellen. Dabei gilt es eine leichte, eine mittelschwere und eine schwere Frage zu erstellen. Wichtig dabei ist, dass die Teilnehmenden die Fragen auch selbst beantworten können müssen.

Das Quiz selbst wird dann durchgespielt, wobei eine Gruppe die Frage stellt und die anderen Gruppen die Fragen beantworten. Dies kann mit oder ohne Wettbewerb gespielt werden.

Variante: Ein Quiz mit Bewegung: Der Trainer stellt einen Stuhl in der Mitte des Raumes auf. Die gestellte Frage darf nur beantwortet werden, wenn man auf dem Stuhl sitzt.

Aus der Sicht des Trainingsdesigners

Durch das Spielen des Quiz wird das Wissen aus dem Material dann nochmals wiederholt. Das ist eine gründliche Wiederholung, da die Teilnehmenden sich beim Durchsehen des Materials permanent überlegen, welche Art von Frage dazu gestellt werden kann.

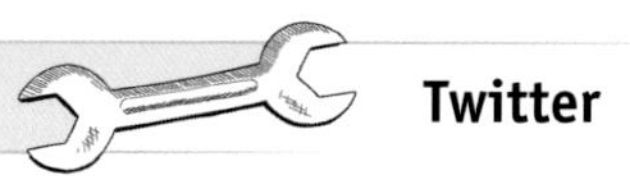

Twitter

Ziel: Mit nur 140 Zeichen Inhalte in aller Kürze wiedergeben.

Material: Flipchart und Stifte

Zeit:
- Vorbereitung: 10 Minuten
- Durchführung: 15–20 Minuten

Teilnehmeranzahl: 4–20 Personen

Vorbereitung: Klären, welche Themen „getwittert" werden sollen.

Durchführung: Die Teilnehmenden arbeiten in Zweier- oder Dreiergruppen. Sie sollen zu dem jeweiligen Thema einen Tweet „absetzen", also das Gelernte mit maximal 140 Zeichen in aller Kürze wiedergeben und auf ein Flipchart schreiben.

Variante: Diese Methode ist gut kombinierbar mit einer Transferfrage. *„Nennen Sie drei Vorteile dieser Methode", „Nennen Sie drei Anwendungsgebiete in Ihrem Arbeitsbereich/Unternehmen"* etc.

Aus der Sicht des Trainingsdesigners

Schon Goethe sagte: „Verzeih mir, dass ich einen langen Brief schreibe, ich hatte keine Zeit, einen kurzen zu schreiben." Das Verdichten und Zusammenfassen von Gelerntem ist gut zum Wiederholen und hilft auch, das Gelernte dann an jemand Dritten weiterzugeben.

Auf in die Galerie!

Ziel: Erarbeitetes im Detail durchgehen.

Material: Flipcharts, die an der Wand hängen (= Galerie)

Zeit:
- Vorbereitung: 10 Minuten
- Durchführung: 15 Minuten

Teilnehmeranzahl: 6–20 Personen

Vo**rbereitung:** Fragen, die den Teilnehmenden mit in die Galerie gegeben werden sollen:

- Was ist neu?
- Was ist bekannt?
- Was macht neugierig?
- Was war ganz einfach?
- Was war schwierig?
- Das kann ich ganz leicht umsetzen …
- Was brauche ich noch, um das umzusetzen?
- Was ist unklar?
- Wann hatte ich den größten Aha-Effekt?
- Was werde ich sicher nicht verwenden?
- Etc.

Durchführung: Die Flipcharts hängen an der Wand und die Teilnehmenden werden in kleinen Gruppen mit Fragen in die Flipchart-Galerie geschickt. Die Aufmerksamkeit der Teilnehmenden wird durch die Fragen fokussiert. Nach dem Besuch der Galerie berichtet jeder Teilnehmer, was für ihn wichtig ist.

Aus der Sicht des Trainingsdesigners

Eine Wiederholung des gesamten Materials, bei der die Aufmerksamkeit auf ein bestimmtes Thema fokussiert wird. Durch Bonusfragen, das sind vertiefende Fragen des Trainers, kann noch mehr inhaltlich nachgesteuert werden.

Hallo Pablo

Ziel: Die Teilnehmenden schnell ins Boot holen.

Material: Ein Stuhl mit einer Führungskraft, einem Trainingsteilnehmer, der später dazukommt, oder alternativ einem Avatar (z. B. ein Stofftier oder ein gezeichnetes Männchen am Flipchart)

Zeit:
- Vorbereitung: 2 Minuten
- Durchführung: 15 Minuten

Teilnehmeranzahl: 6–20 Personen

Vorbereitung: Keine

Durchführung: Die Führungskraft/der Teilnehmer/der Avatar sitzt auf einem Stuhl. Die Teilnehmenden berichten einer nach dem anderen, was im Training bisher passiert ist und fangen immer mit den Worten an: *„Lieber Pablo, wärst du gestern hier gewesen, dann hättest du gelernt ...", „Und dann hättest du noch gelernt ...".*

Die Teilnehmenden nennen dabei frei, was ihnen wichtig erscheint und jeder sollte dabei mindestens einmal drankommen.

Aus der Sicht des Trainingsdesigners

Es ist eine kurze Wiederholung, die sich auch dann gut eignet, wenn wenig Zeit zur Verfügung steht und man inhaltlich nicht in die Tiefe gehen muss. Sie eignet sich besonders gut, wenn von vorneherein klar ist, dass eine Führungskraft zu einem Training dazukommt und von den Teilnehmenden gebrieft werden möchte.

Energiser

- Den Begriff „Energiser“ kennen.
- Unterschiedliche Energiser kennen.
- Den Unterschied kennen zwischen Energisern mit und ohne Bezug zum Thema.

- Verstehen, dass beide Arten von Energisern ihren Platz im Training haben.

- Beim Designen darauf achten, dass Energiser – wann immer möglich – ins Thema einleiten.
- Dem Trainer Ideen für zusätzliche Energiser ohne Bezug zum Thema in das Trainerhandbuch schreiben.

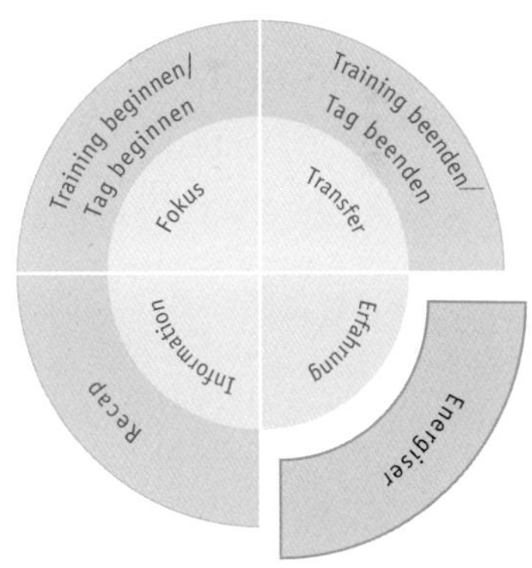

Energiser werden auch als Aktivierungsspiele, Aktivierungen, WUPs oder Warm-ups bezeichnet. Und bei der Entwicklung von Energisern gilt auch wieder: Have the end in mind! Zuerst steht der Inhalt des Moduls, dann erst kann man sich überlegen, welche Aktivierung bekannt ist oder benötigt wird, die dann genau diesem Ziel dient.

Meist werden Energiser nach dem Mittagessen eingesetzt, um das sogenannte Suppenkoma zu überwinden. Wir Trainer kennen das: Nach dem Mittagessen kommen unsere Teilnehmenden in den Trainingsraum zurück, und abgefüllt mit mehrgängigen Menüs von übervollen Buffets fällt es ihnen schwer, sich auf das Seminarthema zu konzentrieren. Um Energie aus der Verdauung in die Köpfe zu bekommen, greifen Trainer oft zu einem Aktivierungsspiel und danach geht es dann mit dem anderen, dem eigentlichen Thema weiter.

Dabei hat mich immer genervt, dass der Wechsel zwischen Energie (und Spaß) und dem Thema so abrupt war, dass die Müdigkeit in dem Moment in die Teilnehmenden zurückkehrte, in dem sie sich hinsetzten. Der Grund: Es gab einfach keinen Zusammenhang zwischen dem Energiser und dem Thema.

Ich unterscheide hier in Energiser mit und ohne Themenbezug. Energiser mit Bezug zum Lernstoff werden so ausgewählt, dass die Teilnehmenden bewegt werden: sei es durch geistige Anregung, sei es durch echte Bewegung. Und über diese Aktivierung wird direkt ins nächste Thema übergeleitet. Durch richtige Fragen kann der Trainer von der Übung zu den gewünschten Inhalten kommen und sammeln, was in der Gruppe schon zu einem Thema vorhanden ist.

Bei Soft-Skill-Themen ist es oft eine Leichtigkeit, eine Übung mit dem darauffolgenden Thema zu verbinden. Die Kunst besteht darin, auch für sperrige Fachthemen Energiser zu finden, die ein Überleiten erlauben.

S'Gschichtl

In der Vorbereitung für einen Trainerkongress zum Thema „Energiser" wollte ich unbedingt mit einem meiner Lieblinge aufwarten: Ritter, Drache, Jungfrau. Wir begeben uns dabei ins Mittelalter. Hier gibt es drei unterschiedliche Charaktere, zu denen jeweils eine Bewegung und ein Laut gehört. Der Ritter steht da und zieht sein Schwert und sagt dazu ein kurzes *„Whoa!"* Der Drache kommt aus der Höhle, reißt beide Arme in die Höhe und dröhnt ein lautes, langes *„Whooooo!"*. Die Jungfrau wiederum stützt beide Arme in die Hüften und singt ein vergnügtes *„Lalalalalala!"*.

Die Teilnehmenden werden in zwei Gruppen unterteilt und in beiden müssen sich die Mitglieder jeweils auf einen Charakter einigen. Dann stellen sich alle in einer Linie gegenüber der anderen Gruppe auf und auf Trainerkommando spielt jedes Gruppenmitglied den in der Gruppe vereinbarten Charakter.

Dabei gelten folgende Regeln: Der Ritter schlägt den Drachen, der Drache frisst die Jungfrau und die Jungfrau siegt über den Ritter.

Die Gruppe, die gewinnt, darf die Arme hochreißen und jubeln, während die andere Gruppe Beifall klatscht. Das spiele ich gerne in mehreren Runden, bis eine Gruppe dreimal gewonnen hat.

Da ich in dem Workshop Werbung für die Energiser mit Bezug zum Thema machen wollte, dachte ich lange nach, wofür dieser für mich sonst vor allem energie- und spaßbringende Energiser außerdem dienen könne.

Irgendwann hatte ich es: die Spieltheorie! Denn beim Energiser wie in der Spieltheorie geht es darum, zu überlegen: *„Wenn die Gruppe vorher dies gemacht hat, dann wird sie jetzt das machen. Weil sich die Gruppe aber überlegt, was wir gemacht haben, werden die sich wiederum denken …"*

Merke: Auch der „unsinnigste" Energiser kann ein wohlgeformtes Ziel haben!

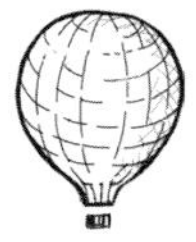

Aus der Sicht des Trainingsdesigners

Ein Energiser mit Bezug schafft Fokus

Die Anwendung eines Energisers mit Bezug zum Thema ist gleichbedeutend mit dem Fokus für das Modul, denn er schafft einen Einstieg in das nächste Thema, schafft Betroffenheit, Bewusstsein, Aha-Effekte. Es verschwimmt die Grenze zwischen Aktivierung und Einstieg in das nächste Modul und das Training wird somit von den Teilnehmenden als ein sinnvolles, zusammenhängendes Element erlebt.

Energiser ohne Bezug zum Thema haben auch ihren Platz. Sie kommen spontan dann zur Anwendung, wenn im Raum noch ein Thema geschult werden soll, aber nur wenig Energie da ist, kurz gesagt: wenn es Auflockerung braucht.

Ein Energiser ohne Bezug ist flexibel

Energiser ohne Bezug zum Thema werden selten als fixer Bestandteil in ein Trainerhandbuch geschrieben. Es können jedoch am Beginn oder Ende welche beschrieben sein und es obliegt dann dem Trainer, ob und wann er welche Übung durchführt.

Toolbox – Energiser mit Themenbezug

Bei Energisern mit Themenbezug ist eine sorgfältige Planung wichtig, denn nur dann kann man vom Energiser auf das Thema überleiten. Auf jeden Fall muss der Inhalt des Moduls klar sein und dann ist es wichtig, sich genau darauf zu fokussieren, welches Thema bzw. welche Themen beim Energiser rauskommen sollen.

So kann es etwa sein, dass ganz allgemein eine Überleitung auf das übergreifende Thema „Kommunikation" stattfinden soll oder aber speziell auf aktives Zuhören, auf klare Sprache, nonverbale Kommunikation, Feedback oder klare Arbeitsanweisungen.

Wenn dieses Thema klar ist, dann kann man einen Energiser suchen, bei dem auch gewährleistet ist, dass dieses Thema auch rauskommt. Der letzte Planungsschritt ist noch die Überleitung vom Energiser zum Thema und davon hängt auch der Erfolg des Verwendens von Energiser zur Themeneinleitung ab. Ich nenne dies gerne „Die Frage danach". Wenn ich nach der Durchführung nur frage *„Wie war es?"*, bekomme ich viele verschiedene Antworten aus unterschiedlichsten Themengebieten und dann ist das Herstellen des Bezugs zum Thema schwierig. Wenn ich frage *„Wie war die Kommunikation?"*, ist es leichter. Noch präziser sind Fragen wie *„Wie habt ihr nonverbal kommuniziert?"*, *„Wie hätte die Arbeitsanweisung konkret lauten müssen, damit ihr erfolgreich seid?"* und schon ist man im Thema „nonverbale Kommunikation" oder „Arbeitsanweisungen".

Schon ganz am Beginn meiner Trainerkarriere hatte ich Spaß daran, Inhalte spielerisch zu erklären bzw. Inhalte anhand einer Übung zu erklären. Damals waren es noch Themen rund um „Qualitätsverbesserung" und ich suchte eine Idee, bei der es um das Thema „Zeit vs. Fehlerrate" ging. Fündig wurde ich – wie so oft – in einem Buch für Kinderpartyspiele. Darin stieß ich auf den Eierlauf, bei dem ein rohes Ei auf einem Löffel transportiert werden muss. Da rohe Eier in Seminarräumen nicht gerade beliebt sind, wurde der äußere Teil von Zündholzschachteln verwendet, der von einem kleinen Finger zum anderen kleinen Finger übergeben werden musste. Und es zeigte sich: Die schnellen Gruppen hatten viele Fehler, die fehlerfreien Gruppen brauchten überdurchschnittlich lange. Somit war der Themeneinstieg schon geschafft! Ein anderes Beispiel für einen wirksamen Energiser mit Themenbezug haben Sie mit dem Tool „Stühle kippeln" (s. S. 165) bereits kennengelernt.

Indiaca

Ziel: Mit dem Wurfspiel Indiaca unterschiedliche Aufgaben erfüllen.

Material: Indiaca, ein ausreichend hoher Raum

Zeit:
- Vorbereitung: keine
- Durchführung: 5–20 Minuten

Teilnehmeranzahl: 6–12 Personen (bei mehr Teilnehmern in mehreren Gruppen spielen)

Vorbereitung: Ein Indiaca besorgen.

Durchführung: Die Teilnehmenden stehen im Kreis. Der Trainer zeigt, dass man das Indiaca ganz leicht spielen kann, indem man es mit der Handfläche von unten in die Höhe schießt.

Zuerst wird geübt, bis sich alle an das Indiaca gewöhnt haben. Dann können – je nach zu bearbeitender Thematik – unterschiedliche Runden ausgerufen werden:

- Nur mit der dominanten Hand spielen.
- Nur mit der nichtdominanten Hand spielen.
- Gespielt wird mit einer Hand und auf einem Bein stehend.
- Mitzählen: Immer der, der gerade spielt, zählt laut mit.
- Die Gruppe diskutieren lassen, wie oft sie es schafft. Sie formuliert eine Zielzahl und versucht, dies zu erreichen, ohne dass das Indiaca auf den Boden fällt.
- Das Indiaca wird gespielt und jeder, der es berührt, zählt mit. Gleichzeitig startet der Trainer mit dem Alphabet, er fängt an mit „A", der linke Nachbar macht mit „B" weiter und so wird das ABC weitergegeben.

Aus der Sicht des Trainingsdesigners

Dieser Energiser macht für die unterschiedlichsten Themen Sinn: Zielerreichung, Risikofreude, Umgang mit Fehlern, Kommunikation, Lernen, Veränderungsmanagement, nicht funktionierendes Multitasking.

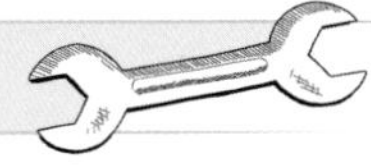

Die neun Knödel

Ziel: Das Out-of-the-Box-Denken.

Material: Papier und Stifte

Zeit:
- Vorbereitung: 1 Minute
- Durchführung: 15 Minuten

Teilnehmeranzahl: Unbegrenzt

Vorbereitung: Ein Blatt Papier mit drei mal drei Knödeln darauf verteilen.

Durchführung:
1. Neun Knödel mit vier geraden Linien verbinden, ohne den Stift abzusetzen.

2. Neun Knödel mit drei geraden Linien verbinden, ohne den Stift abzusetzen.

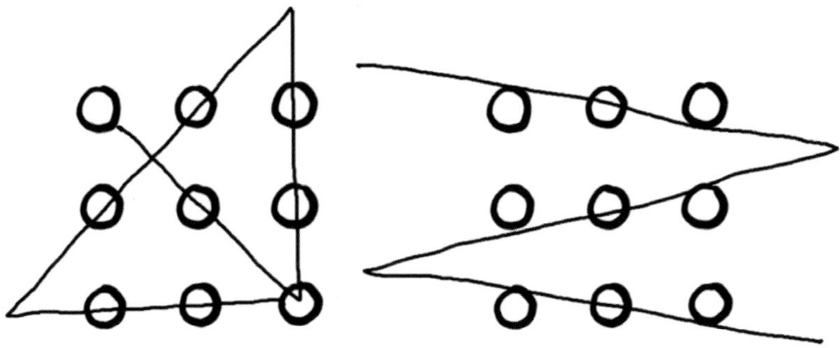

3. Neun Knödel mit einer Linie verbinden (fünf Lösungen).

Bei der Lösung mit einem Strich ist das Denken schon so auf „gerade Linien" ausgerichtet, dass die simple S-Form oft gar nicht einfällt. Möglich ist auch, das Papier so zu falten, dass von allen Knödeln ein Teil sichtbar wird und dann fährt man mit einem sehr dicken Stift über alle neun Knödel – z. B. einem dicken Moderationsmarker. Alternativ kann man das Papier auch so rollen, dass die Knödel nach außen zeigen – und dann rundherum malen. Eine selten gefundene Variante besteht darin, das Papier zu zerreißen, hintereinanderzulegen und den Strich zu malen. Gerade die letzte Lösung sorgt oft für Unmut, denn „das wäre ja nicht erlaubt".

Aus der Sicht des Trainingsdesigners

Sehr vielen ist dieses Rätsel unter dem Neun-Punkte-Problem bekannt. Da einige Lösungen mit der korrekten mathematischen Bezeichnung eines Punktes nicht vereinbar sind, verlasse ich mich auf meine Tiroler Wurzeln und male jetzt nur noch Knödel beziehungsweise große runde ausgefüllte Flächen. Denn ein Punkt ist etwas „unendlich Kleines", ohne nennenswerte Fläche oder Volumen; er ist somit zu klein für manche der Lösungen.

Das Schöne an dieser an sich bekannten Übung ist, dass schon bei der ersten Frage einerseits das Thema „Kenn ich schon und kann ich doch nicht" aufkommt (also: etwas nur einmal gehört zu haben, hilft nicht nachhaltig) und andererseits die Lösung nur durch Out-of-the-Box-Denken zustande kommt.

Die neun Knödel sind gut als Einleitung in folgende Themen möglich: „Out-of-the-Box Denken", „Querdenken", „Paradigmenwechsel", als Einleitung in Kreativitätstechniken.

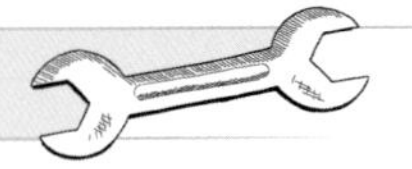

Stäbchenlauf

Ziel: Als Team miteinander über Stäbchen verbunden ins Ziel gelangen.

Material: Holzstäbchen

Zeit:
- Vorbereitung: 1 Minute
- Durchführung: 15–20 Minuten

Teilnehmeranzahl: 6–15 Personen (bei mehr Teilnehmenden in mehreren Gruppen spielen)

Vorbereitung: Bei Schaschlik-Spießen die spitze Seite abzwicken.

Durchführung: Die Teilnehmenden bilden eine Reihe, eine Person bildet den Kopf, eine andere das Ende. Der Kontakt zum Nachbarn besteht über Holzstäbchen, die jeweils zwischen die Zeigefinger der zwei Personen gepresst sind. Die ganze Menschenreihe muss eine Strecke von A nach B überwinden und dabei muss die Gruppe zu jedem Zeitpunkt verbunden bleiben. Fällt ein Stäbchen zu Boden, geht es für alle zurück an den Start.

Aus der Sicht des Trainingsdesigners

Die Stäbchen sind die „leichte" Variante. Wenn man es schwieriger machen will (schwierige Projekte oder Kunden bzw. hoher Qualitätsmaßstab), dann kann man entweder auf Spaghetti (No. 5) oder auf Zahnstocher ausweichen.

Mit diesem Energiser kann man überleiten auf Themen wie „Messen und Erheben von Daten", „Fehlerkultur", „Projektmanagement", „Teamwork", „Führung und Moderation", „Problemlösung".

S'Gschichtl

Die Großgruppe wollte am Thema „Prozessverbesserung" arbeiten. Ich hatte sie in drei Gruppen zu 15 Personen aufgeteilt und die Aufgabe war, von drei unterschiedlichen Orten binnen fünf Minuten am Zielort zu sein.

Nach dem ersten erfolglosen Versuch hat jede Gruppe eine Strategie besprochen. In einer Gruppe kam in der Besprechung die Idee auf, ob man das Stäbchen denn nicht auch einfach mit mehreren Fingern nehmen könne, statt sich nur über die Zeigefinger zu verbinden, dies war nicht ausdrücklich verboten.

Als die Gruppe dann in den Raum kam und die Übung zum zweiten Mal durchgeführt wurde, machten sie es so aber doch genau so wie vor der Besprechung in der ersten Runde. Darauf angesprochen, warum sie nicht zur sehr viel einfacheren Variante gegriffen hätten, sagten sie: *„Das haben wir immer schon so gemacht!“.* Dies war die perfekte Überleitung ins Thema Prozessmanagement, wo es ja genau um das Loslassen von Bewährtem und der Einstieg in etwas Neues ging.

Toolbox – Energiser ohne Themenbezug

Energiser ohne Themenbezug sind lustige Auflockerungsspiele und Energiebringer. Durchgeführt werden sie zwischendurch, meist erst gegen Nachmittag, wenn noch ein Modul geschult werden soll, die Energie in der Gruppe aber schon sehr gering ist.

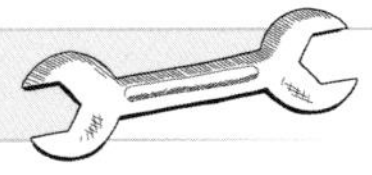

Nasenkönig

Ziel: Das Kreppbandröllchen von der Nase klauen.

Material: Kreppband

Zeit:
- Vorbereitung: 5 Minuten
- Durchführung: 5–10 Minuten

Teilnehmeranzahl: 6–20 Personen

Vorbereitung: Jeder Teilnehmer benötigt ein Stück Kreppband. Das wird zu einem Röllchen gemacht, bei dem die Klebefläche nach außen zeigt.

Durchführung: Jeder Teilnehmer klebt sich das Röllchen auf die Nase. Jeweils zwei Teilnehmer stehen sich gegenüber und versuchen, dem anderen das Röllchen von der Nase zu klauen, und zwar nur durch Berührung der Klebeflächen der Kreppröllchen. Der Gewinner sucht sich sofort eine neue Herausforderung und der Verlierer wird zum Fan und feuert den Gewinner lautstark (!) an. Ziel ist es, dass ein Teilnehmer gewinnt und somit alle Röllchen aneinanderkleben.

Aus der Sicht des Trainingsdesigners

Ein schneller Energiser, der viel Energie und Lachen in den Raum bringt. Er sollte nicht am Anfang eines Trainings verwendet werden – außer man will auf das Thema „Komfortzone" verweisen und schon wird daraus ein Energiser mit Themenbezug. Wer den Energiser mit mehr Distanz durchführen möchte, klebt das Röllchen auf die Rückseite der Handfläche.

Jogger, Wildschwein und Jäger

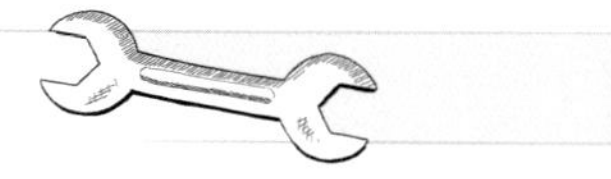

Ziel: Lachen

Material: Keins

Zeit:
- Vorbereitung: 1 Minute
- Durchführung: 5–10 Minuten

Teilnehmeranzahl: 8–20 Personen

Vorbereitung: Keine

Durchführung: Die Teilnehmenden stellen sich im Kreis auf. Der Trainer erklärt, dass man sich in einem Wald befindet. Und da gibt es einen Jogger. Der Trainer macht eine kurze Bewegung wie ein Jogger. Der nächste Teilnehmer übernimmt die Bewegung, der Vorgänger hört mit der Bewegung auf. Jeder Teilnehmer gibt die Bewegung weiter bis sie wieder zum Trainer kommt.

Dann kommt das Wildschwein dazu, indem der Trainer grunzt. Auch dieses Grunzen geht einmal durch die Runde. Dann „läuft" zuerst der Jogger los und hinterher „grunzt" das Wildschwein, das den Jogger verfolgt. Das kann man ein bis zwei Runden machen. Hinzu kommt dann der Jäger, der in die gegenläufige Richtung unterwegs ist und mit einem „Schießgeräusch" aufwartet. Spätestens wenn der Jogger, der Jäger und das Wildschweingeräusch aufeinandertreffen, brechen die Teilnehmenden in Gelächter aus.

Aus der Sicht des Trainingsdesigners

Macht einfach nur Spaß und dient manchmal zum Aufzeigen, dass Multitasking doch nicht möglich ist.

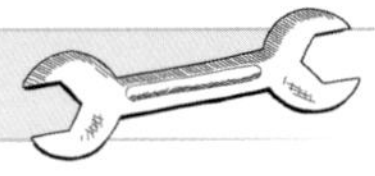

Luftballonschlacht

Ziel: Einen Luftballon hinter die Linie des anderen Teams bringen.

Material: Luftballons, Kreppband, zwei Bögen Flipchart-Papier

Zeit:
- Vorbereitung: 3 Minuten
- Durchführung: 5–10 Minuten

Teilnehmeranzahl: 4–20 Personen

Vorbereitung: Auf den Boden werden mit Kreppband zwei Linien mit einem Abstand von ca. sechs Metern geklebt. Einen Luftballon aufblasen und in die Mitte der beiden Linien legen.

Durchführung: Zwei gleich große Teams stehen jeweils hinter den Linien. Jedes erhält ein Blatt Flipchart-Papier. Ziel ist es, den Luftballon mithilfe des Papiers über die gegnerische Linie zu bringen. Das Blatt darf zerrissen werden und zu Papierkugeln geknüllt werden. Sollten alle Papierkugeln in der Mitte zum Liegen kommen, wird eine kurze Pause zum Einsammeln eingelegt, dann darf weitergemacht werden.

Tag und Training beenden

- Unterschiedliche Arten kennen, wie ein Tag und ein Training beendet werden können.

- Verstehen, dass ein gutes Ende für die Teilnehmenden wichtig ist.
- Je länger das Training insgesamt dauert, desto mehr Zeit soll man sich für das Ende nehmen.

- Die richtige Vorgehensweise und Feedback-Methoden einsetzen können.

Alles hat ein Ende, auch das Training. Jetzt ist es Zeit, die Themen noch einmal zusammenzufassen und den Transfer zu ermöglichen. Wenn die Teilnehmenden zwischendurch immer wieder aufgefordert wurden, wichtige Ideen mitzuschreiben, kann jetzt eine Transferrunde stattfinden, in der das Anwenden im Alltag geplant wird. Zusätzlich ist es für die Teilnehmenden schön, wenn das Training – vor allem, wenn es mehrere Tage gedauert hat – ruhig ausklingt und sie auch ausreichend Zeit haben, sich zu verabschieden.

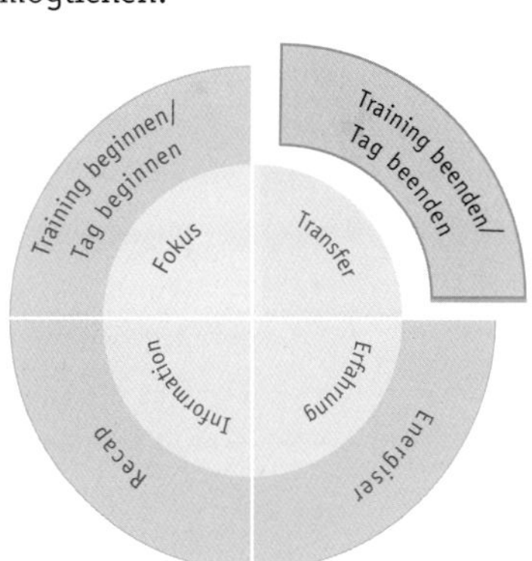

Tag beenden

Am Ende eines Trainingstages kann der Trainer alles, was durchgenommen wurde, noch mal zusammenfassen. Dabei kann er einen kurzen Überblick über den Tag geben oder die Teilnehmenden zusammenfassen lassen – mit oder ohne Transfergedanken.

Hier ist wiederum ein Überblick für alle Themen, die im Trainerhandbuch vorkommen und dort detailliert beschreiben sind.

Das Tagesende im Trainerhandbuch

- Transfer: Transferübung durchführen (s. S. 186 ff.)
- Zusammenfassung: Tag zusammenfassen
- Erwartungen: Erwartungsabfrage gegenchecken
- Agenda: Überblick über den nächsten Tag geben
- Feedback: Feedback einholen (s. S. 237 ff.)

Training beenden

Zu Seminarende schweben viele Fragen in den Köpfen der Teilnehmenden herum:

Fragen zum Seminarende

- Wo werde ich das anwenden?
- Wann soll ich das alles nacharbeiten?
- Wann soll ich das einsetzen?
- Was sage ich meinen Vorgesetzten?
- Was sage ich meinem Team?
- Wo kann ich nachfragen, wenn ich etwas doch nicht richtig verstanden habe?
- Wie viel Zeit bekomme ich für die Umsetzung?
- Wann geht mein Zug?/Wie komme ich zum Flieger?/Ist ein Stau auf der Autobahn?

Der Trainer stellt sich auch Fragen:

- Wie hat es der Gruppe gefallen?
- Wurde das Wichtigste vermittelt?
- Auf welche Widerstände werden die Teilnehmenden stoßen?
- Was brauchen die Teilnehmenden noch an Unterstützung?
- Ob sie das Gelernte wohl umsetzen?
- Was muss ich anpassen/ändern?
- Möchte ich dem Auftraggeber etwas rückmelden?

Die Aufgabe des Trainingsdesigners besteht darin, so viele Fragen wie möglich vorwegzunehmen und im Design zu berücksichtigen. Dazu gehört auch, an die Besonderheiten des Abreisetages zu denken.

So gibt es beispielsweise immer wieder Teilnehmende, die früher gehen wollen oder müssen. Gerade in der Schlussphase soll das Seminar davon nicht unterbrochen werden. Daher bittet der Trainer die Teilnehmenden, sich schon in der letzten Pause von den anderen zu verabschieden und ihren Koffer nahe der Tür abzustellen. Wenn sie dann gehen müssen, sollen sie leise den Raum verlassen, damit das Seminar ein gutes Ende finden kann.

Wenn die Zeit dann am Schluss nicht mehr reichen sollte, um offene Erwartungen zu besprechen, so sollte der Trainer vorab klären, wie er gedenkt, damit umzugehen.

Hier ist wiederum ein Überblick für alle Themen, die im Trainerhandbuch vorkommen und dort detailliert beschreiben sind.

Das Trainingsende im Trainerhandbuch

- Zusammenfassung: Training zusammenfassen
- Transfer: Transferübung – ausführlich!
- Erwartungen: Erwartungsabfrage gegenchecken
- Feedback: Feedback einholen

Aus der Sicht des Trainingsdesigners

Planen Sie ausreichend Zeit zum Beenden von Tag und Training ein! Die gründliche Planung des Transfers kann viel Zeit in Anspruch nehmen. Jetzt am Ende heißt das, ausreichend Zeit und Puffer einplanen, damit die Teilnehmenden mit einem guten Aktionsplan aus dem Seminar gehen.

Toolbox – Feedback

Es gibt ganz unterschiedliche Arten von Feedback im Training: der klassische, schriftliche Feedback-Bogen – despektierlich auch „Happy Sheet“ genannt, das mündliche Feedback am Seminarende und laufendes Feedback an jedem Trainingstag.

Aus Trainingssicht ist mir das tägliche Feedback spätestens am Ende jedes Trainingstages am liebsten. So kann man am schnellsten herausfinden, ob der Trainer zu schnell spricht, das Training schneller durchgeführt werden kann oder langsamer durchgeführt werden soll. Diese schnelle Reaktion ist wertvoll für die Teilnehmenden, denn so kann besser gelernt werden.

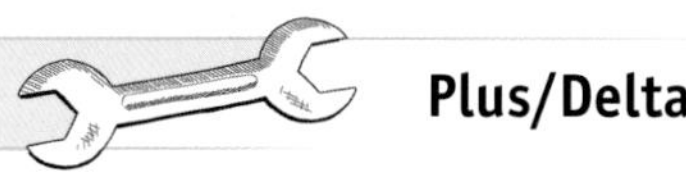

Plus/Delta

Ziel: Laufend Feedback einholen, um darauf reagieren zu können.

Material: Flipchart und Stift

Zeit:
- Vorbereitung: 1 Minute
- Durchführung: 3–10 Minuten

Teilnehmeranzahl: 4–20 Personen

Vorbereitung: Der Trainer beschriftet das Flipchart mit einem Plus (das war gut) und einem Delta (das kann man besser machen).

Durchführung: Der Trainer stellt das Plus/Delta vor. Er erklärt auch, warum dort kein Minus steht (das ist schlecht). Denn damit weiß der Trainer nicht, was genau geändert werden soll. Daher wird er die Gruppe auffordern, lösungsorientiert zu denken und Vorschläge zur Verbesserung zu machen. Also statt *„Das zweite Modul war langweilig"*, steht dann da zum Beispiel *„Im zweiten Modul hätte ich mir mehr Gruppenarbeit gewünscht."* Und statt *„Die Pausenverpflegung ist schlecht"* kann dann dort stehen *„Obst im Pausenbuffet zur Verfügung stellen."*

Die Teilnehmenden geben Feedback und der Trainer schreibt mit, ohne zu kommentieren oder mit ihnen zu diskutieren. Einzig echte Verständnisfragen sind erlaubt.

Der Trainer überlegt, was geändert werden kann und gibt der Gruppe am nächsten Tag zu Trainingsbeginn eine Rückmeldung. Am besten delegiert er auch Themen an die Teilnehmenden zurück, damit sie selbstverantwortlich handeln.

Aus der Sicht des Trainingsdesigners

Konsequent angewandt, ist Plus/Delta eine unendlich starke Feedback-Methode. Die Bereitschaft des Trainers, sich damit auseinanderzusetzen und zu ändern, was geht und stehen lassen zu können, was nicht änderbar ist, ist Voraussetzung, dass es wirkt!

Blitzlicht

Ziel: Schnelles Feedback bei kurzen Trainingseinheiten erhalten.

Material: Keins

Zeit:
- Vorbereitung: 1 Minute
- Durchführung: 3–10 Minuten

Teilnehmeranzahl: 4–20 Personen

Vorbereitung: Keine

Durchführung: Die Teilnehmenden sagen jeweils in einem Satz oder Wort, wie es ihnen gerade geht.

Aus der Sicht des Trainingsdesigners

Ein schnelles Stimmungsbild für den Trainer, das auch für zwischendurch geeignet ist.

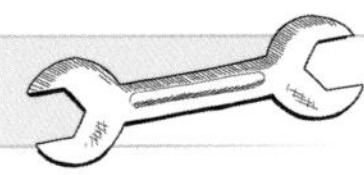

Flammende Rede

Ziel: Zeitlich begrenztes Feedback.

Material: Zündhölzer

Zeit:
- Vorbereitung: 2 Minuten
- Durchführung: ca. 1 Minute pro Teilnehmer

Teilnehmeranzahl: 4–20 Personen

Vorbereitung: Zündhölzer austeilen.

Durchführung: Jeder Teilnehmer bekommt ein Zündholz und darf Feedback geben, solange das Streichholz brennt.

Aus der Sicht des Trainingsdesigners

Für diese Übung muss ein passender Ort gefunden und insbesondere auf Feuermelder aufgepasst werden.

Jeder für jeden

Ziel: Jeder Teilnehmer gibt jedem Teilnehmer Feedback.

Material: Flipchart-Papier, Stifte, Klebeband

Zeit:
- Vorbereitung: 5 Minuten
- Durchführung: bei 20 Teilnehmern ca. 30 Minuten

Teilnehmeranzahl: 4–20 Personen

Vorbereitung: Für jeden Teilnehmer wird ein Blatt Flipchart-Papier und ein Stift vorbereitet.

Durchführung: Hier geben sich alle Teilnehmenden gegenseitig Feedback. Der Trainer erklärt, dass jeder Teilnehmer ein Flipchart mit drei Kategorien vorbereitet:

- Teilnehmer XY ist ein guter „Projektleiter, Prozessmanager, Führungskraft , weil ...
- Was ich dir mitgeben möchte: ...
- Was mir in Erinnerung bleiben wird: ...

Die Charts werden im Raum verteilt und jeder Teilnehmer füllt bei jedem anderen diese drei Kategorien aus.

Aus der Sicht des Trainingsdesigners:

Eine intensive, sehr persönliche Feedback-Übung. Sie passt sehr gut, wenn die Teilnehmenden über eine lange Zeit sehr intensiv miteinander gearbeitet haben.

Kapitel 4

Der Transferprozess

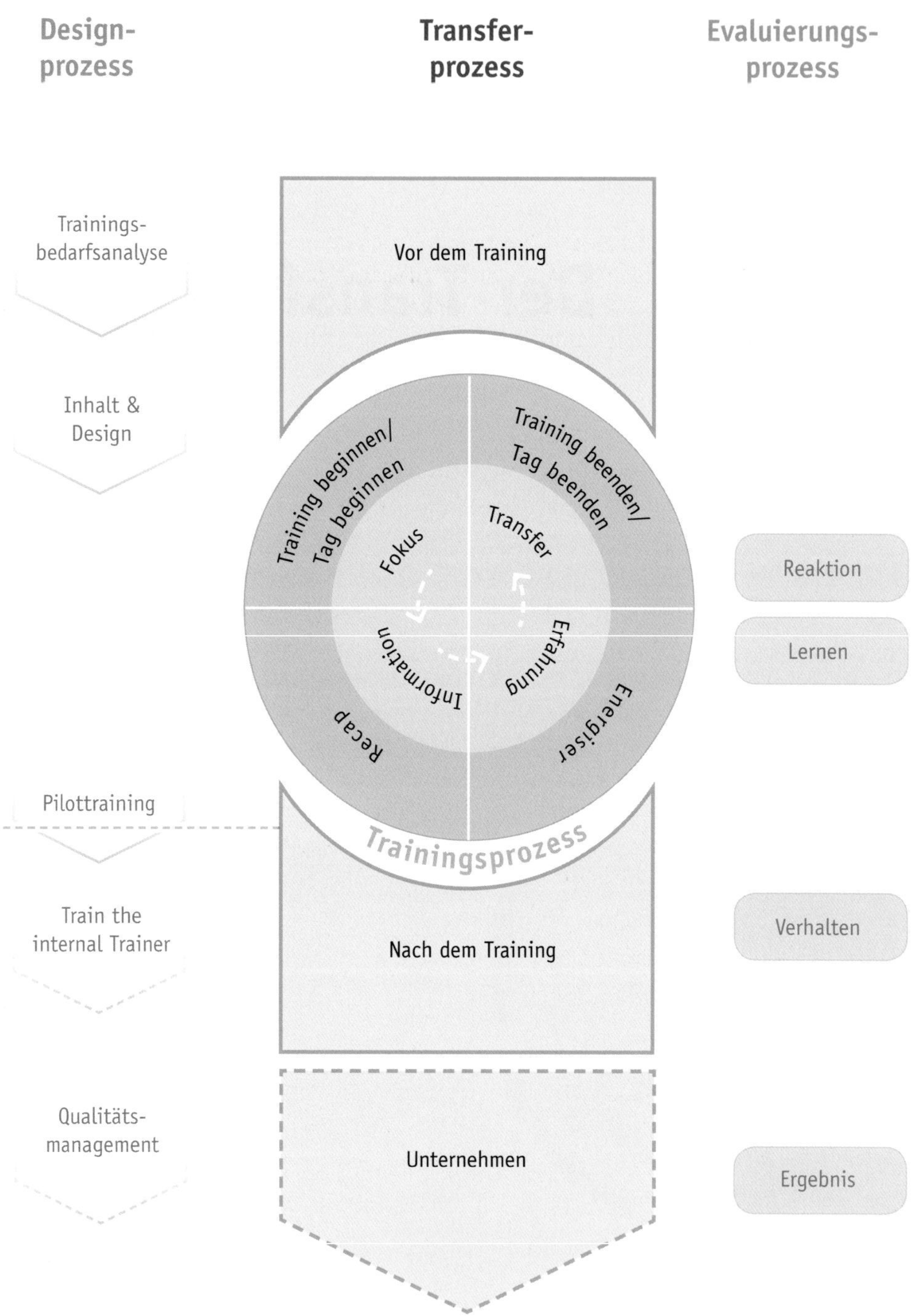

Abb.: Der Gesamtprozess mit Fokus auf den Transferprozess.

Wie zu Beginn dieses Buches herausgestellt, soll das Trainingsdesign die Teilnehmenden eines Trainings dazu befähigen, ein gewünschtes Ziel zu erreichen. Erfolgreicher Transfer ist damit eine Hauptaufgabe von Trainingsdesign und Training. Da der Transfer im Training selbst nur angetriggert werden kann, ist es wichtig, dass für den Teilnehmer nach dem Training die Möglichkeit geschaffen wird, das Gelernte anzuwenden und dass er dabei bestmöglich unterstützt wird.

Der Transferprozess startet schon vor dem Training und holt die Teilnehmenden ins Boot. Im Trainingsprozess findet Transfer vor allem im vierten Schritt jedes Moduls statt. Zusätzlich wird am Ende des Tages bzw. am Ende des Trainings noch ausreichend Zeit für die Transferplanung eingeräumt. Nach dem Training kann der Trainingsdesigner/Trainer noch Einfluss auf den Transfer übernehmen, irgendwann jedoch übernimmt das Unternehmen die Aufgabe, den Transfer zu gewährleisten. Wie der Transferprozess auf mehreren Ebenen bestmöglich gefördert werden kann, erfahren Sie in diesem Kapitel.

Inhalt des vierten Kapitels

Was steckt hinter erfolgreichem Transfer? ... 247

Trainingstransfer – Definitionen ... 248

Warum Transfer wichtig ist ... 249

Die zwölf Stellhebel der Tranferwirksamkeit ... 251

Die Rollen im Transfer ... 255

Drei Phasen des Transferprozesses ... 258

Ein Beispiel für Transferunterstützung ... 259

Toolbox – Transfer ... 264

1. Vor dem Training ... 264

Seminareinladung ... 265

Kollegen-Interview ... 266

2. Während des Trainings ... 267

Und was machst du jetzt damit? ... 267

Fünf Personen ... 269

Anti-Lösung ... 270

Kennen-Können-Wollen-Dürfen ... 271

Von der Herzerl-Liste zum Commitment ... 272

SMARTe Ziele 273
Transfertagebuch 275

3. Nach dem Training 277
Test 277
Follow-up-Session 279
Begleitendes Lernmaterial 280
Lernen mit Peers 281
Reduzierte Wiedergabe 283
Transfer-Tandem 284

4. Transferangebote, die alle drei Phasen begleiten 286
Lern-/Anwendungsprojekt 286
Virtuelle Lerngruppe 287
Begleitung durch die Führungskraft 289
Transfer-Leporello 292

Was steckt hinter erfolgreichem Transfer?

- Definitionen für den Transferprozess kennen.
- Die drei Bereiche und zwölf Stellhebel für die Transferwirksamkeit kennen.
- Kennen der Rollen im Transfer.

- Ohne Transfer ist alles nichts.
- Verstehen, dass Trainingsdesign neben dem Teilnehmer und dem Unternehmen nur eine Einflussgröße des Trainingserfolges ist.
- Transfer hat auch etwas mit Lernkultur zu tun.

- Transfer für sich definieren können.
- Trainings auf transferwirksam umstellen können.
- Mit dem Unternehmen die Rollen für einen erfolgreichen Transfer klären können.

Je länger ich mich sehr konkret mit dem Transferthema beschäftige, desto wichtiger wird es für mich, bei der Auftragsklärung auch nachzufragen, ob und wie viel Transfer gewünscht ist. Das stößt manchmal auf Unverständnis, und doch ist es der Ausgangspunkt sämtlichen Designs. Wenn der Auftraggeber tatsächliche Änderung wünscht, hat das genauso Auswirkungen auf die Trainingsentwicklung wie der Anspruch, nur Spaß haben zu wollen.

Das Transferziel zu Beginn klären

Warum es wichtig ist, zu klären, ob ein Tranferziel besteht, zeigen etwa Aufträge im Bereich des „Teambuildings". Wenn man dort während der Auftragsklärung tiefer einsteigt und darauf zu sprechen kommt, was sich denn nach dem Training ändern darf und soll, wird das Gespräch oft interessant. Denn manchmal ist echte Änderung gewünscht, das heißt tatsächlich auch „Teambuilding", manchmal ist aber auch nur Spaß gefragt und somit eigentlich ein Teamevent. Solche Aufträge kann man erfüllen, aber nur, wenn das auch genau so als Auftrag definiert ist.

Trainingstransfer – Definitionen

In der Regel ist ein Trainingstransfer erwünscht und erfolgsentscheidend. Daher ist nun zuerst zu klären, was hinter dem Begriff steckt. Hier sind die folgenden drei Definitionen interessant, weil sie unterschiedliche Punkte des Transfers beleuchten.

Definitionen von Trainingstransfer

„Trainingstransfer ist das Ausmaß, in dem Trainees Wissen, Fähigkeiten und Einstellungen, die sie im Trainingskontext erworben haben, im Arbeitskontext effektiv einsetzen." (Baldwin & Ford, 1988)

„Denn wenn wir eines aus der Hirnforschung sicher wissen, so ist es, dass in der kurzen Zeit, die uns im Seminar zur Verfügung steht, veränderungswirksame neuroplastische Prozesse nur angetriggert werden können. Die eigentliche Veränderung in den Hirnen und im Handeln der Menschen findet jedoch durch das konkrete und wiederholte Tun im Alltag statt." (Hütter, 2017)

„Transfer ist nicht hinreichend: Outcome – die letztendliche Wirkung – ist erst dann erreicht, wenn die Beteiligten im Arbeitsumfeld zu den Inhalten einer Weiterbildungsmaßnahme Mitverantwortung übernehmen und im Sinne des Erwartungshorizontes eine Veränderung mitgestalten." (Besser, 2017)

Die erste Definition ist sehr pragmatisch und deutet auf die wichtigste Regel hin, dass es beim Transfer auf die effektive Anwendung im Arbeitskontext ankommt. Die zweite Definition soll Demut lehren vor dem, was wir in einem Training erreichen können: Im Seminarraum können Veränderungsprozesse nur angetriggert werden. Sehr klar definiert Ralf Besser, dass es um die Mitverantwortung der Beteiligten für die Veränderung geht und auch um einen Erwartungshorizont, also ein Ziel, für das sich die Änderung lohnt.

Warum Transfer wichtig ist

Alle drei Definitionen beinhalten den klaren Blick auf die Anwendung im Arbeitskontext. Und doch gelingt Transfer in Unternehmen oft nicht, da ...

Gründe für fehlenden Transfer

- das Wissen zum Transferproblem und seinen Lösungen fehlt.
- Zuständigkeiten, Verantwortung und Rollen unklar sind.
- die Dringlichkeit fehlt und Transfer kein entscheidendes Kriterium ist.
- Ängste und Bedenken die Verantwortlichen davon abhalten, sich für das Thema zu engagieren.

Professor Robert O. Brinkerhoff, einer der führenden Experten im Bereich „Wirksamkeit und Evaluierung" bringt es auf den Punkt (Weinbauer-Heidel, 2016):

Nur wenig erfolgreicher Transfer

- Circa fünfzehn Prozent der Teilnehmenden wenden das Gelernte erfolgreich an,
- siebzig Prozent probieren es aus, lassen es aber wieder sein und
- ungefähr fünfzehn Prozent probieren erst gar nicht, das Gelernte anzuwenden.

Das bedeutet, dass nur zwei von zwölf Teilnehmenden das Gelernte umsetzen, acht in der Anwendung scheitern und zwei es gar nicht erst probieren.

Die Transferforschung tüftelt seit mehr als hundert Jahren an der Frage, wovon die Transferwirksamkeit abhängt. Dazu werden Studien durchgeführt, bestimmte Faktoren verändert und dann gemessen, inwieweit sich der Transfererfolg verändert. Große Einigkeit besteht darin, dass es drei Bereiche sind, die für die Transferwirksamkeit entscheidend sind: der Teilnehmer, das gute, designte Training und die Organisation.

Befragt man die Teilnehmenden eines Trainings, was bei ihnen in ihrem Leben dauerhaft zu einem Transfer von neu Gelerntem in den Alltag beigetragen hat, so bekommt man Antworten, die genau diese drei Bereiche abdecken.

Gründe für erfolgreichen Transfer

Die Teilnehmenden berichten, dass es ihnen wichtig ist,

- den Sinn und die Notwendigkeit zu verstehen.
- dass sie Interesse am Thema haben.
- dass sie die hundertprozentige Überzeugung gewinnen, dass das, was sie lernen, funktioniert.
- zu erkennen, dass sie einen Einfluss haben.
- das Ziel zu verbildlichen und mental zu verankern.

Gut designte Trainings

- geben Überblick und eine klare Struktur.
- enthalten gute Methoden und Medienvielfalt.
- stellen sicher, dass notwendiges Wissen erlangt wird.
- besitzen eine hohe Praxisrelevanz.
- zeichnen sich durch Einfachheit in der Anwendung aus.
- geben Möglichkeiten, Dinge selbst im Seminarraum ausprobieren zu können.
- haben das Ziel, Sicherheit durch Ausprobieren und Anwenden zu geben.
- wecken Verständnis dafür, wie die neuen Inhalte sich in den Alltag integrieren lassen.
- beinhalten regelmäßige Wiederholungen.
- bieten Möglichkeiten zum Austausch und zur Reflexion mit anderen.
- ermöglichen den Spielraum, einen eigenen Stil entwickeln zu dürfen.
- enthalten alle für die Teilnehmer erforderlichen Unterlagen.

Für die Organisation ist es wichtig, dass

- die Vorteile erkannt werden, die am Arbeitsplatz durch die neue Anwendung erzielt werden.
- sie in die Umsetzung miteinbezogen wird und ihr mitgeteilt wird, was das Ziel ist.
- sie versteht, dass die Transferbegleitung Aufwand ist, der ressourcenmäßig abgedeckt werden muss.
- das Unternehmen weiß, wie es das Training unterstützen kann.
- der Mehrwert durch das Training erkannt wird.
- die Erfolge des Trainings messbar sind.
- nach dem Training gefeiert und belohnt wird.

Die zwölf Stellhebel der Transferwirksamkeit

Dr. Ina Weinbauer-Heidel, die an der Schnittstelle zwischen Transferforschung und -beratung tätig ist, hat erforscht, welche Faktoren wir beim Transfer tatsächlich beeinflussen und fördern können. Das Ergebnis ihrer Recherche hat sie zusammengefasst in den „zwölf Stellhebeln der Transferwirksamkeit“.

Die Basis ihres Modells sind die oben schon genannten Bereiche: die Teilnehmenden selber, gut designte Trainings sowie die jeweilige Organisation. Jedem der Bereiche sind drei, vier und fünf Stellhebel zugeordnet, die helfen, Trainings auf transferwirksam umzustellen.

Die drei Bereiche bedingen einander und so ist Transfer auch ganz klar ein Gemeinschaftserfolg aus der Zusammenarbeit der drei Bereiche. Das bedeutet, dass sich alle Mitspieler in der Transferwirksamkeit auch ihrer Rolle bewusst sind.

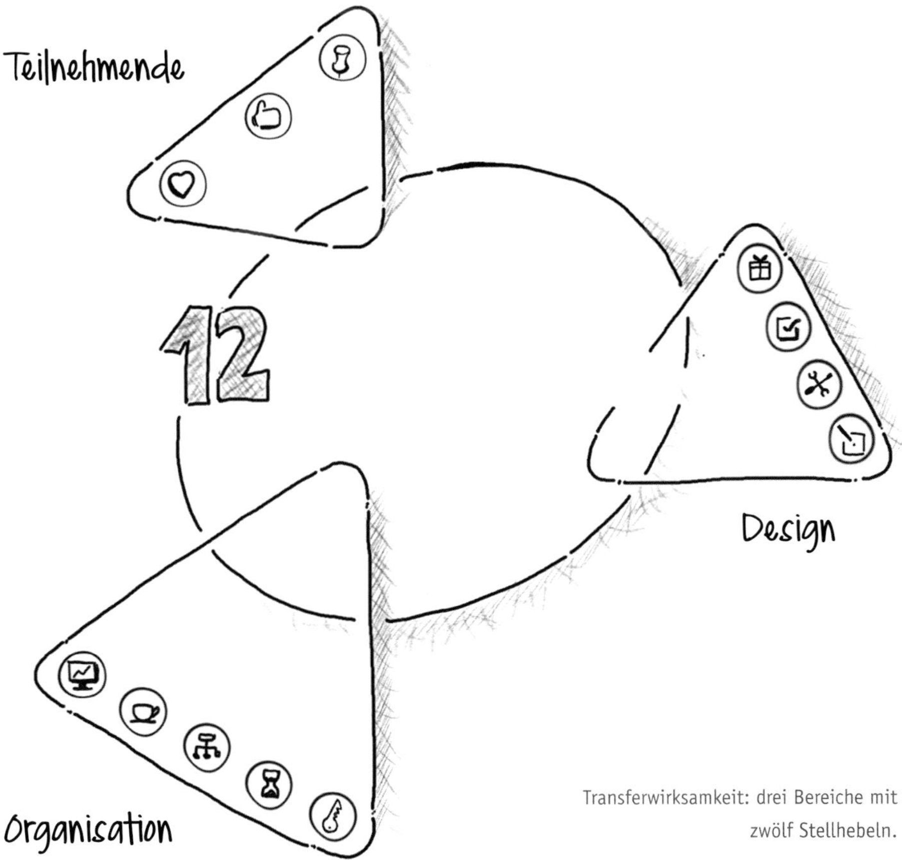

Transferwirksamkeit: drei Bereiche mit zwölf Stellhebeln.

Die zwölf Stellhebel der Transferwirksamkeit im Detail

Schon in der Trainingsbedarfsanalyse geht es darum, zu analysieren, wer denn die Betroffenen der Veränderung sind und welche Rolle und Aufgaben sie haben werden. Der Teilnehmer sorgt für Teilnahme und Umsetzung und übernimmt somit die Verantwortung für das eigene Lernen, der Trainingsdesigner entwickelt und der Trainer vermittelt das neue Wissen. Das Unternehmen hilft bei der dauerhaften Anwendung und evaluiert, ob die gewünschte Veränderung eintritt.

Teilnehmende

Stellhebel 1: Transfermotivation

Kurzform	*„Ich will es!“*
Definition	Der Stellhebel „Transfermotivation“ beschreibt die Intensität des Wunsches, das Gelernte am Arbeitsplatz umzusetzen.
Fragestellung	Wie können wir dafür sorgen, dass die Teilnehmenden den starken Wunsch haben, das Gelernte am Arbeitsplatz umzusetzen?

Stellhebel 2: Selbstwirksamkeit

Kurzform	*„Ich kann es!“*
Definition	Der Stellhebel „Selbstwirksamkeitsüberzeugung“ beschreibt die Intensität der Überzeugung, die erworbenen Fähigkeiten praktisch zu beherrschen.
Fragestellung	Wie können wir dafür sorgen, dass die Teilnehmenden nach dem Training überzeugt sind, die erworbenen Fähigkeiten gut zu beherrschen?

Stellhebel 3: Transfervolition

Kurzform	*„Ich bleib dran und zieh's durch!“*
Definition	Die „Transfervolition“ ist die Fähigkeit und die Bereitschaft des Teilnehmers, seine Aufmerksamkeit und seine Energie auf die Umsetzung der Transfervorhaben auszurichten, auch wenn Hindernisse und Schwierigkeiten auftreten.
Fragestellung	Wie können wir unterstützen, dass die Teilnehmenden fähig und bereit sind, konsequent an der Umsetzung ihrer Transfervorhaben zu arbeiten?

Stellhebel 4: Erwartungsklarheit

Kurzform	*„Ich weiß, was ich dort lernen soll und werde!“*
Definition	„Erwartungsklarheit“ fragt danach, inwieweit die Teilnehmenden bereits vor dem Training wissen, was vor, während und nach dem Training auf sie zukommt.
Fragestellung	Wie können wir sicherstellen, dass die Teilnehmenden bereits vor dem Training wissen, was auf sie zukommt?

Stellhebel 5: Inhaltsrelevanz

Kurzform	*„Genau das brauche ich für mich und meine Arbeit.“*
Definition	„Inhaltsrelevanz“ bezieht sich darauf, ob die Trainingsinhalte mit den Aufgaben und Anforderungen am Arbeitsplatz übereinstimmen.
Fragestellung	Wie können wir dafür sorgen, dass die Trainingsinhalte von den Teilnehmenden als relevant und bedeutsam für den eigenen Alltag wahrgenommen werden?

Stellhebel 6: Aktives Üben

Kurzform	*„Das habe ich schon im Training erlebt, probiert und ausprobiert.“*
Definition	„Aktives Üben“ bezeichnet das Ausmaß, in dem das Trainingsdesign Möglichkeiten bietet, neue Verhaltensweisen, die im Arbeitskontext angestrebt werden, im Training zu erleben und zu üben.
Fragestellung	Wie können wir dafür sorgen, dass das in der Praxis angestrebte Handeln bereits im Training realitätsnah erlebt, ausprobiert und geübt wird?

Stellhebel 7: Transferplanung

Kurzform	*„Ich weiß, was ich nach dem Training Schritt für Schritt tun werde!“*
Definition	Der Stellhebel „Transferplanung“ beschreibt, wie weit der Transfer im Training vorbereitet wird.
Fragestellung	Wie können wir dafür sorgen, dass die Teilnehmenden die Umsetzung des Gelernten schon im Training detailliert planen?

Trainingsdesign

Organisation

Stellhebel 8: Anwendungsmöglichkeit

Kurzform	*„Es ist bei mir am Arbeitsplatz möglich, das Gelernte umzusetzen."*
Definition	„Anwendungsmöglichkeit" bezieht sich darauf, inwieweit die zur Anwendung nötigen Gelegenheiten und Ressourcen am Arbeitsplatz zur Verfügung stehen.
Fragestellung	Wie können wir sicherstellen, dass die Teilnehmenden die Möglichkeit, die Erlaubnis bzw. den Auftrag und die nötigen Ressourcen haben, um das Gelernte anzuwenden?

Stellhebel 9: Persönliche Transferkapazität

Kurzform	*„Mein Arbeitsalltag ermöglicht es."*
Definition	„Persönliche Transferkapazität" fragt danach, wie sehr die Teilnehmenden Kapazitäten zur Verfügung haben – bezogen auf Zeit und Arbeitsbelastung –, um neu Erlerntes erfolgreich anzuwenden.
Fragestellung	Wie können wir unterstützen, dass die Teilnehmenden ausreichend Zeit und Kapazitäten haben, um das Gelernte im Arbeitsalltag umzusetzen?

Stellhebel 10: Unterstützung Vorgesetzte

Kurzform	*„Meinen Vorgesetzten ist es wichtig."*
Definition	„Unterstützung durch Vorgesetzte" bezieht sich auf das Ausmaß, in dem die Vorgesetzten der Teilnehmer den Transfer aktiv einfordern, monitoren, unterstützen und verstärken.
Fragestellung	Wie können wir dafür sorgen, dass die Vorgesetzten der Teilnehmenden die Anwendung des Gelernten unterstützen, fördern und einfordern?

Stellhebel 11: Unterstützung durch Peers

Kurzform	*„Meine Kollegen unterstützen mich."*
Definition	„Unterstützung durch Peers" bezeichnet das Ausmaß, in dem die Kollegen der Teilnehmenden den Transfer unterstützen.
Fragestellung	Wie können wir fördern, dass die Kollegen der Teilnehmenden den Transfer begrüßen und unterstützen?

Stellhebel 12: Transfererwartung im Unternehmen

Kurzform	*„Wenn ich es (nicht) anwende, fällt es auf."*
Definition	„Transfererwartung im Unternehmen" bezieht sich auf das Ausmaß, in dem Teilnehmende positive Folgen durch die Anwendung des Gelernten bzw. das Ausbleiben negativer Folgen durch die Nichtanwendung erwartet.
Fragestellung	Wie können wir dafür sorgen, dass es im Unternehmen auffällt und Konsequenzen hat, wenn die Teilnehmenden das Gelernte (nicht) anwenden?

Die Rollen im Transfer

Aufgaben im Transferprozess

Aus den drei Bereichen und den zwölf genannten Stellhebeln ergeben sich dementsprechend unterschiedliche Rollen im Transferprozess.

Der Trainingsdesigner/das Designteam

- ist verantwortlich für eine detaillierte Trainingsbedarfsanalyse.
- erarbeitet die Inhalte und trennt Lernwürdiges vom Lernmöglichen.
- designt kreativ und stellt sicher, dass die Übungen im Training so nah wie möglich am Alltag der Teilnehmenden sind.
- pilotiert das Training und stellt sicher, dass das Feedback in die Fertigstellung einfließt.
- plant den Transferprozess, sodass auch nach Trainingsende klar ist, wer welche Rolle übernimmt.
- schafft im Unternehmen Bewusstsein dafür, dass die Umsetzung gut begleitet werden muss und dass gegebenenfalls auch für die Begleitung Trainingsmaßnahmen aufgesetzt werden müssen.
- evaluiert das Training bzw. hilft der Organisation bei der Erstellung eines Evaluierungsplanes.

Der Teilnehmer

- erkennt den Sinn und die Zusammenhänge im organisationalen Kontext.
- versteht den persönlichen Nutzen.
- weiß, in welcher Situation er das Gelernte anwenden wird.
- bekommt nach dem Training ausreichend Anwendungsmöglichkeiten.
- bekommt Zeit und andere notwendige Ressourcen für den Transfer.
- wird für die Umsetzung des Gelernten verantwortlich gemacht.
- hat jederzeit Zugang zu Lernmaterialien, vor allem bei der Anwendung im Alltag.

Der Trainer

- trainiert die Teilnehmenden.
- holt am Ende des Trainings Feedback ein und spiegelt dieses an den Auftraggeber und das Designteam wider.

Die Führungskraft

- ist sich ihrer Rolle im Transfer bewusst.
- hat oder bekommt – wenn notwendig – das inhaltlich notwendige Know-how, um den Transfer zu unterstützen.
- unterstützt ihren Mitarbeiter bei der Auswahl und Vorbereitung des Trainings.
- hält ihrem Mitarbeiter während des Trainings den Rücken frei.
- unterstützt ihren Mitarbeiter nach dem Training.

Die Peers/Kollegen

- arbeiten an Zielen mit gegenseitiger Unterstützung durch Menschen mit vergleichbarem Wissensstand weiter.
- helfen beim Dranbleiben und Durchhalten.

Der Auftraggeber/die Organisation

- benennt eine klare Erwartungshaltung des Unternehmens – und diese wird den Teilnehmenden zu Beginn des Trainings mitgeteilt.
- stellt die notwendige Infrastruktur für das Lernen und den Lerntransfer zur Verfügung.
- versteht die Notwendigkeit des Lerntransfers.
- übernimmt die Verantwortung für das Evaluieren des Trainings bzw. für die Umsetzung von Verbesserungsideen aus der Evaluation.

S'Gschichtl

Besonders erfreulich ist es, wenn es gelingt, Unternehmen von mehrstufigen Konzepten zu überzeugen. Denn so können die betroffenen Mitarbeiter auf mehreren Ebenen mit ins Boot geholt werden.

Ein Unternehmen startete eine Trainingsmaßnahme. Damit sollten Teamleiter von Qualitätsinitiativen auf eine neue Prozessverbesserungsmethode geschult werden.

Die Inhalte derselben sollten für dieses Unternehmen einheitlich sein. Daher wurde zunächst ein Workshop mit fünfzehn Teilnehmern durchgeführt, um diese festzulegen. Danach erfolgte das Design des Trainings für die Teamleiter und dazu wurden gleich danach zwei weitere Trainings entwickelt. Zum einen eine Kurzvariante für Teammitglieder, die einen Überblick über den Gesamtablauf und die Anwendung der Tools erhalten sollten. Denn wenn diese auch geschult werden, könnte später die Zeit in den Meetings effizienter genutzt werden. Zum anderen ein Training, das für Projektcoaches gedacht war. Deren Aufgabe war es, den Teamleitern Unterstützung bei den Projekten zu geben und für eine konsistente Anwendung der Methode im Unternehmen zu sorgen. Bei diesem Projekt war die Organisation ein sehr wichtiger Teil des Umsetzungserfolges.

Drei Phasen des Transferprozesses

- Transfertools für die drei Phasen „vor, während und nach dem Training" kennen.
- Wissen, dass es für alle Phasen Tools zur Transferunterstützung gibt.

- Transfer muss gut geplant und unterstützt sein, damit er funktioniert.

- Tools für die drei Phasen einsetzen können.
- Unterschiedliche Tools im Design je nach Dauer des Trainings anwenden.

Drei Phasen des Transfers

Der Trainingsdesigner achtet beim Transferprozess auf drei Phasen des Transfers:

1. Interventionen **vor dem Training**: Der Lernende wird schon vor dem eigentlichen Training darauf eingestimmt und mit dem Ablauf und Kernideen in Kontakt gebracht, sodass er den Sinn des Trainings erkennen kann. Dieser Prozess kann durch Kontaktaufnahme mit den Teilnehmenden, mit einem Fragebogen zu Vorkenntnissen und Wünschen oder auch mit einem Webinar beginnen.

2. Anwendung von Transfertools **während des Trainings**: Was immer im Training passiert, dient dem Transfer. Im Besten aller Fälle ist jede Intervention ganz strikt auf die Veränderung nach dem Training ausgelegt. Spätestens am Ende des Tages und allerspätestens am Ende des Seminars muss ausreichend Zeit für einen Transfer zur Verfügung gestellt werden. Die Möglichkeiten sind vielfältig, ob man Murmelgruppen macht, um Gehörtes zu festigen, oder Recaps, mit der Überlegung, wo man das Gelernte anwenden kann oder ob man Seilskalierungen durchführt, um den Status quo abzufragen und dann später dorthin zurückkehrt und Erfolge sichtbar macht.

Die Transfertools, die hier beschrieben werden, beziehen sich im Navigator auf die Phasen „Transfer“ (s. S. 186 ff.) sowie auf „Tag bzw. Training beenden“ (s. S. 235 ff.).

3. Interventionen **nach dem Training**: Die Zeit nach dem Training kann durch den Trainingsdesigner mitgeplant werden. Indem er Tools und Ideen zur Verfügung stellt, kann er auf diese Phase einen Einfluss haben. Außerdem schafft er beim Unternehmen das Bewusstsein dafür, dass und wie die Teilnehmenden nach dem Training gut begleitet werden können. Wenn der Zeitpunkt kommt, an dem das Unternehmen die Transferunterstützung übernimmt, soll es darauf bestmöglich vorbereitet sein.

Denn es ist zwar hauptsächlich der Lernende in der Umsetzungsverantwortung, doch je besser die Organisation an der Stelle Unterstützung bietet, desto eher wird sich Transfererfolg einstellen. Eine Begleitung kann zum Beispiel durch die Führungskraft, den Trainer – im Sinne einer vor-Ort-Unterstützung – oder durch Kollegen erfolgen.

Ein Beispiel für Transferunterstützung

In diesem Beispiel geht es um ein Training, bei dem interne Fachexperten zu Trainern ausbildet werden (Train the internal Trainer). Voraussetzung für die Teilnahme am Training ist, dass jeder Teilnehmer ein Lernprojekt mit ins Training bringt. In diesem Fall ist es ein Training, das entweder neu konzipiert oder überarbeitet werden soll.

Der Transfer wird bei diesem Training an ganz unterschiedlichen Stellen unterstützt. Eine Abbildung der gesamten Transferunterstützung ist auf der folgenden Seite zu sehen.

1. Interventionen vor dem Training

Zehn Tage vor dem Training wird ein Webinar für alle Teilnehmenden durchgeführt. Darin wird der Gesamtablauf sowie die Logistik erklärt und die Anforderungen an das Lernprojekt erläutert. Die Lerntransfer-App, die das Training begleitet, wird vorgestellt. Die Teilnehmenden werden aufgefordert, die App so bald wie möglich herunterzuladen, damit technische Schwierigkeiten noch vor Trainingsbeginn geklärt werden können.

Drei Tage vor dem Training begrüßt der Trainer die Teilnehmenden im Chat der App mit der Bitte, die Profilseite zu ergänzen.

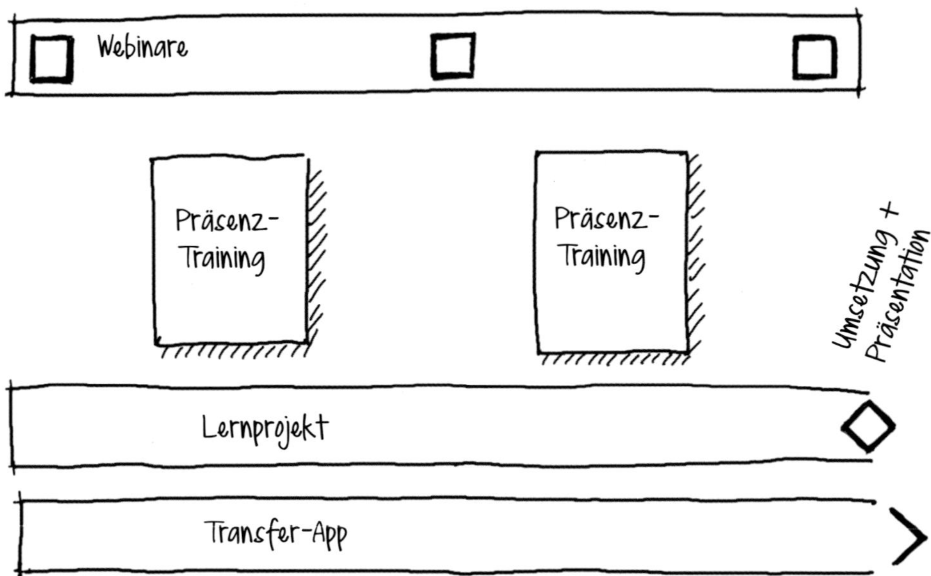

Abb.: Stellen, an denen der Transferprozess in einem Beispieltraining unterstützt wurde.

2. Anwendung von Transfertools während des Trainings

In den ersten beiden Tagen des Präsenztrainings lernen die Teilnehmenden die Grundprinzipien zum Thema „Training designen“. Darin sind die Grundlagen der Trainingsbedarfsanalyse, der Navigator als Planungstool und Ideen für kreatives und interaktives Training enthalten. Alle Übungen im Präsenzseminar werden am eigenen Lernprojekt gemacht.

Zwischen den Trainingsblöcken findet ein Lernprojekt-Webinar statt. Es können Fragen zum jeweiligen Lernprojekt der Teilnehmenden gestellt werden und auch alle Fragen rund um das Thema „Train-the-Trainer“. Stellt sich schon im Vorfeld heraus, dass ein Thema eine kleine Schulung braucht, kann auch das Teil des Webinars werden. Wer mehr Unterstützung benötigt, wird gecoacht und somit in einem 1:1-Kontext unterstützt.

Im zweiten Präsenzteil „Training durchführen“ lernen die Teilnehmer klassische Train-the-Trainer-Inhalte, z.B. das Leiten von Gruppen und gezielte Visualisierung, den Umgang mit schwierigen Seminarsituationen. Jeder Teilnehmer trainiert die vorbereitete Sequenz und bekommt Feedback von Teilnehmern und Trainern.

Laufend werden Recaps durchgeführt, die einerseits eine wiederholende Komponente haben, andererseits auch eine Beziehung zu deren Alltag herstellen.

Am Ende des zweiten Präsenztrainings wird die Transferübung „Und was machst du jetzt damit?“ durchgeführt (s. S. 267).

3. Interventionen nach dem Training

Acht bis zwölf Wochen nach dem Training wird ein Transfer-Webinar durchgeführt. Die Inhalte sind das Teilen der Transfererfahrungen der Teilnehmenden bei der Durchführung des Trainings in der echten Welt und ein intensives Feedback über das Training. Der Blick gilt den als wichtig und weniger wichtig empfundenen Teilen, also Modulen, die geschärft gehören, und Themen, die eventuell noch offen sind. Dieses Feedback ist Teil des Evaluierungsprozesses und wird an den Auftraggeber zurückgespiegelt.

Transferbegleitende Maßnahmen über die gesamte Laufzeit des Trainings

Durchgehende Transfermaßnahmen

- **Lernprojekt:** Dieses Lernprojekt ist die Entwicklung eines konkreten Trainings oder Trainingsmoduls. Es begleitet die Teilnehmenden und das entwickelte Training wird im Unternehmen nach Abschluss des Train-the-Trainer tatsächlich durchgeführt. Das Zertifikat wird den Teilnehmenden erst nach Absolvieren des Trainings und nach erfolgreichem Abschluss ihres Lernprojektes überreicht.

- **Lerntransfer-App:** Die App hat unterschiedliche Hauptfunktionen: Inhalte, Medien, Ziele und den Chat. Die Inhalte des Trainings können in der App zur Verfügung gestellt werden. Der Teilnehmer hat jederzeit die Möglichkeit, darauf zuzugreifen. Zusätzlich wird dort ein ausführliches Fotoprotokoll unter „Medien“ hinterlegt. Es gibt dort auch ein Notizfeld, in das die Teilnehmenden ihre „Key Learnings“, Eindrücke und Ideen laufend eintragen können.

Spätestens am Ende des Seminars formulieren die Teilnehmenden aus allen Ideen Ziele, die dann in der App mit Datum und Erinnerungsfunktion hinterlegt werden.

Der Zugang auf die App bleibt den Teilnehmern auch nach dem Seminar erhalten und sie haben somit auch weiterhin Zugriff auf die Trainingsinhalte und können sich mit ihrer Seminargruppe und dem Trainer austauschen. Üblicherweise ist der Trainer nach Trainingsende oft nicht mehr greifbar und der Arbeitsalltag hat die Teilnehmenden schnell wieder eingeholt. Doch solange das Smartphone dabei ist, ist der Transfer in der Tasche. So wird der Transfer nachhaltig unterstützt!

Aus der Sicht des Trainingsdesigners

Schon in der Trainingsbedarfsanalyse werden die Lernziele (vgl. S. 19 ff.) bestimmt. Diese folgen dem Prinzip: „Have the end in mind" und beschreiben den Zustand, der nach der Umsetzung des Gelernten im Alltag erreicht werden soll. Sind die Ziele gut definiert und abgenommen, besteht eine gute Basis für das Trainingsdesign und ebenso eine gute Basis für den Transfer. Klare Lernziele sind klare Transferziele!

Als Trainingsdesigner erklären Sie den Auftraggebern unbedingt die Notwendigkeit und die positiven Auswirkungen guter Transferbegleitung. Werden Sie nicht müde zu verdeutlichen, dass Training nicht mit Transfer gleichbedeutend ist. Transfer besteht aus drei Phasen, vor – während – nach dem Training, und die Teilnehmenden benötigen die Unterstützung vor allem nach dem Training.

Auftraggeber von Transfermaßnahmen überzeugen

Wenn Investition in den Transfer als nicht notwendig empfunden wird, versuchen Sie es mit folgender Formulierung: *„Stellen Sie sich vor, die Teilnehmenden kommen aus dem Training zurück, werden nicht unterstützt und wenden nichts von dem Gelernten an. Welche Auswirkungen hätte das?"* So spiegeln Sie als Trainingsdesigner dem Auftraggeber die Auswirkungen zurück.

Schaffen Sie dabei auch das Bewusstsein dafür, welche Rollen involviert sind und welche Aufgaben mit den jeweiligen Rollen verbunden sind. Im Transferprozess gibt es schließlich neben den Trainern und den Teilnehmenden auch noch Vorgesetzte, Kollegen, die Personalabteilung und die Organisation. Machen Sie allen Beteiligten ebenso klar, dass die Umsetzung weder über Nacht noch fehlerfrei passieren wird. Transfer benötigt Zeit!

Dem Unternehmen können Sie als Trainingsdesigner helfen, entsprechende Transferaufgaben leichter wahrnehmen zu können. Es können dazu unterschiedlichste Unterstützungsprogramme aufgesetzt werden: z. B. Führungskräfte, Buddy-Systeme, Mentoren, Coaches, Trainer, Kollegen, Trainingsteilnehmer, Veränderungsbeobachter, Lernnetzwerke und Reflexionsgruppen. Achten Sie darauf, was davon zur Lernkultur des Unternehmens passt und hilft, ein gutes System aufzusetzen.

Sie helfen den Transfermitverantwortlichen auch, indem Sie ihnen das Training zur Verfügung stellen – in dem Ausmaß, wie es benötigt wird. Erstellen Sie als Trainingsdesigner also Transferhilfen, die den Prozess gut visualisieren und gestalten Sie diese so intensiv wie nötig und so leicht wie möglich.

Toolbox – Transfer

Auf S. 188 ff. wurden bereits Transfertools vorgestellt, die gut am Ende eines Moduls genutzt werden können. In dieser Toolbox werden nun Tools vorgestellt, die vor, während oder nach dem Training eingesetzt werden können, um den Transfer zu unterstützen.

Bei den Tools ist zu beachten, dass sie zu den Teilnehmenden, den Trainingsinhalten und zur Lernkultur des Unternehmens passen sollen. Mit dabei sind ganz bekannte Tools wie eine Seminareinladung und weniger bekannte wie der „Veränderungsbeobachter", der vor allem dann eingesetzt werden kann, wenn die Führungskraft ihre Aufgabe im Transfer nicht wahrnehmen will oder kann.

1. Vor dem Training

Vor dem Training sind es vor allem die folgenden beiden Tools, die Seminareinladung und das Kollegen-Interview, die sich gut zur Transferunterstützung eignen.

Seminareinladung

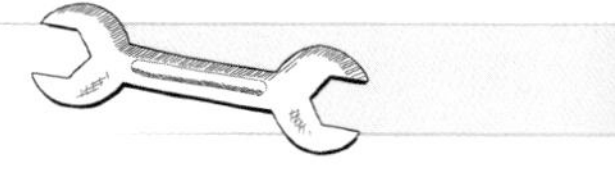

Ziel: Der Teilnehmer erhält Informationen über das Training und eine Transferaufforderung.

Material: E-Mail

Vorbereitung durch den Trainingsdesigner: Die Seminareinladung enthält die logistischen Eckdaten: Ort, Datum, Zeit. Dazu kommen Informationen zu den Inhalten und Lernzielen. Der Teilnehmer kann zu unterschiedlichen Dingen aufgefordert werden:

- Eine Selbsteinschätzung zu den Seminarthemen vornehmen.
- Beigefügte Unterlagen bearbeiten. So kann man etwa wichtige im Training verwendete Begriffe vorab erklären bzw. bearbeiten lassen.
- Erwartungen an das Training überlegen und rechtzeitig dem Trainer übermitteln.
- Beispiele/kritische Situationen/Schmerzpunkte mitbringen, die zum Thema passen und im Training bearbeitet werden sollen.
- Ein Gespräch mit der Führungskraft über die Lernziele des Trainings und über die Transferziele des Teilnehmers führen. Was möchte er nach dem Seminar anders machen, welches Projekt umgesetzt haben, welchen Prozess verbessert haben, welches Verhalten verändert haben? Die formulierten Ziele sollen klar und transparent sein.

Durchführung: Die Seminareinladung wird verschickt und der Teilnehmende erfüllt die darin angeführte To-do-Liste vor Beginn des Trainings.

Aus der Sicht des Trainingsdesigners

So simpel der Name auch sein mag – Seminareinladung – so wirkungsvoll kann diese auch gestaltet werden. Je mehr die Teilnehmenden schon vor dem Seminar reflektieren, in welchen Alltagssituationen das Gelernte dienen kann und was sie anders machen werden, desto aufmerksamer werden diese auch am Training teilnehmen. Wie so oft ist es eine Frage der Lernkultur, inwieweit diese transferfördernden Tätigkeiten vor Seminarbeginn durchgeführt werden (müssen).

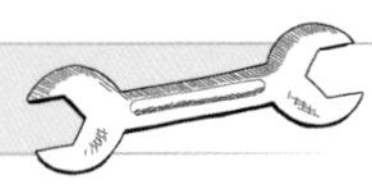

Kollegen-Interview

Ziel: Fragen von Kollegen zum Training mitbringen.

Material: Keins

Zeit:
- Vorbereitung: 5 Minuten
- Durchführung: 30–60 Minuten

Teilnehmeranzahl: 4–20 Personen

Vorbereitung: Die Teilnehmenden erhalten vor dem Training eine Information über das Seminar, sei es als Dokument oder in Form eines Webinars. Dann werden sie aufgefordert, drei Kollegen über das Training zu informieren und diese dann zu bitten, Fragen zu formulieren, die diese im Training beantwortet haben wollen würden.

Durchführung: Die Fragen werden im Training vergemeinschaftet und sukzessive beantwortet, sodass die Antworten für die Kollegen abgearbeitet sind.

Aus der Sicht des Trainingsdesigners

Die Teilnehmenden beschäftigen sich vor dem Training intensiver mit der Ausschreibung als sonst, da sie Kollegen etwas über die Inhalte erzählen müssen, um an deren Fragen zu kommen. Da die Kollegen nachher Antworten auf ihre Fragen haben möchten, ist gewährleistet, dass der Teilnehmer im Training gut dabei ist und dann den Kollegen davon erzählen wird.

2. Während des Trainings

Nun werden Tools vorgestellt, die während des Trainings eingesetzt werden, um den Transfer zu unterstützen. Einige Tools die sich dazu eignen, haben Sie bereits im letzten Kapitel unter „Transfer" kennengelernt (s. S. 186 ff.). Die dort vorgestellten Tools werden am Ende eines Moduls eingesetzt. Mit dieser Toolbox werden jetzt die Tools ergänzt, die sich durch das ganze Seminar ziehen können und die sich für mehrtägige Seminare oder auch einen noch längeren Zeitraum eignen.

Und was machst du jetzt damit?

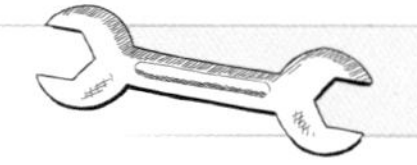

Ziel: Das Gelernte ins Gedächtnis rufen und den Transfer in den Alltag anstoßen.

Material: Papier und Stift

Zeit:
- Vorbereitung: 5 Minuten
- Durchführung: 30 Minuten (je 15 Minuten pro Teilnehmer)

Teilnehmeranzahl: Unbegrenzt

Vorbereitung: Ein Flipchart mit der Erklärung der Übung fertigstellen. Die Teilnehmer bilden Zweiergruppen, sie werden sich dann wechselseitig interviewen.

Durchführung: Der Interviewer (A) hat Papier und Stift und stellt dem Interviewten (B) folgende Frage: *„Was hast du gelernt?"* B beantwortet die Frage und A notiert die Antwort.

Dann folgt die nächste Frage: *„Und was machst du jetzt damit?"* B beantwortet die Frage und A notiert die Antwort.

Dann fragt A: *„Und was hast du noch gelernt?"* und ergänzt dann: *„Und was machst du jetzt damit?"*

Das Fragenstellen erfolgt so lange, bis die Zeit um ist. Dann werden die Rollen getauscht. Für die Übung sollten pro Teilnehmer fünfzehn Minuten eingeplant werden, je länger und intensiver das Training war, desto mehr Zeit kann man hier auch einplanen.

Aus der Sicht des Trainingsdesigners

- Die Übung schafft eine intensive Auseinandersetzung mit dem Gelernten und wird eingehender, je länger sie durchgeführt wird.

- Mit dieser Übung wird das gesamte Training gründlich reflektiert und es ist gut, diese dann mit einem Aktionsplan bzw. einem Brief an mich selbst zu verknüpfen, damit einige wenige und dafür sehr konkrete Aktionen daraus entstehen.

Fünf Personen

Ziel: Das Wichtigste zusammenfassen und anderen erzählen.

Material: Papier, Schreibmaterial

Zeit:
- Vorbereitung: 3 Minuten
- Durchführung: 20–45 Minuten

Teilnehmeranzahl: Unbegrenzt

Vorbereitung: Die Übung sollte auf einem Flipchart erklärt sein.

Durchführung: Die Teilnehmenden sollen überlegen, was sie lernten, was sie umsetzen möchten und welche Unterstützung sie benötigen.

- Variante 1: Die Teilnehmenden stellen sich vor, dies fünf Personen zu erzählen: einer gut befreundeten Person im privaten Kontext, einer Führungskraft, einem Kind am Spielplatz, einer Person aus dem öffentlichen Leben und dem Bäcker. Je nach Person wird sich die Sprache der Botschaft verändern und damit wird schon in der Vermittlung an unterschiedliche Zielgruppen gedacht.

- Variante 2: Die Teilnehmenden denken an fünf ganz konkrete Personen, die sie in den nächsten Tagen treffen werden: Führungskraft, Kollegen. Dann überlegen sie, was sie diesen Personen jeweils mitteilen möchten. Nach einer Vorbereitungszeit von circa fünfzehn Minuten gehen die Teilnehmenden durch den Raum, „treffen" dort einen anderen Teilnehmer in der Rolle als Führungskraft/Kollege und kommen ins Gespräch. Einer beginnt: *„Sag mal, du warst doch auf einem Seminar. Was hast du dort gelernt?"* Der andere erzählt dann kurz – nicht länger als ein bis zwei Minuten – was für ihn wichtig war. Dann sucht jeder sich andere Partner. Jeder Teilnehmer sollte die Botschaften an fünf oder mehr Partner weitergeben und dabei sollte die Rolle der Ansprechperson immer eine andere sein.

Aus der Sicht des Trainingsdesigners:

Eine wunderbare Übung, bei der die Reduktion auf das Wesentliche im Vordergrund steht. Je nach Länge und Inhalt des Seminars, können die Themen, die besprochen werden sollen, angepasst werden.

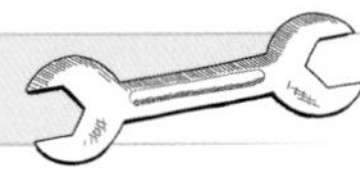

Anti-Lösung

Ziel: Brainstorming zu möglichen Widerständen und dazu, was man zur Überwindung derselben tun kann.

Material: Papier, Schreibmaterial

Zeit:
- Vorbereitung: 5 Minuten
- Durchführung: 60 Minuten

Teilnehmeranzahl: Unbegrenzt

Vorbereitung: Der Trainer schreibt die Erklärung der Übung auf ein Flipchart.

Durchführung: Die Teilnehmenden werden aufgefordert, jeder für sich zu überlegen, was sie vom Gelernten umsetzen möchten. Dann sollen sie – am besten als Gruppe – brainstormen, wie sie auf jeden Fall verhindern könnten, dass auch nur irgendetwas davon umgesetzt wird. Das ist immer eine sehr lustige Übung, weil die Teilnehmenden genau wissen, wie sie selbst oder die Umgebung die Umsetzung üblicherweise verhindern. Dann wird noch in der Gruppe nachgedacht, was man gegen diese Verhinderungsgründe tun kann, wobei für jeden Grund mehrere gute Ideen stehen können.

Dann geht es wieder in die Einzelübung, jeder konkretisiert sein Vorhaben und überlegt Schritte, wie mit potenziellen Widerständen umgegangen werden kann.

Aus der Sicht des Trainingsdesigners:

Diese Übung sollte eingeplant werden, wenn schon aus der Trainingsbedarfsanalyse klar ist, dass die Teilnehmenden auf Widerstand stoßen werden. Das Thema Widerstand kann auch sehr früh im Training thematisiert werden und alle möglichen „Ja, abers" können laufend auf ein Flipchart geschrieben werden und werden spätestens am Ende des Trainings bearbeitet.

Kennen-Können-Wollen-Dürfen

Ziel: Klären der Umsetzungsvorhaben und Umgang mit Widerständen.

Material: Papier, Schreibmaterial

Zeit:
- Vorbereitung: 5 Minuten
- Durchführung: 20–60 Minuten

Teilnehmeranzahl: Unbegrenzt

Vorbereitung: Ein Flipchart mit der Erklärung der Übung vorbereiten und pro Teilnehmer je ein Blatt Papier austeilen. Auf dem Blatt sind vier Spalten mit den Überschriften „Kennen" – „Können" – „Wollen" – „Dürfen".

Durchführung: Die Teilnehmenden erhalten das Blatt Papier und füllen die einzelnen Spalten Zeile für Zeile aus:

- Kennen: Das habe ich gelernt, das weiß ich jetzt.
- Können: Das habe ich geübt, das wende ich an.
- Wollen: Das werde ich jetzt umsetzen.
- Dürfen: Das sind mögliche Widerstände und Überlegungen, wie ich damit umgehen kann.

Aus der Sicht des Trainingsdesigners

„Kennen-Können-Wollen-Dürfen" kann man entweder am Ende des Trainings einsetzen oder man kann die Liste nach jedem Modul im Training ausfüllen lassen. Gerade die Spalten „Wollen" und „Dürfen" können dann gleich diskutiert werden und so kann die Umsetzungswahrscheinlichkeit erhöht werden.

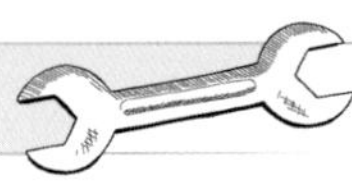

Von der Herzerl-Liste zum Commitment

Ziel: Herausfiltern der wenigen wichtigen Umsetzungsideen.

Material: Blanko-Aktionsliste, Schreibmaterial

Zeit:
- Vorbereitung: 5 Minuten
- Durchführung: 60–90 Minuten über ein Training verteilt

Teilnehmeranzahl: Unbegrenzt

Vorbereitung: Der Designer legt fest, wann und mit welchen Worten die Teilnehmenden aufgefordert werden, zu überlegen, welches die besten Ideen des Trainings waren, die sie gerne mitnehmen möchten.

Durchführung: Die Durchführung erfolgt in drei Stufen: Jeder Teilnehmer überlegt nach jedem Modul, was daraus die wichtigste Information und die wichtigsten Erkenntnisse waren. Dies wird auf einer „Blanko-Aktionsliste" notiert. Am Ende jedes Tages werden von dieser Liste die Ideen mit einem „Herzerl" versehen, die für den Teilnehmer zu dem Zeitpunkt wichtig für den Transfer in den Alltag sind.

Am Ende des gesamten Trainings wird die „Herzerl-Liste" auf eine bis maximal auf die drei wichtigsten Ideen verkürzt, die der Teilnehmer tatsächlich umsetzen möchte. (Die Reduktion erklärt sich dadurch, dass es besser ist, lieber wenige Dinge tatsächlich umzusetzen, als sich viel vorzunehmen und nichts umzusetzen.)

Daraus wird nun das Commitment formuliert. Die hier gesetzten Ziele kann man mit einem „Brief an mich selbst", einer Bekanntgabe an die Führungskraft, einer Verabredung mit einem Peer oder einer Zielvereinbarung mit dem Trainer noch unterstützen.

Aus der Sicht des Trainingsdesigners

Laufend die Ideen mitzuschreiben, hilft den Teilnehmenden, sich das Beste aus den Modulen zu holen. Die Reduzierung auf wenige Dinge hilft dann bei der Umsetzung. Wenn es eine Möglichkeit gibt, dass jemand im Unternehmen den Transfer noch länger unterstützt oder es einen Follow-up-Tag gibt, kann man einen Rückblick auf Erreichtes machen und die nächsten Punkte der „Herzerl-Liste" zum Commitment transferieren.

SMARTe Ziele

Ziel: Ziele werden so detailliert wie möglich definiert und mit Terminen versehen.

Material: Papier, Schreibmaterial, Kalender, wenn möglich digitale Zielfunktion mit Erinnerungsfunktion

Zeit:
- Vorbereitung: 5 Minuten
- Durchführung: 10–30 Minuten

Teilnehmeranzahl: Unbegrenzt

Vorbereitung: Der Trainer erklärt, dass gute Ziele SMART sein sollen:

- **S**pezifisch
  Das Ziel wird konkret, eindeutig und so präzise wie möglich formuliert.

- **M**essbar
  Bei quantitativen Zielen ist das Überprüfen einfach: Habe ich dreimal die Woche Sport gemacht oder nicht? Bei qualitativen Zielen kann die Frage helfen: Woran kann ich erkennen, dass ich das Ziel erreicht habe?

- **A**ttraktiv
  Das Ziel soll positiv sein und Freude bereiten. Gut passt an dieser Stelle die Frage: Auf einer Skala von eins bis zehn: Wie wichtig ist mir die Erreichung dieses Ziels?

- **R**ealistisch
  Ziele sollen erreichbar sein und dürfen auch herausfordern. Gleichzeitig gilt es zu prüfen, ob die Rahmenbedingungen und Ressourcen die Zielerreichung möglich machen.

- **T**erminiert
  Ein Termin für ein Ziel ist entscheidend! Zwischenziele zu stecken kann bei größeren Vorhaben entscheidend sein, dann kann man überprüfen, ob man auf dem richtigen Weg ist und was man ändern kann, damit man das Ziel doch noch erreicht.

Durchführung: Unabhängig davon, ob mit der Führungskraft Ziele vereinbart sind oder nicht: Am Ende macht es Sinn, dass sich jeder Teilnehmer nochmals gründlich mit dem beschäftigt, was er ändern will. Gerade wenn schon etwas mit der Führungskraft vereinbart ist, sollte man genau draufschauen und verfeinern oder verändern.

Aus der Sicht des Trainingsdesigners

Oberste Regel für den Trainingsdesigner: ausreichend Zeit für das Klären und Terminieren der Ziele einplanen! Ein Tipp an der Stelle: im Trainerhandbuch vermerken, an welcher Stelle eventuell Zeit eingespart werden kann.

Transfertagebuch

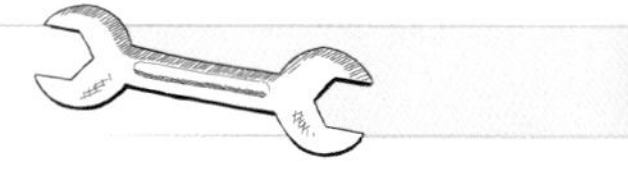

Ziel: Reflexion der Lernfortschritte im Verlauf des gesamten Lernprozesses.

Material: Papier, Schreibmaterial

Zeit:
- Vorbereitung: bis zu einem halben Tag
- Durchführung: Abhängig von den Inhalten, der Trainingsdauer und den Teilnehmenden

Teilnehmeranzahl: Unbegrenzt

Vorbereitung: Transfertagebücher (auch Lerntagebücher genannt) helfen den Teilnehmenden, Gelerntes zu notieren und zu reflektieren, Ziele festzuhalten und den Lernfortschritt zu dokumentieren.

Der Aufwand für die Vorbereitung hängt davon ab, was dem Lernenden angeboten werden soll. In der einfachsten Variante erhalten die Teilnehmenden ein (mit dem Logo versehenes) Notizbuch oder ein Heft in DIN A5.

Weiter können aber auch folgende Ideen verwirklicht werden:

- Eine Möglichkeit der Selbst-Evaluierung vor, während und nach dem Training.
- Eine Möglichkeit zur Fremd-Evaluierung.
- Platz für die Zielvereinbarung mit dem Vorgesetzten.
- Templates für die Erfassung von Zielen nach der SMARTen Formel (s. S. 273).
- Kurzversionen der Inhalte.
- Übungsanleitungen.
- Notizfelder für wichtige Lernerfahrungen und Ideen.
- Dokumentation für begleitende Lernprojekte.
- Reflexion: was ist bisher gut gelaufen, was kann ich besser machen?

Das Transfertagebuch kann für die Teilnehmenden und in verkürzter Form auch für die Führungskraft erstellt werden.

Durchführung: Die Nutzung des Transfertagebuches wird im Trainerhandbuch beschrieben.

Das Tool wird dann gut genutzt, wenn es gut erklärt und eingeführt wird, es immer wieder verwendet wird und ausreichend Zeit für die Reflexion gegeben wird.

Aus der Sicht des Trainingsdesigners

Transfertagebücher begleiten ein Training und den Lerntransfer. Sie gestalten die Vorgehensweise des Trainers und sind gerade bei größeren Rollouts mit vielen Trainern hilfreich. Denn die Transferbücher geben eine klare Struktur vor und diese wird dann gerne auch von den Teilnehmenden eingefordert.

3. Nach dem Training

Diese jetzt folgenden Ideen werden vom Trainingsdesigner entwickelt und dem Unternehmen zur Durchführung vorgeschlagen. Um die Umsetzung zu gewährleisten, kann es notwendig sein, Unterlagen zur Verfügung zu stellen, die die Vorgehensweise erklären, oder dem Unternehmen Training anzubieten.

Test

Ziel: Überprüfung des Gelernten.

Material: Fragebogen

Zeit:
- Vorbereitung durch den Trainingsdesigner: 60–240 Minuten
- Durchführung: 10–240 Minuten für den Test und 15–60 Minuten für die Auswertung

Teilnehmeranzahl: Unbegrenzt

Vorbereitung: Je nach Unternehmen sollte man auf die Begrifflichkeit Test/Assessment/Prüfung Rücksicht nehmen. Was in einem Unternehmen ganz klar eine „Prüfung" ist, darf in anderen nicht so genannt werden.

Verwendet werden können Single-Choice- oder Multiple-Choice-Fragen oder aber man arbeitet mit offenen Fragen und Fallstudien. In dem Fall erhöht sich zwar der Korrekturaufwand, jedoch zeigen die Ergebnisse besser, wo die Teilnehmenden stehen.

Durchführung: Klar kann man Tests jederzeit durchführen und das Ergebnis in ein Learning-Management-System eingeben. Ganz oft werden Testergebnisse benötigt, um Richtlinien zu erfüllen, z.B. bei Compliance- und Sicherheitstrainings.

Schöner als solche Pflichtprüfungen ist es, den Teilnehmenden eine echte Möglichkeit zur Einschätzung des Wissens zu geben und dann offen über die Ergebnisse und Verbesserungspotenziale zu sprechen.

S'Gschichtl

Ich habe eine persönliche Lieblingsvariante zum Thema „Prüfung": Es handelte sich um ein dreiwöchiges Training, das von einem Lernprojekt begleitet war. Zur Zertifizierung durfte man nur antreten, wenn man zwei erfolgreiche Projekte abgeschlossen hatte (der Erfolg war ganz klar definiert) und zusätzlich die Prüfung positiv absolviert hatte.

Das für mich Wichtige war, dass die Prüfung nicht im Anschluss an das Training war. Ich konnte zuerst das Projekt abschließen und habe mich dann nochmals intensiv mit den Inhalten des Trainings auseinandergesetzt, um mich für die Prüfung vorzubereiten. Nicht alles hatte ich im Projekt im Detail verwenden können, so konnte ich mir nochmals die Inhalte ansehen, die noch schwammig oder unklar waren. Die Prüfung brachte an dieser Stelle eine wunderbare Schärfung und eine nochmalige, gründliche Auseinandersetzung mit dem Gelernten.

Aus der Sicht des Trainingsdesigners

Tests kann und manchmal muss man sie machen. Wenn man das bei der Konzeption weiß, kann man schon im Trainingsdesign drauf eingehen. So kann man während des Trainings die Teilnehmenden laufend auffordern, sich Fragen zu überlegen, die zum Test kommen könnten. Das ist eine schöne Wiederholungsübung und bereitet auf die Prüfungssituation vor.

Follow-up-Session

Ziel: Ein Reflexionstag, um Transfererfolge und -hindernisse zu besprechen.

Material: Moderationsmaterial

Zeit:
- Vorbereitung: 120 Minuten
- Durchführung: Ein halber bis ein Tag

Teilnehmeranzahl: 4–20 Personen

Vorbereitung: Eine Follow-up-Session wird fix eingeplant und findet zwischen vier und zwölf Wochen nach dem Training statt. Der Trainingsdesigner setzt eine Agenda auf, die folgende Themen umfassen kann:

- Rückblick: Was ist gut gelaufen? Und was machte es erfolgreich? Was ist nicht gelungen? Woran hat es gelegen?
- Auffrischung von Inhalten
- Auf Transferhindernisse eingehen
- Zeit zum Üben
- Sammeln und Beantworten von Fragen
- Aktionsplan festlegen

Durchführung: Der Trainer führt den Tag durch, wobei er sehr flexibel auf die Gruppe eingehen wird. An dieser Stelle ist eine Erwartungsabfrage hilfreich: Die Themen werden gruppiert und der Trainer kann dann die einzelnen Punkte abarbeiten. Besonderer Fokus sollte auf die Transferhindernisse gelegt werden: Liegen diese beim Teilnehmer selbst oder liegen diese beim Unternehmen? Wenn Letztere vermehrt auftreten, muss das dem Unternehmen zurückgespiegelt werden, damit dieses darauf reagieren kann.

Aus der Sicht des Trainingsdesigners

Das Wissen um einen Reflexionstag fördert das Transfervorhaben, da den Teilnehmenden klar ist, dass sie an dem Tag „Bericht erstatten" müssen. Daher werden sie verstärkt versuchen, das Gelernte umzusetzen. Außerdem erhalten die Teilnehmenden die Möglichkeit, nochmals in vertrauter Umgebung über die Probleme bei der Umsetzung zu sprechen.

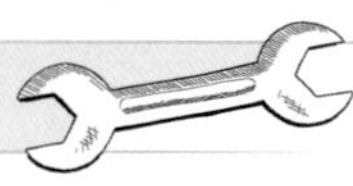

Begleitendes Lernmaterial

Ziel: Zugriff auf Lernmaterial und vertiefende Information.

Material: Bücher, Links, YouTube-Videos, Podcasts, Microtraining Sessions (vgl. dazu das Buch „Microtraining Sessions" von Barbara Illi)

Zeit: Die Vorbereitung durch den Designer dauert oft mehrere Tage im Rahmen der Aufbereitung der Inhalte und der didaktischen Reduktion.

Teilnehmeranzahl: Unbegrenzt

Vorbereitung: Bei der Recherche zu den Trainingsthemen und in den Meetings mit dem Unternehmen, in dem die Inhalte zusammengetragen werden, sammelt der Trainingsdesigner viele Materialien. Für das Training im Trainingsraum trennt man das Lernwürdige vom Lernmöglichen und kann gleichzeitig überlegen, was man den Teilnehmenden nach dem Seminar noch zur Verfügung stellt. Dies kann in unterschiedlichen Formen geschehen: Bücher, Magazine, Filme, YouTube-Videos, Podcasts, Microtraining Sessions, Linksammlungen, Webinare etc.

Die Entscheidung, ob die Information auf freiwilliger Basis erfolgt oder ob es Teil einer Lernreise ist, wird in der Trainingsbedarfsanalyse gefällt. Bei der Einbindung in einen längeren Gesamtprozess ist es wichtig, auf Verbindlichkeit, Terminierung und erinnernde Impulse zu achten (Alke, 2008). Es gilt, einen Prozess aufzusetzen, der klar erkennbar macht, wer die Ergebnisse einfordert und wer prüft, wann das Training offiziell abgeschlossen ist.

Durchführung: Je nach Planung können sich die Teilnehmenden auf freiwilliger Basis mehr Wissen aneignen oder sie folgen einem Lernpfad und erhalten am Ende einen Lernnachweis bzw. ein Zertifikat.

Aus der Sicht des Trainingsdesigners

Zusätzliches Lernmaterial zur Verfügung zu stellen, ist meist einfach, da man bei der Entwicklung des Trainings immer in der Inhaltsfalle sitzt. So kann man guten Gewissens Inhalte rausnehmen und sie den Interessierten auf einer – meist unternehmensinternen – Plattform zur Verfügung stellen. Bei Lernangeboten, die der Teilnehmer durchführen muss, ist sehr genau mitzuplanen, wer wann was machen muss und wer wofür verantwortlich ist und wie der offizielle Abschluss durchgeführt wird.

Lernen mit Peers

Ziel: Kollegen des Teilnehmers unterstützen den Transfer.

Material: Papier und Stift

Zeit:
- Vorbereitung durch den Trainingsdesigner: 120–240 Minuten
- Durchführung: abhängig von den Teilnehmenden

Teilnehmeranzahl: 4–20 Personen

Vorbereitung: Der Transfer kann durch Kollegen begleitet werden, die am Training teilnehmen (Transferpartnerschaften) oder durch Kollegen, die indirekt eingebunden werden („Buddys").

Buddys bieten emotionale, funktionale und affirmative Unterstützung außerhalb des Seminarraums (Weinbauer-Heidel, 2016). Der Buddy ist wie ein Freund, der sich dafür interessiert, wie es dem Lernpartner geht, was er für Fortschritte macht, wo er gerade hängt und was ihn bewegt. Er ist also ein Freund, zumindest für das Transferthema.

Das System der Lernbuddys funktioniert besonders gut, wenn die Kollegen, die gar nicht am Training teilnehmen, laufend in das Training einbezogen werden. So werden sie von den Teilnehmenden vorab über das Thema informiert und es werden von ihnen dabei Fragen zum Thema eingeholt. Auch kann ein Trainer den Auftrag erteilen, den Lernbuddy am Abend über den Tag zu informierten und dessen Fragen am nächsten Tag mitzubringen.

Nach dem Training kann der Lernbuddy die Rolle des Veränderungsbeobachters übernehmen und laufend Feedback zu den gewünschten Veränderungen geben.

Transferpartnerschaften entstehen im Training und können sich selbst finden oder zugeordnet werden. Je früher die Partner zusammenkommen und sich schon im Training besser kennenlernen und laufend unterstützen, desto höher ist die Wahrscheinlichkeit, dass die Unterstützung auch nach dem Training funktioniert.

Für den Transfer nach dem Training ist es hilfreich, wenn Kontaktdaten ausgetauscht werden, die jeweiligen Zielvereinbarungen übergeben werden und fixe Telefontermine (z. B. jeden ersten und dritten

Montag im Monat um 14 Uhr) vereinbart werden. Außerdem kann der Trainingsdesigner Gesprächsleitfäden für die Gespräche mit dem Transferpartner vorbereiten.

Durchführung: Der Trainer hat – egal bei welcher Methode – darauf zu achten, dass die vorgegebenen Schritte durchgeführt und im Training berücksichtigt werden. Wenn das Feedback der Buddys eingeholt wurde, dann muss dieses auch im Training eingebracht und diskutiert werden können.

Bei der Transferpartnerschaft soll während des Trainings ausreichend Zeit für den Austausch gegeben werden (dazu werden Teilnehmende und Buddys z. B. nach dem Mittagessen auf einen dreißigminütigen Spaziergang geschickt). Wichtig ist der Austausch möglichst detaillierter Ziele und eine verbindliche Terminisierung der Gespräche.

Aus der Sicht des Trainingsdesigners

Transfervorhaben sind wirksamer, wenn sich die Teilnehmenden schriftlich bei einem Buddy – oder noch besser einer (Trainings-)Gruppe – zu einem Transfervorhaben bekennen. Durch die laufende Beobachtung und Betreuung steigt die Umsetzungswahrscheinlichkeit.

Reduzierte Wiedergabe

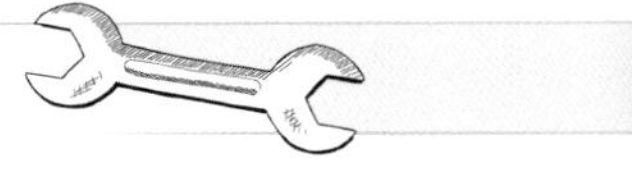

Ziel: Die Inhalte werden den Kollegen und der Führungskraft reduziert wiedergegeben.

Material: Flipchart, PowerPoint

Zeit:
- Vorbereitung durch den Trainingsdesigner: 30 Minuten
- Durchführung: Im Rahmen der Recaps Teil des Trainings, am Ende des Trainings noch 20–30 Minuten einplanen.

Teilnehmeranzahl: 4–20 Personen

Vorbereitung: Die Teilnehmer werden im Vorfeld darüber informiert, dass sie Inhalte im Teammeeting weitergeben werden. Der Trainingsdesigner überlegt sich, welches Format der Zusammenstellung der Inhalte für die Wiedergabe praktikabel ist.

Durchführung: Der Trainer prüft zu Beginn des Trainings, wer eine Vereinbarung für Präsentationen getroffen hat. Ziel dieses Transfertools ist es, dass es für jeden Teil des Trainings eine Kurzpräsentation gibt. Diese Präsentationen werden von den Teilnehmenden erarbeitet, die Aufbereitung und somit die didaktische Reduktion findet so im Training statt. Jeder Teilnehmer kann sich die Flipcharts/Bilder bzw. anderes Material aus dem Trainingsraum mitnehmen und sich die Fotos aus dem Flipchart-Protokoll holen, die er für seine Präsentation benötigt.

Aus der Sicht des Trainingsdesigners

- Das Reduzieren und Wiedergeben der Trainingsinhalte hilft beim Lernen.

- Weil die Teilnehmenden wissen, dass sie einzelne Themen präsentieren oder einen Gesamtüberblick geben werden, steigt die Aufmerksamkeit im Training.

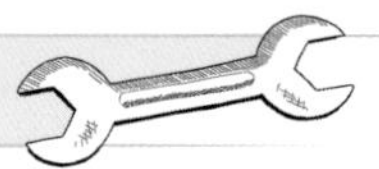

Transfer-Tandem

Ziel: Begleitung in der Anwendung nach dem Training.

Material: Keins

Zeit: Der Zeitbedarf für Vorbereitung und Durchführung ist vom Thema abhängig.

Teilnehmeranzahl: 4–20 Personen

Vorbereitung: Beim Transfer-Tandem wird der Lernende bei der Umsetzung des Verhaltens im Alltag begleitet und reflektiert mit dem Partner die Lernfortschritte.

Der Trainingsdesigner setzt den Prozess auf. Dieser klärt, wie die Partner zusammenkommen, miteinander arbeiten, was die Ziele der Zusammenarbeit sein sollen, wie der Feedback-Prozess aussieht und ob und wie die Ergebnisse in das Unternehmen zurückgespiegelt werden.
Der Trainingsdesigner klärt auch einen eventuell notwendigen Schulungsbedarf der Tandem-Partner.

Durchführung: Im Training selbst werden die Tandems zusammengestellt und der Trainer erklärt den Tandem-Partnern den Prozess. Für den Austausch und die Zielvereinbarungen wird im Training bzw. an den Abenden Zeit zur Verfügung gestellt, damit vor allem der Transfer in den Alltag und die gegenseitige Hilfestellung gut geplant werden kann.

S'Gschichtl

Der Auftraggeber erstellte im Zuge der geplanten Trainingsmaßnahme Zertifizierungsrichtlinien. Ein Teil davon war, dass jeder, der sich zertifizieren lassen wollte, als Co-Trainer an einem vierwöchigen Training mitgearbeitet haben sollte. Jeder Co-Trainer hatte zuvor das komplette Training selbst durchlaufen.

Die Vorbereitung startete mit einer Info-Mail des Lead-Trainers, die alle notwendigen Materialen wie Trainerhandbuch, Agenda und Teilnehmerunterlagen enthielt. Im anschließenden Telefonat wurde besprochen, welcher Co-Trainer welche Teile trainieren sollte und auch die Zusammenarbeit wurde geklärt. Wenn in der Vorbereitung Fragen auftauchten, war der Lead-Trainer der Ansprechpartner.

Im Trainingsraum war klar: Der Lead-Trainer ist der „Airbag" des Co-Trainers. In der Verantwortung des Co-Trainers lag seine bestmögliche Vorbereitung, die Verantwortung des Lead-Trainers lag darin, den Co-Trainer im besten Licht stehen zu lassen und bei ungewöhnlichen oder schwierigen Situationen und Teilnehmerfragen auszuhelfen.

Am Ende jedes Trainingstages wurde reflektiert, was gut gelaufen war und was verbessert werden konnte. Das waren selten inhaltliche Themen, viel öfter traten Train-the-Trainer-spezifische Fragestellungen in den Vordergrund. Nach dem Feedback gab es noch eine Vorbesprechung für den nächsten Tag.

Aus der Sicht des Trainingsdesigners

Eine aufwendige, zeitintensive und äußerst lohnende Transfermethode. Es ist großartig, wenn man mit einem Co-Trainer tatsächlich zwanzig Tage zusammenarbeiten und ihm beim Wachsen der Trainer-Skills zusehen darf!

4. Transferangebote, die alle drei Phasen begleiten

Besonders gut sind die Tools, die schon vor Trainingsbeginn starten, im Training bearbeitet und nach dem Training dann umgesetzt werden.

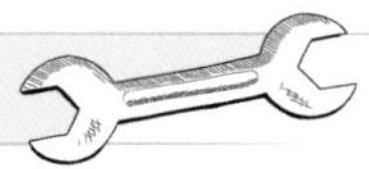

Lern-/Anwendungsprojekt

Ziel: Das Gelernte wird direkt an einem Projekt angewandt, das auch der Verbesserung der Ergebnisse des Unternehmens dient.

Vorbereitung: Bei der Anwendung von Lernprojekten ist eine gute Zusammenarbeit mit den beauftragenden Unternehmen notwendig. Die Projekte müssen intern geplant, aufgesetzt, am besten strategisch angebunden und abgestimmt werden. Die laufende Betreuung während und nach Trainingsende muss geklärt werden, wenn dies von internen Mitarbeitern durchgeführt wird. Sonst ist es notwendig, dass ein Trainer/Supportteam zur Verfügung gestellt wird. Beim Kunden selbst ist zu klären, wie die Projekte nach der Implementierung abgenommen werden und wie offiziell die Zertifikatsüberreichung erfolgen soll.

Durchführung: Die Durchführung umfasst alle drei Phasen, von der Suche nach dem Projekt, die meist im Unternehmen durchgeführt wird, über die Anwendung des Gelernten in jedem Modul bis hin zur Umsetzung im Unternehmen.

Damit sich dieses Tool gut bewähren kann, müssen alle Rollen geklärt sein und den Teilnehmenden klar kommuniziert werden: Wer hilft bei der Auswahl des Projektes, wer betreut im Training, wer ist zwischen Präsenztrainings zuständig, wer ist der Ansprechpartner in inhaltlichen Fragen und wer hilft bei Ressourcenengpässen, wer nimmt das Projekt ab, wer ist im Zertifizierungskomitee?

Aus der Sicht des Trainingsdesigners

Ein Lernprojekt ist eines der stärksten Transfertools: Wenn das Gelernte für den Teilnehmer Sinn macht, er es im Training anwenden und im Unternehmen umsetzen kann, wird das Lernen nachhaltig sein.

Virtuelle Lerngruppe

Ziel: Die Gruppe unterstützt sich während und vor allem nach dem Training.

Material: Virtuelle Plattform (Forum, Chat, App, Facebook, WhatsApp, LMS)

Zeit:
- Vorbereitung: 60 Minuten
- Durchführung: teilnehmerabhängig

Teilnehmeranzahl: Unbegrenzt

Vorbereitung: Diese besteht vor allem in der Suche nach der virtuellen Plattform. Diese sollte technisch ausreichend ausgereift sein, leichten Zugriff für die Teilnehmenden und Trainer bieten, mit Firmenhandys kompatibel und von der IT abgesegnet sein. Dann wird die Gruppe eingerichtet und die Teilnehmenden werden informiert. Je nach Komplexität der zur Verfügung gestellten Plattform kann noch eine zusätzliche Information in Papierform zugeschickt werden.

Durchführung: Die Kunst der Einführung und Nutzung des Tools liegt sehr stark beim Trainer: Er muss dies im Training laufend anwenden, damit sich die Teilnehmenden an die Funktionsweise der virtuellen Lerngruppe gewöhnen und eine Leichtigkeit in der Anwendung bekommen. Beispiele:

- Vor dem Training:
  - Begrüßung der Teilnehmenden vor dem Training mit der Bitte, die Profildaten zu ergänzen.

- Während des Trainings:
  - Am Beginn des Trainings auf den Sinn und Zweck des Tools eingehen.
  - In der ersten Pause suchen sich die Teilnehmenden einen Gesprächspartner, machen ein Foto von ihm und stellen dieses mit Namen in den Chat. Auf diese Weise werden alle Teilnehmenden im Chat vorgestellt.
  - Die Teilnehmenden schreiben am Ende eines Moduls das für sie wichtigste Detail in den Chat.

  - Beim Recap am nächsten Morgen wird ein Foto des eindrücklichsten Flipcharts des Tages gemacht, dieses wird kommentiert und geteilt.
  - Kurzzusammenfassungen und wichtige Erkenntnisse werden in einer Art „Schatzkiste" gesammelt.
  - Am Ende des Trainings können die Ziele hinterlegt werden.

- Nach dem Training:
  - Der Trainer/die Organisation steuert auch nachher immer wieder kleine Informationshäppchen ein.
  - Themenspezifische Aufgaben können eingestellt werden, die von den Teilnehmenden beantwortet werden können oder müssen.
  - Die Gruppe hilft sich selbst, der Trainer kann dann noch helfen, wenn die Gruppe keine Antwort hat.

Aus der Sicht des Trainingsdesigners

Virtuelle Austauschformen sind in der Planung einfach. Man denkt einmal die drei Phasen vorher/während/nachher durch und plant dann, welche Aktionen und Interventionen der Trainer und/oder die Organisation durchführen. Der Trainingsdesigner schreibt dem Trainer dann die unterschiedlichen Nutzungsmöglichkeiten in das Trainerhandbuch.

Begleitung durch die Führungskraft

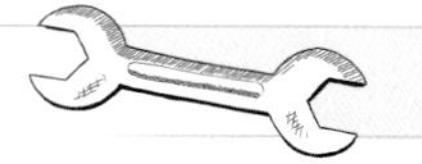

Ziel: Der Teilnehmer erhält Unterstützung durch die Führungskraft.

Material: Begleitendes Workbook bzw. Training für die Führungskraft

Vorbereitung: Die Unterstützung durch die Führungskräfte ist essenziell. An dieser Stelle kann der Trainingsdesigner dem Unternehmen helfen, die notwendigen Schritte zu setzen, damit sich die Führungskräfte auf das Transferthema einlassen.

- Transferunterstützung ist Führungsaufgabe! Und nicht jede Führungskraft ist sich dieser Aufgabe bewusst. Daher rentiert es sich, daran zu denken, in den Unternehmen und bei den Führungskräften Klarheit zu schaffen.

- Ist das geplante Training von der Führungskraft beauftragt, dann sollte der Trainingsdesigner diese unbedingt mit in die Entwicklung des Trainings einbeziehen. Das Minimum (und doch nicht immer möglich) ist eine gründliche Trainingsbedarfsanalyse, die auch Transfer und Evaluierung thematisiert. Denn allein das Gespräch darüber hilft, dass diese beiden Themen mehr in den Fokus gerückt werden.

- Ein Workshop oder Training für die Führungskräfte kann hilfreich sein, damit diese verstehen, worum es geht. Weiter können eigene Ängste thematisiert werden und es wird besprochen, wie man den Transfer besser mit den Mitarbeitern planen kann. In diesem Workshop können einerseits Best-Practice-Beispiele zur Verfügung gestellt werden, andererseits kann man Nutzenargumentationen für den Teilnehmer, die Führungskraft und das Unternehmen erarbeiten.

- Transferunterstützung soll nicht in Bürokratie ersticken. Den Führungskräften kann man kurze, knackige Checklisten und Leitfäden zur Verfügung stellen, damit diese der Transferaufgabe leicht nachkommen können.

- Eine Verschriftlichung der Vereinbarungen hilft, dass das Besprochene verbindlicher wird.

Durchführung:

- Vor dem Training:
  - Die Führungskraft weiß, worum es in dem Training geht und was es den Mitarbeitern bringen kann.
  - Im Gespräch mit dem Mitarbeiter wird geklärt, warum die Teilnahme Sinn macht und was das Training ihm und dem Unternehmen bringt. Besonders leicht fällt so ein Gespräch, wenn der CEO das notwendige Bewusstsein für eine Veränderung geschaffen hat und auch die Führungskraft von der Veränderung überzeugt ist.
  - Es gibt eine klare Absprache, welche Ziele erreicht werden sollen und es wird eine Zielvereinbarung getroffen.
  - Der Vorgesetzte unterstützt den Mitarbeiter bei der Vorbereitung auf das Training.
  - Die Führungskraft klärt vor dem Training, wie die Arbeitsbelastung, die durch die Abwesenheits- und Lernzeiten entsteht, anders verteilt wird.
- Während des Trainings:
  - Der Vorgesetzte hält dem Trainingsteilnehmer den Rücken frei insbesondere hinsichtlich schnell abzugebender Berichte, Anrufe, unentbehrliche Meetingteilnahmen.
- Nach dem Training:
  - Ein Rückkehrgespräch findet statt und der Vorgesetzte zeigt Interesse daran, was der Teilnehmer im Training gelernt hat.
  - Der Teilnehmer berichtet über die wichtigsten Lernerfahrungen und was davon er im Unternehmen anwenden wird.
  - Der Vorgesetzte bespricht und unterstützt die Transferideen des Teilnehmers.
  - Der Teilnehmer erhält ausreichend Zeit zum Üben und Anwenden.
  - Die Führungskraft ist einerseits nachsichtig, wenn anfänglich Fehler bei der Anwendung passieren, andererseits lobt sie die Anwendung und zeigt Wertschätzung für die Anwendung des Gelernten.

- Das Teilen des Wissens, das Weitergeben von Lern- und Umsetzungserfahrungen an Kollegen, wird von transferunterstützenden Vorgesetzten gefördert.

Aus der Sicht des Trainingsdesigners

Führungskräfte sind sehr starke Transferunterstützer. Wenn diese den Transfer aktiv einfordern, monitoren, unterstützen und verstärken, dann hat der Teilnehmer auch die Chance, das Gelernte wirksam umzusetzen. Unterschiedliche Gründe führen aber immer wieder dazu, dass Führungskräfte wenig oder gar nicht am Transfer beteiligt sind: fehlendes Wissen, unklare Rollen und Zuständigkeiten, fehlende Dringlichkeit oder auch eigene Widerstände, weil sie inhaltlich nicht Bescheid wissen und somit Angst vor Änderungen im eigenen Bereich haben.

Eine Aufgabe des Trainingsdesigners ist es daher, die Führungskräfte entweder in den Entwicklungsprozess einzubinden oder ihnen das Training/eine Kurzform des Trainings/eine Information über das Training zukommen zu lassen. Wenn sich Vorgesetzte als Personalentwickler verstehen und den Nutzen des Trainings für den Teilnehmer und für sich bzw. ihren Bereich erkennen können, dann kann Transfer gelingen.

Weil das Einbeziehen der Führungskräfte ein wirkungsvolles Instrument ist, muss es von Anfang an mitgeplant werden. Je größer der Rollout, desto mehr muss an alle Ebenen gedacht werden, die von der Veränderung betroffen sind und daher auch Training benötigen.

Bei der Planung ist die Lern- oder, besser gesagt, die Transferkultur des Unternehmens zu berücksichtigen. Es kann die Aufgabe des Trainingsdesigners sein, diese Kultur zu hinterfragen und neue Herangehensweisen anzubieten.

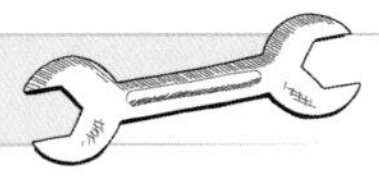

Transfer-Leporello

Ziel: Die Führungskraft wird durch eine Mischung aus Kurzinhalten aus dem Seminar und Checklisten im Transfer unterstützt.

Material: „Leporello" bezeichnet eine Falttechnik. Sie wird auch „Ziehharmonikafaltung" genannt und häufig für Flyer benutzt. Für den Transferzweck ist ein Leporello im Postkartenformat oder ein Büchlein im Format DIN A5 sehr gut geeignet.

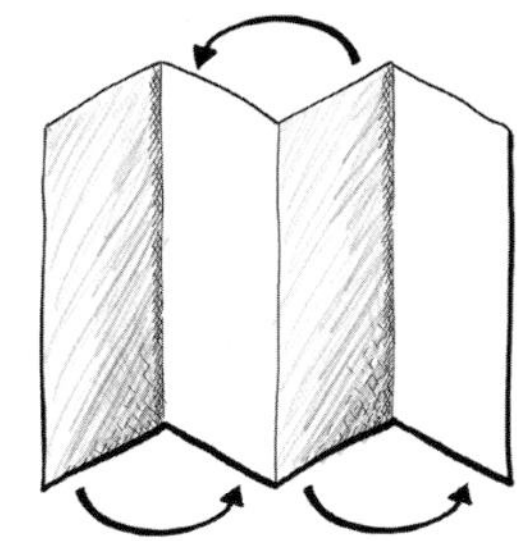

Vorbereitung: Für den Transfer-Leporello plant der Designer zuerst den Transferprozess: Er überlegt, welche Gespräche zwischen Teilnehmenden und Vorgesetzten stattfinden sollen (Entsendegespräch, Zwischengespräche, Rückkehrgespräch, Umsetzungsgespräch, Evaluierungsgespräch). Dann legt er für jedes benötigte Gespräche zwei Seiten auf einem Leporello an. Die eine Seite bietet einen Gesprächsleitfaden, auf der zweiten können die Ergebnisse und Vereinbarungen eingetragen werden. Zwischen den Gesprächsseiten werden die Inhalte des Trainings in Kurzform (Reduktion aufs absolute Minimum) nochmals abgebildet.

Tipp: Für die Erstellung solcher Minimalvarianten eignen sich Recaps besonders gut. Im Pilottraining bekommen die Teilnehmenden die Aufgabe, das Gelernte auf maximal einer Flipchart-Seite zusammenzufassen. Diese Kurzversionen kann man als Ausgangsmaterial für die Erstellung des Leporellos verwenden bzw. können die erstellten Dokumente anhand dieser Recaps überarbeitet und geschärft werden.

Durchführung: Der Teilnehmer und der Vorgesetzte treffen sich dann regelmäßig – ggf. Trainer oder Personalentwicklung daran erinnern – und füllen den Leporello aus. Anhand der Kurzversion kann der Teilnehmer der Führungskraft erklären, was im Training gelernt wurde und welche Transferideen sich für ihn daraus ergeben. Dann wird vereinbart und verschriftlicht, was und bis wann es umgesetzt werden soll.

Aus der Sicht des Trainingsdesigners

Durch die Kombination aus Inhalt und Gesprächsleitfaden ist der Transfer-Leporello für Führungskräfte eine feine und leichte Einstiegsvariante in den Transfer.

Kapitel 5

Der Evaluierungsprozess

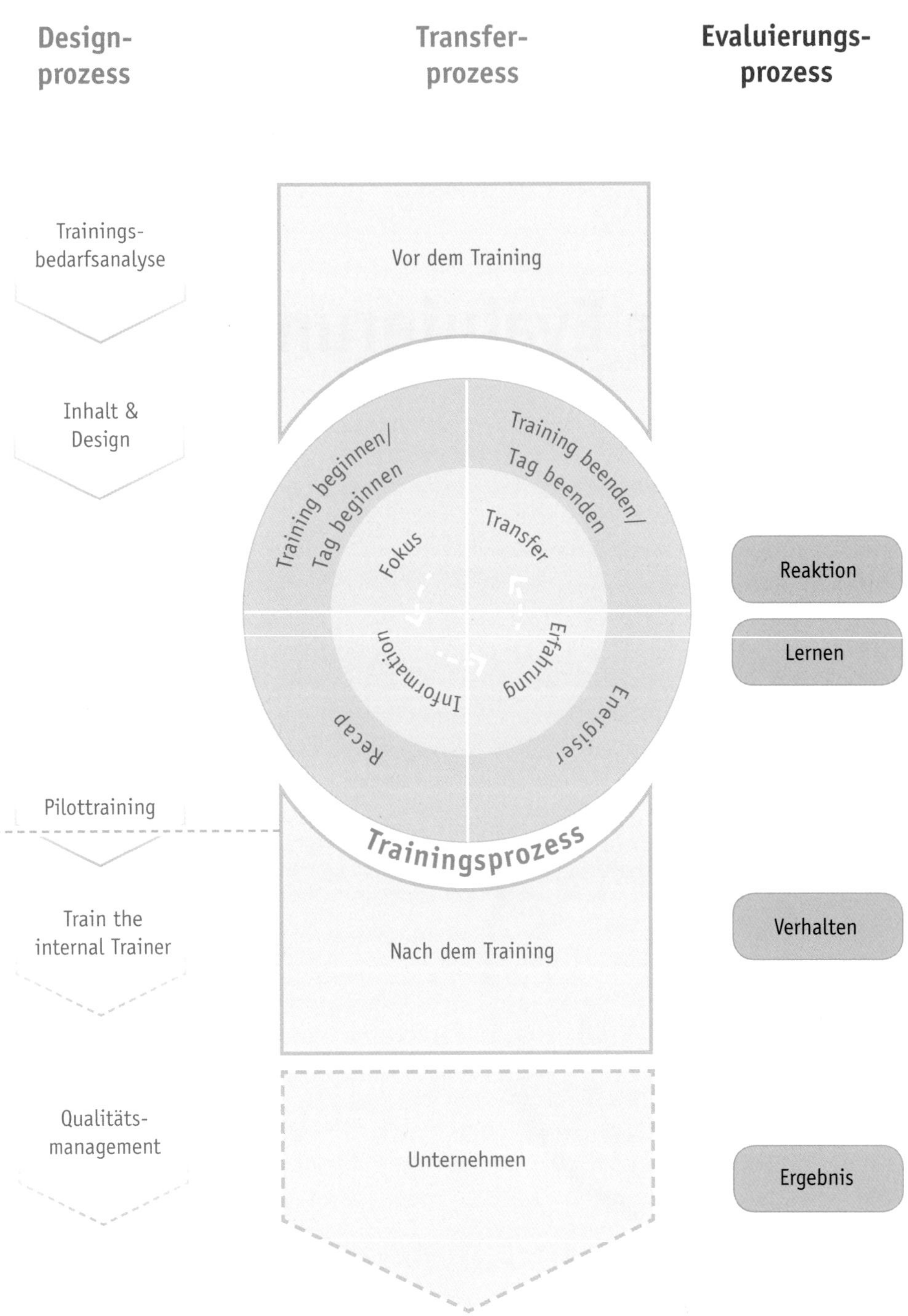

Abb.: Der Gesamtprozess mit Fokus auf den Evaluierungsprozess.

Evaluierung bedeutet grundsätzlich, zu untersuchen, inwieweit etwas geeignet erscheint, einen angestrebten Zweck zu erfüllen. Mit der Evaluierung eines Trainings will man herausfinden, ob das Training – und die begleitenden Maßnahmen – dazu beitragen, den angestrebten persönlichen Erfolg und den Unternehmenserfolg zu erreichen. Daher ist das Evaluieren eines Trainings ein Teil einer konsequenten Transfersicherungsmaßnahme und misst den Transfererfolg.

Inhalt des fünften Kapitels

Grundlagen des Evaluierungsprozesses ... 296
Ziele und Schritte ... 297
Das Evaluationsmodell nach Donald Kirkpatrick ... 304
Toolbox – Evaluierung ... 310
Feedback-Bogen am Ende des Seminars ... 310
Transfer-Fragebogen ... 312
Einschätzung des Trainingsanteils an der Veränderung ... 313
Evaluierende Beobachtung ... 314
Lernprojekt/Praxisprojekt ... 315
Veränderungsbeobachter ... 316
Der Kunde ist König ... 317

Grundlagen des Evaluierungsprozesses

- Kennen des Evaluierungsprozesses.
- Wissen, dass Veränderung messbar gemacht werden muss.

- What gets measured, gets done!
- Der Transfererfolg steht im Zentrum der Evaluierung.

- Den Evaluierungsprozess aufsetzen können.
- Dem Auftraggeber Tools für die Evaluierung vorschlagen können.

In vielen Unternehmen ist das Feedback-Sheet am Ende des Trainings die einzige Rückmeldung zum Training. Darin wird die Zufriedenheit der Teilnehmenden mit dem Training, dem Trainer, dem Hotel und der Seminarorganisation abgefragt. Was passiert mit den Daten? Sehr oft wandern sie auf Datenfriedhöfe und auch wenn dem nicht so ist: Die Information bezieht sich auf die Zufriedenheit. Heißt das aber, dass die Teilnehmenden auch etwas gelernt haben? Leider nein.

Und wenn ich mich an meine Schulzeit erinnere ... Da gab es Lehrkräfte, mit denen wir zufrieden waren. Die machten angenehmen, unspektakulären Unterricht und man musste nicht viel tun, um zu einer passablen Note zu kommen. Und es gab die Lehrkräfte, die uns gefordert haben, bei denen wir viel lernen mussten und die uns aus der Komfortzone geholt haben: mit diesen Lehrern waren wir nicht zufrieden. Gelernt habe ich dort auf jeden Fall mehr und auch langfristiger.

Genauso verhält es sich in Trainings: Die Zufriedenheit sagt wenig über die Anwendung des Gelernten und somit wenig über den Erfolg des Trainings aus. Daher ist es notwendig, die Lern-/Transferziele genau zu definieren und einen Evaluierungsprozess zu designen, der imstande ist, den Transfer in die Praxis messbar zu machen.

S'Gschichtl

Kurz und bitter. Das beauftragende Unternehmen wünschte sich ein Training mit dem Zusatz: Die Feedback-Bögen, die die Mitarbeiter am Ende des Trainings ausfüllen, haben „Happy Sheet"-Charakter: Die Aufgabe des Trainers ist es dabei, möglichst hohe Zufriedenheitswerte zu erzielen. Warum? Die Personalentwicklung, die unter dieser Vorgabe litt, wurde von der Geschäftsführung an den Zufriedenheitswerten gemessen und nicht am Transfer. Hier gilt das alte Motto: What gets measured, gets done.

Ziele und Schritte

Eine Evaluierung kann unterschiedliche Funktionen haben (Regnet, 2016):

Ziele der Evaluation

- Kontrolle
- Steuerung und Entscheidung
- Inhaltliche Feinabstimmung
- Kostenanalyse

Bei einer Evaluierung kann es darum gehen, unter mehreren Programmen das mit dem größten Transfererfolg herauszufinden, oder ein Training durch Feinsteuerung zu optimieren. Es kann zum Beispiel auch gelten, auf diese Weise hemmende und fördernde Faktoren für einen besseren Transfer zu finden, oder es erfolgt anhand der Evaluierung eine Kostenkontrolle über das Trainingsbudget. Gleich, was mit der Evaluierung verfolgt werden soll, eine gute Planung und Durchführung ist immer die Grundlage für einen guten Evaluierungsprozess. Dieser Prozess besteht aus den folgenden Schritten:

Schritte des Evaluierungsprozesses

1. Evaluierung konzipieren
2. Daten sammeln
3. Daten analysieren
4. Anpassungen durchführen

Der erste Schritt – Evaluierung konzipieren – findet dabei vor der Durchführung des Trainings und parallel zum Design des Trainings statt. Das Sammeln der Daten beginnt am Ende des Trainings und soll in der Transferphase andauern. Die Daten werden analysiert – wenn möglich grafisch dargestellt – und interpretiert. Je nach Notwendigkeit werden kleinere oder größere Anpassungen durchgeführt, es kann auch zu einem kompletten Abbruch des Trainings kommen.

1. Evaluierung konzipieren

Gründliche Planung und Vorbereitung ist eine wichtige Voraussetzung für brauchbare und leistbare Evaluierung. Folgende Fragen sind zu klären:

Fragen zur Evaluationserstellung

- Evaluierungsziel: Wozu wird eine Evaluierung durchgeführt (Rechtfertigung, Optimierung, Überwachung)?
- Kennzahlen: Was genau ist zu messen? Lern-/Transferziel(e) werden aus der Trainingsbedarfsanalyse übernommen: Handelt es sich dabei um quantitative oder qualitative Ziele? Welche anderen „Key-Performance-Indikatoren" sind zu messen?
- Methode: Mit welcher Methode kann man die Ziele messen? (z. B. Fragenbogen oder Interview)
- Befragte: Wer wird befragt? Die Teilnehmenden, die Trainer, die Führungskräfte, Kollegen, Kunden?
- Häufigkeit: Wie häufig wird befragt? Vor dem Training, nach jedem Training und vor allem bei Lernpfaden auch ein bis sechs Monate nach dem Training?
- Rollen: Wer ist der Auftraggeber? Wer ist der Auftragnehmer? Wer plant und führt die Evaluierung tatsächlich durch?
- Ressourcen: Welche Ressourcen sind erforderlich für die Durchführung, die Analyse und die sich ergebenden Änderungen? Welche Programme können den Ablauf erleichtern?
- Ergebnisse: Wer fasst die Ergebnisse zusammen? Wer analysiert und interpretiert? Wer erarbeitet Änderungsvorschläge, wenn notwendig? Wer trifft die Entscheidungen über Änderungen?

2. Daten sammeln

Die Daten werden gesammelt – wie im Evaluationsdesign festgelegt. Entscheidend für die spätere Auswertung ist die Art der Fragestellung.

Wie weiter oben schon ausgeführt, ist die reine Frage nach der Zufriedenheit nicht aussagekräftig genug, um etwas über den Transfererfolg zu sagen. Viel besser ist es schon, nach der Nützlichkeit des Trainings zu fragen: *„Wie nützlich ist das Modell X/die Übung Y für Ihre Praxis?"* (Weinbauer-Heidel, 2016). Transferforscher haben herausgefunden, dass es eine – wenn auch noch nicht besonders hohe – Korrelation zwischen der Nützlichkeit und dem Transfererfolgt gibt. Denn wir Menschen nutzen praktisch, was uns sinnvoll und nützlich erscheint.

3. Daten analysieren

Die Daten werden in diesem Schritt zusammengetragen und – wenn möglich – grafisch dargestellt. Sind bei Fragenstellungen schriftliche Äußerungen zugelassen, so sollten auch diese gesammelt, inklusive der jeweiligen Frage, zur Verfügung gestellt werden.

Die Interpretation der Daten wird am besten von einem Team vorgenommen, dem etwa folgende Personen angehören können: Trainingsdesigner, Mitarbeiter der Personalentwicklung, Trainer, Stakeholder. Die Daten werden gründlich diskutiert, es dürfen unterschiedliche Sichtweisen eingenommen werden, denn Entscheidungen für Änderungen im Trainings- oder Transferprozess sollen auf einer soliden Daten- und Diskussionsbasis getroffen werden.

Je weniger Trainings durchgeführt wurden und je weniger Daten daher vorhanden sind, desto vorsichtiger sollte man auch mit Änderungen sein. Mein Tipp an dieser Stelle: Sollte es sich nicht um ganz eindeutige Fehler im Trainingsdesign handeln, ist es besser, drei und mehr Durchläufe eines Trainings abzuwarten und dann erst Entscheidungen zu treffen.

Um Ideen zu bekommen, woran die Probleme liegen können, kann ein Blick auf die zwölf Stellhebel der Transferwirksamkeit (s. S. 251) sehr hilfreich sein. Erfahrungsgemäß ist es selten, dass das Trainingsdesign geändert werden muss. Vielmehr sollte der Blick auf die beiden Kategorien „Teilnehmende" und „Organisation" gerichtet werden. Denn sehr oft ist es die fehlende Unterstützung in Unternehmen, die den Transfer und damit das Erreichen der gewünschten Ergebnisse verhindert.

Meist muss nicht das Design, sondern die Transferunterstützung geändert werden

4. Anpassungen durchführen

Erst im letzten Schritt werden Änderungen endgültig umgesetzt, ob es sich um kleine Änderungen in den Unterlagen, Änderungen eines ganzen Moduls bzw. das Herausnehmen und Ersetzen von Inhalten oder Änderung der Transfermaßnahmen handelt. Dazu ist jeweils die Person oder die Personengruppe zu bestimmen, die die Änderung durchführt bzw. auch abnimmt. Gerade als (externer) Trainingsdesigner ist die Anordnung und Abnahme von Änderungen wichtig.

Vor allem bei internen Rollouts ist auch mitzuplanen, wie die Trainer von den Änderungen erfahren, damit diese sie auch ab dem nächsten Training umsetzen können. Klar hilft hier das zentrale Abspeichern der neuen Unterlagen, das allein verhilft aber nicht zum Erfolg. Denn die Trainer speichern die Unterlagen gern auf den eigenen Rechnern und bereiten sich – möglicherweise mit Papierausdrucken und handschriftlichen Notizen – auf das Training vor. Diese Vorbereitung gibt der Trainer nicht so gerne auf, lässt damit aber die späteren Änderungen außen vor. Daher gilt hier: bei Änderungen die Trainer rechtzeitig einbeziehen und sie wissen lassen, warum es wichtig ist, das Neue auch tatsächlich in das Training zu integrieren.

S'Gschichtl

Evaluierung und Transfer liegen ganz nah beisammen: ein Projektbericht.

Das Qualitäts-Projektmanagement-Training (Lean Six Sigma) war mein bisher größter Designauftrag. Es ist doch ein Leckerbissen, wenn man mit einem Team ein vierwöchiges Training neu aufsetzen darf.

Für eine Zertifizierung – die ja den Transfererfolg bestätigt und eine Evaluierung darstellt – galten für die Teilnehmenden folgende Kriterien:

- Teilnahme an den vier Trainingswochen
- Zwei Projekte erfolgreich abgeschlossen (Kriterien vorhanden)
- Zwei Projekte erfolgreich gecoacht (Kriterien vorhanden)
- Unterstützung im Sechs-Tage-Training, einem Training für Projektleiter mit Projekten kleineren Umfangs
- Schriftliche Bestätigung durch den Programm-Manager

Zusätzlich wurden den Teilnehmenden Fragebögen zugesandt. Der erste Fragebogen wurde vor dem Training ausgeschickt und hatte das Vorwissen der Teilnehmenden zum Thema. Der Status der Vorbereitung des begleitenden Projektes, den Grund für die Teilnahme am Training, die zukünftige Rolle und die organisationalen Rahmenbedingungen wurden darin abgefragt.

Der Fragebogen zum Seminarende wurde nicht am Freitag, dem Abschlusstag des Trainings, ausgeteilt, sondern erst am Montag verschickt. Damit wurde verhindert, dass die Teilnehmenden den Fragebogen à la Happy Sheet ganz schnell ausfüllen. Es wurde erreicht, dass die Teilnehmerfeedbacks reflektierter waren. Die Rücklaufquote war trotz dieser verzögerten Vorgehensweise erfreulich hoch.

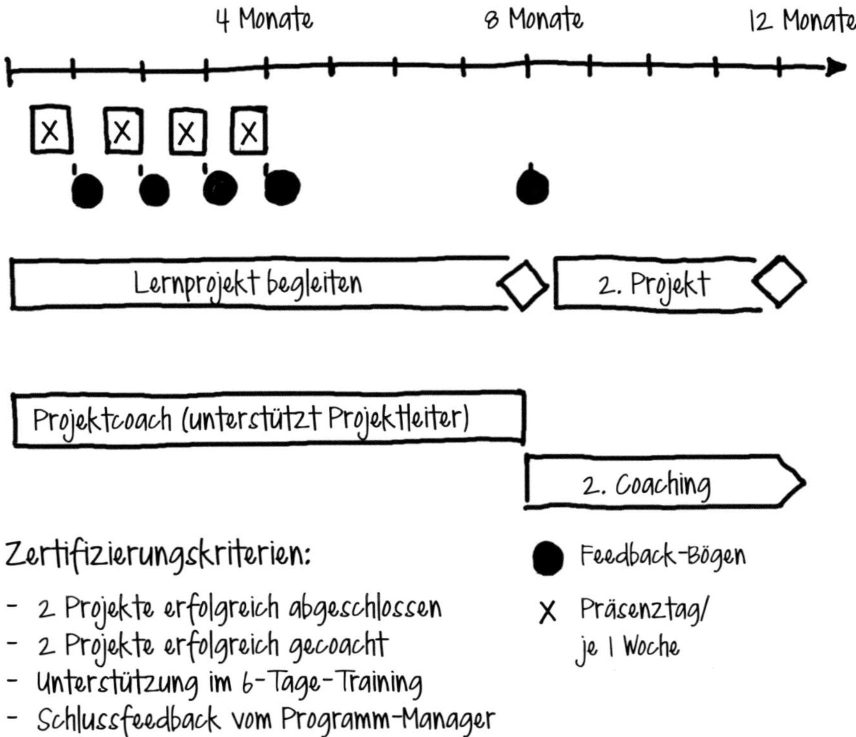

Abb.: Das Messen des Trainingserfolgs am Beispiel eines Projektmanagement-Trainings.

Die Fragen bezogen sich auf die Logistik, die Lernformen, die Rollen von Trainern und Teilnehmenden, der Verwendung von Lernmaterial und Medien, die Anforderung an die Teilnehmenden, den Projektstatus und die Qualität des Projektcoachings und die Weiterempfehlungsrate.

Der interessanteste Fragebogen aus Sicht der Trainingsdesignerin war der, der vier Monate nach Trainingsende ausgeschickt wurde – zu einem Zeitpunkt, da das erste Projekt schon fertig war oder fertig sein sollte. Die Fragen richteten sich auf den Projektstatus, die Häufigkeit des Projektcoachings, die Bewertung der einzelnen Trainingsinhalte je Woche auf deren Anwendbarkeit im Unternehmen, den Trainingstransfer und die langfristigen Resultate im Unternehmen.

Wenn Transfer nicht funktioniert, wird die Schuld sehr gerne auf das Training geschoben. In diesem Fall zeigte die Evaluierung, dass sehr wenige Inhalte nie verwendet wurden – diese wurden dann auch eliminiert– und dass bei anderen Inhalten der Wunsch nach Vertiefung bestand.

Durch die genaue Analyse wurde zudem klar, dass viele Probleme an den Rahmenbedingungen lagen: Das Lernprojekt war oft nicht gut definiert und für den zukünftigen Projektleitenden nicht relevant, die Führungskräfte hatten die Teilnehmenden nicht unterstützt und generell waren nicht ausreichend Ressourcen für die Durchführung des Projektes zur Verfügung gestellt worden.

Zusätzlich wurde der Wunsch nach mehr Follow-up-Meetings und Workshops geäußert – und somit danach, Möglichkeiten für einen Austausch zu schaffen. In Summe war dieses Transferfeedback ein Quell der Freude, da man mit diesen Ergebnissen gut ins Unternehmen zurückgehen und gemeinsam Änderungen beschließen und durchführen konnte.

Aus der Sicht des Trainingsdesigners

Evaluieren Sie und ziehen Sie Konsequenzen! Die Konsequenzen können sich auf das Trainingsdesign, das Training, das Umfeld oder auch auf Personen beziehen. Konsequenzen sollten allerdings nicht die Folge voreiliger Schlüsse sein. Nur weil ein Training einmal – und ganz prekär beim ersten Mal – ordentlich schiefging, kann es, muss es aber nicht am Design liegen. Ganz andere Faktoren können einen Einfluss haben und gehören an dieser Stelle auch offen besprochen.

In Bezug auf den Aufwand, den Sie für eine solide Evaluierung betreiben, heißt es, pragmatisch zu bleiben. Denn der Nutzen muss den Aufwand rechtfertigen. Ein wohlüberlegter Fragebogen reicht für kurze, übliche Standardtrainings, ein komplettes Evaluierungsdesign macht Sinn bei (kosten)intensiven und unternehmensweiten Schulungen.

Der minimale Standard

Standard sollte es dabei in jedem Fall sein, die Nützlichkeit der Inhalte des Trainings abzufragen. Das kann in einem sinnvollen Abstand zum Training mittels Fragebogen oder Webinar erfolgen. Wenn sich über die Zeit herausstellt, dass das gleiche Modul weder als nützlich erachtet wurde noch jemals angewendet wurde, kann man es leichten Herzens durch andere Inhalte ersetzen. Gleichzeitig kann eine solche Befragung ergeben, dass an anderer Stelle vertiefende Inhalte gewünscht sind. Wenn Zeit ist, kann man ein Modul ergänzen. Ist der Zeitrahmen fix vorgegeben, dann muss man intensiv am Trainingsdesign schrauben, damit die gewünschte Intensität zustande kommt.

Um festzustellen, was wie nützlich ist, sind Bewertungsskalen hilfreich. Achten Sie daher auf Bewertungsskalen, beschriften Sie diese zusätzlich, damit sie ganz eindeutig sind und machen Sie einen Testlauf mit den Fragebögen! Denn gerade im interkulturellen Kontext passiert es immer wieder, dass die Bewertungsbögen falsch ausgefüllt werden, da in manchen Länder eins als die beste Bewertung gilt, während in anderen Ländern die höchste Zahl als Bestnote gilt. Das verwirrt anfangs nur die Person, die die Daten auswertet, und wenn solche Daten nicht hinterfragt und mit Rücksprache korrigiert werden, führen Sie zu falschen Aussagen und somit zu falschen Entscheidungen.

Für eine systematische Evaluierung für unternehmensweite und -kritische Projekte bietet das im Folgenden beschriebene Evaluationsmodell nach Donald Kirkpatrick eine solide Grundlage.

Das Evaluationsmodell nach Donald Kirkpatrick

- Das Vier-Ebenen-Modell von Kirkpatrick kennen.
- Wissen, dass man bei Aufbau und Durchführung des Planes von unterschiedlichen Richtungen arbeitet.

- What gets measured, gets done!
- Konsequente Evaluierung zeigt die Resultate auf.

- Erkennen, in welcher Situation das Modell von Kirkpatrick Sinn macht.

1960 veröffentliche der amerikanische Wirtschaftswissenschaftler Donald Kirkpatrick seine Dissertation und entwickelte später eine Artikelserie, in der er das das Modell der vier Ebenen beschrieb, das heute noch im Bildungscontrolling verwendet wird. Durch eine Evaluierung auf diesen vier Ebenen kann festgestellt werden, ob durch das durchgeführte Training dessen Ziele erreicht werden konnten, d.h., ob erfolgskritische Verhaltensweisen geändert wurden.

Ebenen zum Bildungscontrolling

Ebene 1 – **Reaktion:** Es wird geprüft, ob sich die Teilnehmenden beteiligt haben, ob es relevant war und ob die Teilnehmenden so zufrieden waren, dass sie das Training weiterempfehlen würden.

Ebene 2 – **Lernen:** Auf der Lernebene wird untersucht, ob ein Zuwachs in den Dimensionen „Wissen", „Haltung" und „Fähigkeiten" stattgefunden hat. Zusätzlich wird gefragt, ob die Teilnehmenden zuversichtlich sind, das Gelernte anwenden zu können und ob sie motiviert sind, es tatsächlich anzuwenden.

Ebene 3 – **Verhalten:** Auf dieser Ebene wird erforscht, ob sich das Verhalten am Arbeitsplatz geändert hat.

Ebene 4 – **Resultate:** Hier wird untersucht, ob die Verhaltensänderung zu einer positiven Veränderung der Unternehmensergebnisse geführt hat.

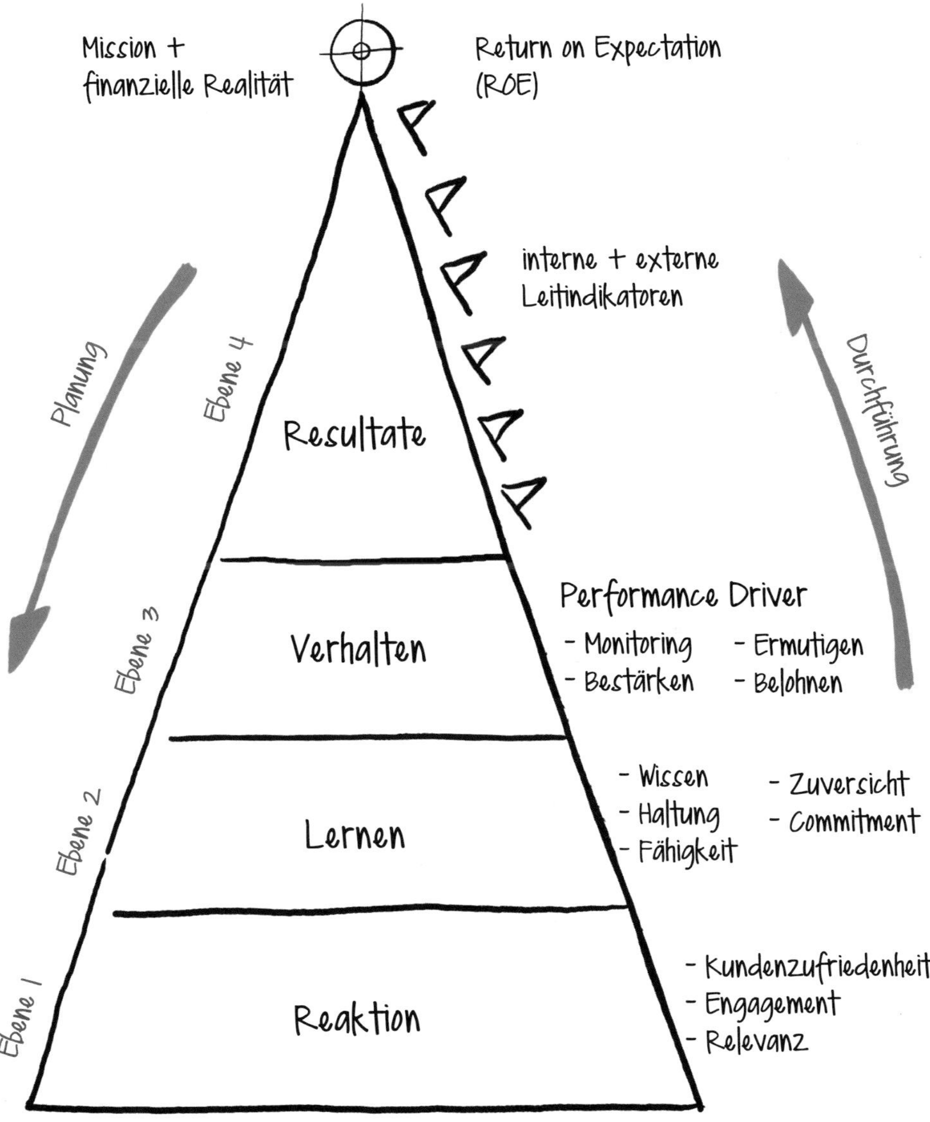

Abb.: Das Evaluationsmodell nach Donald Kirkpatrick – mit Dank an Masha Ibeschitz.

Gearbeitet wird mit dem Modell in zwei Richtungen: Beim Aufbau des Evaluierungsplanes beginnt man ganz nach dem Motto „Have the end in mind" mit Ebene 4 und arbeitet sich bis zur Ebene 1 durch. Nach der Entwicklung des Trainings beginnt man mit der Durchführung des Planes, dem Messen auf allen Ebenen, stellt diese dar und spiegelt diese Daten an die Auftraggeber zurück.

Wird das Trainingsdesign und die Trainingsumsetzung entlang der vier Ebenen geplant, kann leicht dargestellt werden, welchen Nutzen das Training für das Unternehmen hat.

Start auf Ebene 4

- Beim Erstellen des Evaluierungsplanes beginnt man auf der vierten Ebene, den **Resultaten**. Die typischen Fragen auf dieser Ebene sind: *„Was sind die übergeordneten Ziele und Erwartungen des Unternehmens? Welche konkreten Erfolge sollen in Zukunft erreicht werden und wie können sie gemessen werden? Wie kann ein Training positiven Einfluss auf das Erreichen dieser Ziele haben?"* Dabei wird nicht die isolierte Welt des Teilnehmers betrachtet, sondern vielmehr wird erhoben, ob durch das Training Ergebnisse für das Unternehmen geschaffen wurden.

  Die Resultate werden in Form der Kennzahl **ROE** (Return on Expectation) dargestellt. ROE zeigt den Auftraggebern/Stakeholdern den Erfolg der Trainingsinitiative auf, indem geklärt wird, welche Erwartungen es an das Training gibt und später gemessen wird, in welchem Ausmaß diese erfüllt wurden. Der ROE kann sich etwa in den Dimensionen „Effizienz", „Produktivität" oder „Kundenzufriedenheit" ausdrücken.

Leitindikatoren

  Um die Auswirkungen des Trainings auf die Resultate messen zu können, werden daher entsprechende Leitindikatoren abgefragt. Diese zeigen über die Zeit an, ob das Training Auswirkungen auf die erfolgskritischen Verhaltensweisen hat, was wiederum einen positiven Einfluss auf die gewünschten Ergebnisse hat. Durch das Messen solcher Leitindikatoren wird bald transparent, ob das Training die gewünschte Änderung bringt. Dabei werden sowohl Messkriterien definiert, die die Veränderung kurzfristig anzeigen als auch Messkriterien, die sie auch über einen längeren Zeitraum widerspiegeln. So kann im laufenden Prozess nach Analyse der Daten schnell steuernd eingegriffen werden.

  Interne Faktoren können beispielsweise Fehlerraten, Produktionsraten, Abfallraten, Arbeitnehmerzufriedenheit, Fluktuation und Arbeitssicherheit sein. Externe Leitindikatoren können zum Beispiel die Anzahl an Neukunden, die Kundenzufriedenheit, die Weiterempfehlungsrate, Markenwahrnehmung, Reklamationen und das Verkaufsvolumen sein.

- Auf der nächsten, der dritten Ebene steht das **Verhalten** im Fokus. In Zusammenarbeit mit den Auftraggebern wird herausgearbeitet, welches die ein bis drei kritischen Verhaltensweisen sind, die die Mitarbeiter ändern müssen, damit die erwarteten Ergebnisse erzielt werden.

  Um dies festzulegen, ist es eine Hilfestellung, mit der „Hans und Franz"-Metapher zu arbeiten. Hans ist dabei der Mitarbeiter, der am Training teilgenommen hat und das Gelernte umsetzt, Franz ist der Mitarbeiter, der nicht am Training teilgenommen hat und so arbeitet wie immer. Die Fragen an den Auftraggeber fokussieren dann genau auf diese Unterschiede: *„Was macht Hans, der trainierte Mitarbeiter? Wie arbeitet er? Was macht der Franz anders? Erkennen Sie den Unterschied vom Hans zum Franz, dem Mitarbeiter, der nicht im Training war?"* Aus dieser Diskussion kann man dann die Verhaltensweisen ableiten, die verändert werden müssen.

  Nach Durchführung des Trainings wird geprüft und gemessen, ob die Teilnehmenden die erlernten Fähigkeiten in der Praxis anwenden und damit auch der Lerntransfer am Arbeitsplatz einhergeht. Als Messverfahren hierfür eignen sich Tests oder Beobachtungen, die durchgeführt werden, wenn der Lernende in seine Arbeitsumgebung zurückgekehrt ist. Um zu brauchbaren Ergebnissen zu kommen, muss auch das Umfeld des Lernenden befragt werden – etwa Vorgesetzte oder Kollegen.

  Performance Driver

  Damit sich Verhaltensweisen ändern, werden „**Performance Driver**" eingesetzt, die in zwei Kategorien einteilt werden: das Monitoring und die Unterstützung. Für jede Verhaltensweise werden Möglichkeiten des Monitorings gesucht. So kann anhand von Interviews, Beobachtung und Dashboards herausgefunden werden, wo die Organisation steht. Als Reaktion auf die Ergebnisse des Monitorings können Führungskräfte und die Organisation mit Maßnahmen dort ansetzen, wo noch Unterstützung benötigt wird. Auf Basis des laufenden Monitorings wird für jede Verhaltensweise eine Möglichkeit gesucht, wie der Fokus von Führungskräften und Organisation auf die Umsetzung gelegt werden kann.

Über das Monitoring hinaus benötigen Mitarbeiter bei der Umsetzung von Verhaltensänderungen Unterstützung. Unterschiedliche Methoden könne helfen, die neuen Verhaltensweisen zu stärken (z.B. Follow-up-Module, Role-Modeling), die Teilnehmenden zu ermutigen (z.B. Coaching) und auch zu belohnen (z.B. Anerkennung, Bonus).

Für die Ebene „Lernen" sind fünf Elemente ausschlaggebend

- Die zweite Ebene stellt das **Lernen** in den Vordergrund. Fünf Elemente sind es, die hier Bedeutung haben und drei davon sind gute Bekannte: **„Wissen"**, **„Haltung"** und **„Fähigkeit"** sind gleichbedeutend mit „Kopf", „Herz" und „Hand".

  Hilfreiche Fragen können hier folgende sein: *„Haben die Teilnehmer ihr Wissen verbessert und die relevanten Fähigkeiten erworben? Was müssen die Mitarbeiter denn nach dem Training wissen und anwenden können? Welche Änderung in der Haltung wird benötigt? Was müssen die Mitarbeiter lernen, damit sie sich so verhalten können?"*

  Zusätzlich werden **„Zuversicht"** und **„Commitment"** abgefragt und das sind im Sinne der Auswertung und Rückspiegelung sehr interessante Fragen: *„Bin ich zuversichtlich, das Gelernte auch anwenden zu können? Bin ich committed, das Gelernte auch anzuwenden?"* Beide Fragen kann man entweder schriftlich im Feedback-Bogen beantworten lassen, viel cooler ist es aber, das am Ende des Trainings einzubauen. Sollten in der Teilnehmergruppe Zweifel an der Umsetzbarkeit aufkommen, ist zu eruieren, woher die Bedenken kommen und allfällige Hürden aus dem Weg zu räumen. Denn die Antworten auf diese beiden Fragen haben oft nichts mit dem Training zu tun, sondern mit dem Unternehmen und den zur Verfügung gestellten Ressourcen bzw. dem Trainingsteilnehmer selbst.

  Mit der Messung auf dieser zweiten Ebene lässt sich ermitteln, ob die Methoden wirksam waren, die zur Erreichung des Lernziels eingesetzt wurden. Gemessen wird der Lernerfolg aus Sicht der Teilnehmenden, sehr gut kann das mit einer Einschätzung am Ende des Seminars erfolgen: *„Wie schätze ich mich jetzt ein und wie schätze ich mich mit jetzigem Wissen rückblickend zu Seminarbeginn ein".*

- Als letzte, unterste Ebene wird auch die **Zufriedenheit** evaluiert. Die drei Elemente sind die „Kundenzufriedenheit" (im Sinne einer Teilnehmerzufriedenheit), das „Engagement" und die „Relevanz". *„Wie wird dafür gesorgt, dass das Training für alle Beteiligten zur Zufriedenheit läuft? Wie muss die Lernumgebung gestaltet sein, damit die Teilnehmenden optimal lernen können? Wie haben die*

Teilnehmenden die Maßnahme empfunden? Hat der Trainer zu ihrem Lernerfolg beigetragen? Wurde das Thema vollständig behandelt? War der Teilnehmende engagiert? Waren die Inhalte des Programms für die Arbeit relevant?"

Zufriedenheit als Voraussetzung für Wirksamkeit

Antworten auf diese Fragen lassen erkennen, ob die Maßnahme überhaupt von den Teilnehmenden akzeptiert wurde – eine Voraussetzung für deren Wirksamkeit. Positive Bewertungen zeigen an, dass das Trainingsdesign und die Präsentation der Inhalte in Ordnung sind. Ein gutes Messkriterium an dieser Stelle ist die Weiterempfehlungsrate.

Auf dieser Basis kann eine Gesamtevaluierung ausformuliert werden, von Kirkpatrick auch „hybrider Evaluierungsbogen" genannt – also eine Planung auf allen vier Ebenen (Kirkpatrick, 2016). Ist der Evaluierungsbogen erstellt, wird das Training entwickelt und durchgeführt. Ab dem ersten Training wird laufend gemessen. Während des Trainings kann laufend Feedback zum Training eingeholt werden. Das kann ganz einfach mit Fragen oder z. B. einem Plus/Delta (vgl. S. 238) durchgeführt werden. Weitere Möglichkeiten sind Wissenschecks und auch Recaps, Rollenspiele und Gruppenaktivitäten, also alle Tools, mit denen der Trainer erkennen kann, ob die Teilnehmenden gut lernen. Am Ende des Trainings kann ein Feedback-Bogen ausgeteilt werden. Die weitere laufende Überprüfung, ob das Training die gewünschte Verhaltensänderung bringt, kann über Post-Tests, Beobachtung, Feedback-Runden mit der Führungskraft und auch über Interviews oder Umfragen durchgeführt werden.

Die Ergebnisse aus diesem Prozess werden in regelmäßigen Abständen mit dem Auftraggeber besprochen und Änderungen werden – wenn nötig – veranlasst.

Aus der Sicht des Trainingsdesigners

Kirkpatricks Modell ist bei unternehmenskritischen Trainings besonders wichtig

Es ist wichtig zu wissen, dass das detaillierte Design und die Durchführung dieser breit angelegten Evaluierung mit dem hybriden Evaluierungsbogen von Kirkpatrick für unternehmenskritische Trainings („Mission Critical", vgl. S. 29) vorgesehen ist. Für alle anderen Trainings, die wichtig und doch nicht kritisch sind, sollte man dennoch die Grundidee Kirkpatricks im Kopf behalten: Was ist das Transferziel und welche kritischen Verhaltensweisen werden zu diesem Ziel führen? Darauf aufbauend wird ein Training und die Evaluierung immer mit dem Blick auf den erfolgreichen Trainingstransfer designt.

Toolbox – Evaluierung

Die Tools, die nun beschrieben werden, legen den Fokus auf die Evaluierung des Lerntransfers. Einige eignen sich auch für die Nutzung im Kirkpatrick-Modell, andere sind Ideen, wie man – vor allem in kurzen Trainings – die Transferbegleitung verbessern und somit auch evaluieren kann.

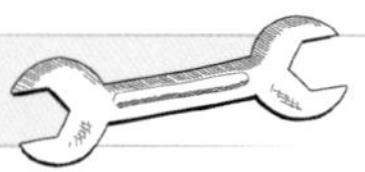

Feedback-Bogen am Ende des Seminars

Ziel: Evaluierung für Reaktion und Lernen

Vorbereitung: Bei der Frage nach der Reaktion auf das Training geht es um drei Themen: „Engagement", „Relevanz" und „Zufriedenheit der Teilnehmer". Beim Lernen wird abgefragt, ob Änderungen beim Wissen, der Haltung und den Fähigkeiten („Kopf", „Herz", „Hand") stattgefunden haben. Zusätzlich wird noch gefragt, ob die Teilnehmenden zuversichtlich sind, das Gelernte anwenden zu können und ob sie motiviert sind, es tatsächlich anzuwenden. Eine Vorlage für die Feedback-Bögen finden Sie in den Download-Ressourcen zu diesem Buch.

S'Gschichtl

Eine Teilnehmerin erzählte in der Vorstellungsrunde der Weiterbildung zum Trainingsdesigner, dass sie seit über zehn Jahren Trainings konzipiere. Und mein Gedanke war: Was kann sie wohl bei mir noch lernen?

Beim Ausfüllen des Fragebogens nach sechs Tagen Training sagte sie: *„Wäre ich vorher gefragt worden, hätte ich gesagt, ich bin auf einer zwei (Skala eins bis fünf, wobei eins die beste Zahl ist). Jetzt rückblickend muss ich sagen: Ich war auf vier und jetzt bin ich auf zwei!"*

Durchführung: Die vorbereiteten Feedback-Bögen werden am Ende des Trainings ausgeteilt/versandt. Die Daten werden digitalisiert und dem Auftraggeber, dem Trainer und – solange das Projekt noch in der Pilotphase ist – dem Trainingsdesigner zur Verfügung gestellt. Aus der Analyse der Daten ergeben sich manchmal sehr schnelle Konsequenzen, wie etwa der Austausch eines Trainers, manchmal ist es ratsam, drei bis vier Trainings abzuwarten und danach erst Änderungen in Angriff zu nehmen.

Aus der Sicht des Trainingsdesigners

- Kurze Fragebögen mit Kommentarfeldern geben einen guten Überblick über die Ebenen „Reaktion" und „Lernen".
- Eine Besonderheit, die ich inzwischen sehr zu schätzen gelernt habe, ergibt sich in der Fragestellung bei den Themen „Wissen", „Haltung" und „Fähigkeiten": Jetzt am Ende des Trainings wird der Teilnehmer gefragt, wie er rückblickend sein Wissen vor dem Seminar einschätzt und wie er sein Wissen jetzt einschätzt. Das Gleiche gilt für Haltung und Fähigkeiten.

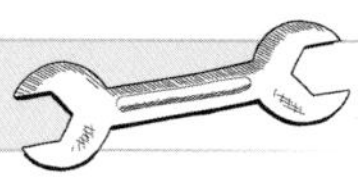

Transfer-Fragebogen

Ziel: Evaluierung ein bis zwölf Monate nach dem Training.

Vorbereitung: Ein Transfer-Fragebogen wird mit einem zeitlichen Abstand zum Training versendet. Eine Vorlage für einen solchen Fragebogen finden Sie in den Download-Ressourcen zu diesem Buch. Es kann sinnvoll sein, im Fragenbogen Themenblöcke des Trainings danach bewerten zu lassen, wie relevant sie im Alltag waren.

Tipp: Auch eine Abfrage nach den zwölf Stellhebeln der Transferwirksamkeit und der jeweiligen Relevanz kann offenlegen, inwieweit die Unterstützung des Transfers stattgefunden hat. Wenn nach einem Training nichts umgesetzt wird, wird oft nach mehr Training gerufen. Mit der Frage, was es für einen besseren Transfer benötigt hätte, kann man dem Unternehmen sehr gut zurückspiegeln, an welcher Schraube noch gedreht werden kann.

Durchführung: Die Feedback-Bögen werden eine Zeit nach dem Training an die Teilnehmenden versandt. Wie lange der Zeitraum zwischen Training und Fragebogen ist, hängt von der Dauer des Trainings ab und wie lange es braucht, bis die Verhaltensänderung dauerhaft umgesetzt werden kann. Die Ergebnisse werden ausgewertet. Wenn etwa über längere Zeit die gleichen Themenblöcke aus dem Training als „nicht relevant" eingestuft werden, ist eine Diskussion darüber mit dem Auftraggeber unumgänglich.

Aus der Sicht des Trainingsdesigners

Transferfragebögen sind eine Freude, denn die Teilnehmenden haben das Gelernte verdaut, die Anwendung ausprobiert und werfen einen entspannten, reflektierten Blick zurück. Sie ergeben ein sehr wertvolles Feedback!

Einschätzung des Trainingsanteils an der Veränderung

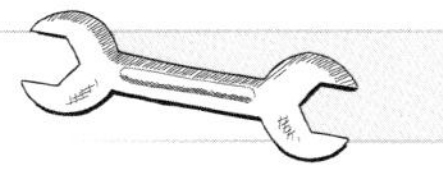

Ziel: Beurteilung der Weiterentwicklung der Mitarbeiter (bei Lernpfaden).

Vorbereitung: Fragebogen mit den beiden Fragen erstellen.

Durchführung: Nach der Trainingsmaßnahme werden den Führungskräften zwei Fragen gestellt:

- *„Wie, schätzen Sie, hat sich Ihr Mitarbeiter generell in Prozent entwickelt?*
- *Wie viel Anteil an dieser Entwicklung des Mitarbeiters hatte dabei das Training?"*

Aus der Sicht des Trainingsdesigners:

Kurz, knapp und knackig. Und schafft doch Bewusstsein bei den Führungskräften, dass das Training etwas verändert hat.

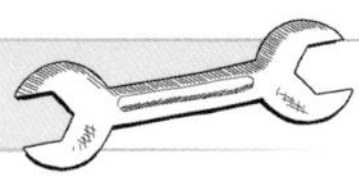

Evaluierende Beobachtung

Ziel: Führungskräfte wissen genau, was sie beobachten sollen.

Vorbereitung: Die Führungskräfte werden entweder zur Trainingsbedarfsanalyse oder in einen eigenen Workshop eingeladen. Dort wird geklärt, welche Verhaltensweisen erwartet werden und wie man beobachten kann, ob diese auch gezeigt werden. Hilfreich ist die Frage: *„Stellen Sie sich vor, dass ein Mitarbeiter schon auf die gewünschte Art arbeitet und ein anderer nicht. Woran erkennen Sie die Veränderung? Was macht der Mitarbeiter konkret anders?"*

Praktisch ist es, eine schriftliche Zusammenfassung bzw. eine Checkliste erstellen zu lassen. Wenn dann noch Zeit ist, kann man die Beobachtung und das Feedbackgeben in Rollenspielen üben lassen.

Durchführung: Die Führungskräfte beobachten die Mitarbeiter nach dem Training und geben diesen Feedback zur Veränderung. Verhalten ändert sich nicht von heute auf morgen und sehr oft fällt man wieder zurück in bekannte Verhaltensweisen. Daher sollte diese Beobachtung über einen längeren Zeitraum nach dem Training durchgeführt werden.

Aus der Sicht des Trainingsdesigners

Durch die intensive Auseinandersetzung und den Blick auf das geänderte Verhalten schafft der vorhergehende Workshop das notwendige Bewusstsein bei den Führungskräften.

Lernprojekt/Praxisprojekt

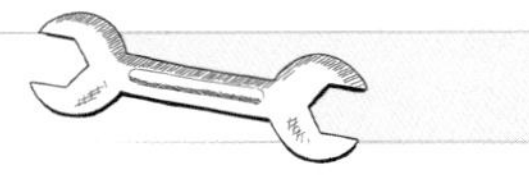

Ziel: Teilnehmende bearbeiten ein Projekt parallel zum Training.

Vorbereitung: Für ein Lern-/Praxisprojekt muss ein ganzer Prozess parallel zum Training erstellt werden, der klärt, was vor, während und nach dem Training zu tun ist und wer wofür verantwortlich ist.

- Ein Lernprojekt ist im Arbeitsbereich des Mitarbeiters angesiedelt und es ist somit die Motivation gegeben, es durchzuführen.
- Das Projekt dient dem Unternehmen und es werden die notwendigen Ressourcen zur Verfügung gestellt.
- Ein kompletter Selektionsprozess mit eindeutigen Selektionskriterien wird vorgeschaltet und ein Verantwortlicher bestimmt.
- Die Projekte werden von einer Führungskraft, internen oder externen Coaches oder einem Trainer begleitet.
- Die Kriterien, wann ein Projekt als erfolgreich gilt, werden festgelegt und eingehalten.
- Ein Zertifikat gibt es erst nach dem Projektabschluss und der Präsentation vor einem Gremium.

Durchführung: Nach der Trainingsmaßnahme und nach der Fertigstellung des Projektes wird dieses einem Gremium/den Vorgesetzten vorgestellt und bei Erfolg zertifiziert.

Aus der Sicht des Trainingsdesigners

Die Evaluierung findet bei der Präsentation/Abnahme des Projektes indirekt statt. Als Trainingsdesigner ist es wichtig, das Unternehmen auf den Prozess gut zu briefen, damit die Qualität erhalten bleibt.

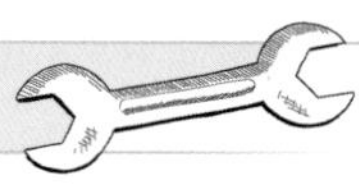

Veränderungsbeobachter

Ziel: Unterstützung bei der Umsetzung auch ganz ohne Führungskraft.

Vorbereitung: Die Führungskräfte haben keine Zeit – zumindest hört man das oft. Warum also nicht auf Personen aus dem Umfeld des Teilnehmers zurückgreifen und diese als hilfreiche Unterstützer fordern? Aus Designsicht kann es hilfreich sein, für diese Personen ein Beobachtungsblatt vorzubereiten, das spart Zeit im Training.

Durchführung: Die Teilnehmenden werden im Training aufgefordert, jeweils eine Person zu suchen, die die gewünschte Veränderung an ihnen beobachten kann. Dafür werden die Ziele formuliert, die Verhaltensweisen, an denen man die Veränderung erkennen kann und die gewünschte Häufigkeit der Beobachtung. Diese Information bekommt der Veränderungsbeobachter mit dem Auftrag, den Fortschritt zu beobachten und regelmäßig Feedback zu geben.

Geht es um Teilnehmende eines Präsentationstechniktrainings, so ist es sinnvoll, sich eine Person zum Beobachten auszusuchen, die regelmäßig bei Präsentationen des Teilnehmenden dabei ist oder dazustoßen kann, wenn der Teilnehmer präsentiert.

Aus der Sicht des Trainingsdesigners

Eine kleine, feine Intervention, die die Übernahme der Verantwortung für den Trainingserfolg auf den Schultern des Teilnehmers und seines Beobachters belässt.

Der Kunde ist König

Ziel: Veränderung aus externer Sicht gespiegelt bekommen.

Vorbereitung: In aller Kürze: Es wird geklärt, mit welcher Methode der Kunde kontaktiert wird, z. B. Fragenbogen, Interview, Beobachtung oder Fokusgruppen. In Zusammenarbeit mit den internen Fachabteilungen werden die Fragen erstellt. Außerdem wird festgelegt, wann welche Kundengruppe mit welcher Methode kontaktiert wird. Die zeitliche Abstimmung kann mit der Trainingsplanung erstellt werden, insbesondere dann, wenn regionsweise trainiert wird und man aus den Antworten erkennen könnte, dass das Training schon etwas bewirkt hat.

Durchführung: Daten werden erhoben und ausgewertet.

Aus der Sicht des Trainingsdesigners

Wenn das Training auch direkte Auswirkung auf Kunden eines Unternehmens haben soll, dann ist deren – am besten laufende – Befragung auf jeden Fall eine gute Evaluierungsmethode.

S'Gschichtl

Ich bilde sehr gerne interne Fachexperten zu Trainern aus. Die Expertise ist da und manchmal steht sie zu sehr im Vordergrund. Bei diesen Fachleuten geht es darum, Wege aufzuzeigen, wie man spannende und interaktive Trainings macht. Wie man diese Trainings evaluiert? Die zuständige Personalentwicklerin war sehr entspannt: *„Ich sehe es später an den Feedback-Bögen der Teilnehmenden aus unseren internen Trainings. Wenn meine Fach-Mitarbeiter aus deinem Training kommen und dann andere trainieren, ist dort das Feedback eindeutig besser."*

Kapitel 6

Trainingsdesign in der Praxis

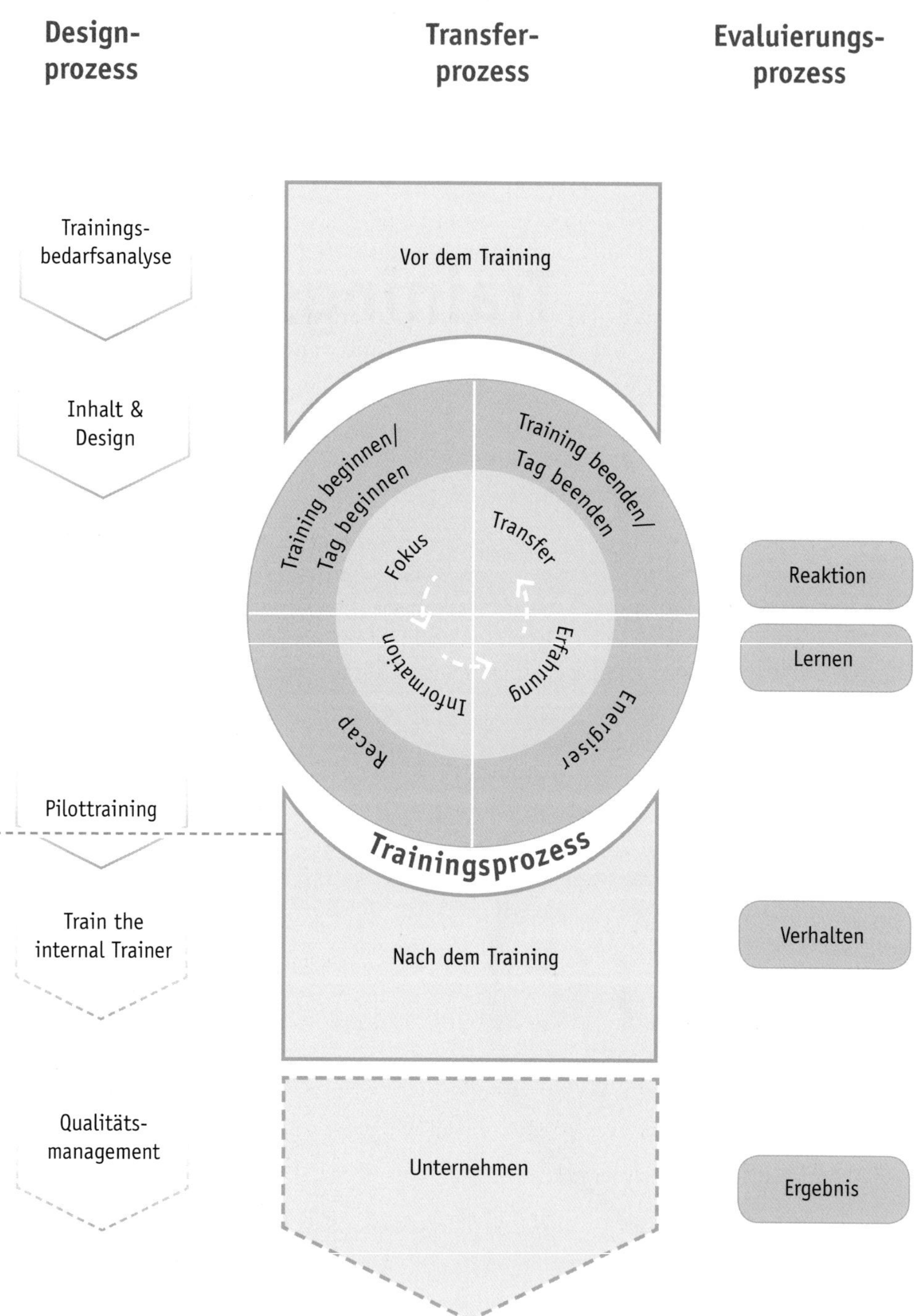

Abb.: Der gesamte Prozess eines Trainingsdesigns.

In diesem Buch konnten Sie alle einzelnen Elemente des Trainingsdesign-Prozesses kennenlernen. Und Sie konnten auch in der Theorie erfahren, wie sich diese zu einem Gesamtprozess zusammenfügen. Jetzt möchte ich Ihnen auch praktische Beispiele für den gesamten Prozess des Trainingsdesigns geben und stelle Ihnen deswegen zum Schluss zwei Fallbeispiele vor. Da ich in meiner Karriere als Trainingsdesignerin sehr viel im Bereich Prozess-, Projekt- und Qualitätsmanagement gearbeitet habe, geht es in beiden Beispielen um weltweite Trainings zum Thema „Prozessverbesserung" und „Kundenzufriedenheit".

Beim ersten Training gehe ich mehr auf die Trainingsbedarfsanalyse ein und stelle vor, wie beim Trainingsdesign Schritt für Schritt vorgegangen wird. Da ja gleichzeitig die grundlegenden Dokumente entstehen, wird auch gezeigt, wie die Unterlagen dazu aussehen.

Das zweite Fallbeispiel ist ein zwanzigtägiges Training, bei dem wir als Trainingsdesigner Gelegenheit hatten, den gesamten Prozess inklusive des internen Train-the-Trainer und des Qualitätsmanagements durchgängig zu betreuen. Deswegen wird an diesem Beispiel ausführlich auf ein dazugehöriges Seminar und das Qualitätsmanagement eingegangen. Diese Schritte stehen am Ende eines Trainingsdesign-Prozesses, bei dem auch der Rollout durch die Designer betreut und ein Feedback-Loop eingebaut wird.

Inhalt des sechsten Kapitels

Fallbeispiel „Prozessverbesserung Light" ... 322
- Trainingsbedarfsanalyse-Advanced ... 322
- Inhalt erarbeiten ... 327
- Training designen ... 328
- Trainingsmaterial ... 329
- Pilottraining ... 330

Trainingsdesignprozess Advanced ... 332
- Trainingsdesign Advanced – ein Fallbeispiel ... 337

Fallbeispiel „Prozessverbesserung Light“

Der Auftraggeber hatte in seinem Unternehmen schon unterschiedliche Trainings zum Thema „Prozessverbesserung“ im Portfolio, die für bestehende und zukünftige Projektleiter gedacht waren und die zwischen 10 und 20 Tagen dauerten. Die beiden Trainings unterschieden sich natürlich im Umfang, vor allem aber durch die Projekte, die von den Projektleitern im Unternehmen durchgeführt werden sollten. Beide Trainings waren einem Top-down-Approach zuzuordnen, die Projektleiter wurden nominiert und die Methode wurde „nur“ im Umfeld dieser Projekte bekannt.

Die Projekte selber unterschieden sich in der Dauer, in der Höhe der gewünschten Kosteneinsparung/Ertragsteigerung, dem Projektumfang und der Komplexität der angewandten Tools.

Ziel des Trainings

Das Ziel eines neuen Trainings sollte es jetzt sein, die Themen „Prozessverbesserung“ und „Kundenorientierung“ nachhaltig und unternehmensweit zu verankern. Die Idee dahinter war, dass jeder Mitarbeiter befähigt werden sollte, Prozesse im eigenen Arbeitsumfeld zu verbessern und dafür auch die Verantwortung zu übernehmen. Das Thema „Empowerment“ wurde dafür in den Fokus gerückt.

Das bedeutete, dass das Training eindeutig kürzer, inhaltlich stark reduziert und leicht in die Praxis umzusetzen sein musste. Worauf es weiter ankam, zeigte die dann durchgeführte Trainingsbedarfsanalyse.

Trainingsbedarfsanalyse-Advanced

Ich gehe in der Trainingsbedarfsanalyse auf all jene Punkt im Detail ein, die im späteren Design eine Rolle spielen und lasse für die Einfachheit der Darstellung hier im Buch auch bewusst Fragen weg.

1. Ausgangssituation

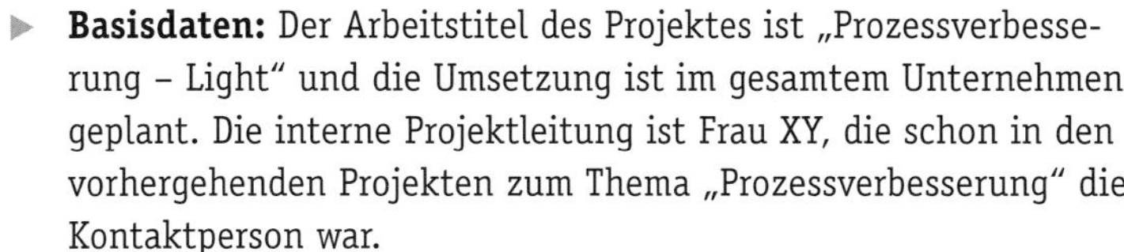

- **Basisdaten:** Der Arbeitstitel des Projektes ist „Prozessverbesserung – Light“ und die Umsetzung ist im gesamtem Unternehmen geplant. Die interne Projektleitung ist Frau XY, die schon in den vorhergehenden Projekten zum Thema „Prozessverbesserung“ die Kontaktperson war.

- **Strategische Anbindung:** Die Initiative geht von der Unternehmensleitung aus und es ist geplant, die Themen „Kundenzufriedenheit“ und „Prozessverbesserung“ im ganzen Unternehmen auf allen Ebenen auszurollen. Zusätzlich sollen das Übernehmen von Verantwortung sowie „Empowerment“, die Übertragung von Verantwortung an die Mitarbeiter, verankert werden, denn diese beiden Themen sind Teil der Unternehmensvision. Es bestehen Trainings für Projektleiter im Ausmaß von 10 und 20 Trainingstagen.

- **Ist-Situation und Auswirkungen:** Die Themen „kontinuierliche Verbesserung“ und „Kundenorientierung“ sind noch nicht auf allen Unternehmensebenen angekommen. Dies wirkt sich auf die Kunden, die Mitarbeiter und auf operativen Kosten aus.

- **Gewünschte Ergebnisse:** Die Maßnahme soll die Mitarbeiter befähigen und ermächtigen, die Prozesse in ihrer Arbeitsumgebung zu verbessern. Das Training ist erfolgreich, wenn die Mitarbeiter Prozessverbesserungen durchführen, den Erfolg darstellen können und laufend weitere Verbesserungen angehen, die zur Kundenzufriedenheit beitragen. Der bisher sehr einheitliche Trainingsapproach soll beibehalten werden.

2. Zielgruppe

- **Allgemeines zur Zielgruppe:** Die Zielgruppe sind alle Mitarbeiter im Unternehmen, die in der Produktion und allen transaktionalen Prozessen arbeiten. Dabei wird der Fokus auf natürliche Arbeitsteams mit deren Teamleitern gelegt. Die Zielgruppe hat kaum/kein Vorwissen zum Thema. Computerkenntnisse sind nicht zwingend vorhanden, von einer Alphabetisierung ist auszugehen.

  Es gibt nur dieses eine Trainingslevel, für andere Zielgruppen gibt es bereits andere Trainings. Einzig das Training für die zukünftigen Trainer muss zusätzlich bedacht werden.

- **Teilnehmeranzahl und geografische Aspekte:** Die Teilnehmenden kommen aus allen fünf Kontinenten und sind von Alter, Geschlecht und der Unternehmenszugehörigkeit her gemischt.

  Das Training wird in allen Kontinenten in allen Ländern ausgerollt und auch trainiert. Daher wird das Training in alle Sprachen übersetzt, wobei die Pilottrainings auf Englisch stattfinden werden.

- **Zusätzliche Fragen bei einem Blended-Learning:** Es ist kein Blended-Learning geplant.

3. Lernziele

- Kopf:
  - Kennen der Methode „Prozessverbesserung – Light".
  - Kennen der Schritte zur Prozessverbesserung.

- Herz:
  - Verstehen, dass jeder Einzelne die Verantwortung für die Prozessverbesserung hat und dies auch durchführt.

- Hand:
  - Die Prozessverbesserung durchführen können.
  - Die Veränderung darstellen und beibehalten können.

4. Inhalte

- **Trainingsinhalte:** Folgendes sind die Kriterien für die geplanten Prozessverbesserungen.

  - Dauer der Vorhaben von zehn Minuten bis zwei Wochen, also geht es tatsächlich um kleine Verbesserungen.

  - Die Komplexität soll gering sein, daher sollen die kleinen Verbesserungen nicht funktionsübergreifend, sondern innerhalb des eigenen Arbeitsbereiches liegen. Das bedeutet, dass die Änderungen auch schnell durchführbar sind, wobei natürlich Auswirkungen auf andere Bereiche bedacht werden sollten.

  - Es wird keine zentrale Verwaltung der Prozessverbesserungen geben, und auch auf übergeordneter Ebene keine Berechnung von Benefits erfolgen. Daher ist diese Berechnung nicht Teil des Trainings.

Die Trainingsinhalte umfassen folgende Themen:

- Problem definieren
- Ursachen verstehen
- Lösung implementieren
- Verbesserung beibehalten
- Meeting moderieren – Grundlagen

- **Material:** Es ist ausreichend Material zum Thema verfügbar, da schon zwei Trainingsformate mit vier Wochen und zehn Tagen vorhanden sind. Dieses Material ist aktuell und kann und soll auch verwendet werden. Dies gilt für die Trainingsunterlagen in PowerPoint und die gesamte Bilderwelt. Es ist Teil des Auftrages, neue Grafiken – passend zum Thema – kreieren zu lassen. Die Teilnehmenden sollen Arbeitshilfen an die Hand bekommen, die eine Umsetzung im Alltag möglichst leicht machen.

- **Lernformen:** Das Training wird als Präsenztraining durchgeführt. Das Training soll interaktiv gestaltet sein und noch im Training Bezug auf Alltagsprozesse nehmen.

5. Transfer

- **Vorher:** Die Teilnehmenden werden zum Training eingeladen und erhalten dabei die Aufgabe, sich vorab einen Prozess zu überlegen, den sie verbessern möchten. Außerdem werden die Teilnehmenden aufgefordert, mit Arbeitskollegen über das Training zu sprechen und auch diese anzuregen, über schlecht laufende Prozesse nachzudenken. Diese Prozessverbesserungs-Ideen werden im Training in Form von Mini-Projekten behandelt.

  Wenn die Vorarbeit nicht gemacht wird, sind die Auswirkungen gering, da am eigenen Prozess erst am zweiten Halbtag gearbeitet wird und daher ausreichend Zeit ist, sich einen geeigneten Prozess zu überlegen.

- **Nachher:** Für die Teilnehmenden wird Unterstützung durch den lokalen Trainer angeboten. Dieser ist zuständig, dass die Mini-Projekte erfolgreich werden. Es ist keine Zertifizierung für die Teilnehmenden geplant.

- **Umsetzungsunterstützung:** Die Teilnehmenden werden durch den Trainer und die schon zuvor im Unternehmen trainierten Projektleiter und Projektcoaches betreut. Wichtig ist, dass jeder Teilnehmer genau weiß, an wen er sich wenden kann, wenn er bei der Anwendung oder Umsetzung auf Schwierigkeiten stößt.

6. Evaluierung

- **Allgemeines:** Das Training wird jeweils am Ende von Tag 1 und von Tag 2 mit einem Plus/Delta evaluiert (vgl. S. 238). Zusätzlich erhalten die Teilnehmenden einen digitalen Feedback-Bogen nach Abschluss des Seminars und einen Transferfeedback-Bogen drei Monate nach dem Training. Die Daten werden laufend erhoben und monatlich zusammengefasst und berichtet. Im ersten Jahr gibt es einmal im Quartal ein Meeting mit dem Designteam, das Feedback wird besprochen und Änderungen vorgeschlagen bzw. umgesetzt.

  Die Verantwortung für Evaluierung/Messung der Erhöhung der Kundenzufriedenheit, Prozessverbesserung und Verhaltensänderung wurde an die Länderverantwortlichen delegiert.

7. Organisatorisches

- **Ort:** Das Training findet in den Unternehmen oder im Seminarhotel statt. Der Raum sollte ausreichend groß für die Durchführung einer Simulation sein (Teilnehmerzahl x 4 plus 20 = Anzahl der erforderlichen Quadratmeter). Die Ausstattung besteht aus Flipchart/Pinnwand bzw. Packpapier und einem Beamer.

- **Zeit:** Die Trainingsdauer ist max. zwei Tage mit den üblichen Trainingszeiten von 9 bis 17 Uhr, wobei diese Zeiten lokal angepasst werden können.

- **Unterlagen und Dokumentation:** Für die Teilnehmenden ist eine Arbeitsunterlage erwünscht, die ausführliche Dokumentation kann digital erfolgen. Das Fotoprotokoll wird digital verteilt.

- **Trainingsorganisation:** Die Trainingsorganisation wird lokal vorgenommen. Einladungstexte und sonstige Unterlagen werden auf Englisch zur Verfügung gestellt und werden in die jeweilige Landessprache übersetzt.

- **Trainer:** Das Training wird von internen Trainern durchgeführt. Diese kennen die Wissensinhalte, da sie bereits an einem der vorherigen Trainings zu dem Thema teilgenommen haben. Die Trainingserfahrung ist bei den internen Trainern unterschiedlich. Daher muss ein Train-the-Trainer mitgedacht werden. Die Trainer stehen 5–30 Tage pro Jahr zur Verfügung.

- **Qualität:** In den Quartalsmeetings werden – basierend auf dem Feedback – Änderungen vorgeschlagen bzw. umgesetzt. Die geänderten Unterlagen werden den Trainern zur Verfügung gestellt. Da das Trainingsmaterial in die Landessprachen übersetzt wird, ist darauf zu achten, dass genau markiert wird, was geändert wurde.

- **Projektmanagement:** Das Deployment (Ausrollen des Gesamtprozesses) wird von den in den Kontinenten/Ländern zuständigen Lead-Coaches initiiert und durchgeführt. Diese sind auch dafür verantwortlich, Trainer zu benennen, die bei Bedarf ein Train-the-Trainer-Seminar besuchen.

  Für die Erstellung des Trainings werden drei Lead-Coaches als Fachexperten zur Verfügung stehen. Der Zeitbedarf wird dabei ca. zehn Tage/Lead-Coach betragen und umfasst die Abnahme der Inhalte, die Entscheidungen in der Designphase und das Erstellen eines Kommunikationsplans für den länderspezifischen Rollout. Das Pilottraining sollte bis xx.xx.xxxx entwickelt und pilotiert sein, danach startet der weltweite Rollout.

- **Und was auch noch:** Das Budget für Trainingsdesign und Training ist vorhanden.

Inhalt erarbeiten

- **Inhalte zusammenstellen:** In diesem speziellen Fall war das Zusammenstellen der Inhalte ein leichtes, war doch schon ausreichend Trainingsmaterial durch die beiden anderen Trainings (20 Tage und 10 Tage) vorhanden.

- **Grobplan erstellen:** Aus der Trainingsbedarfsanalyse und den bestehenden Inhalten heraus wurde ein Grobplan für ein zweitägiges Training erstellt, der die Einführung in die Prozessverbesserung, die vier Schritte der Prozessverbesserungsmethode und Grundkenntnisse der Moderation umfasste.

Der grobe Plan für die Trainingstage

Tag 1:
- Willkommen
- Einführung in die Prozessverbesserung
- Meetings moderieren
- Problem definieren
- Ursachen verstehen

Tag 2:
- Lösungen implementieren
- Veränderung erhalten
- Die Anwendung planen
- Verhaltensweisen eines Prozessverbesserers
- Abschluss

▶ **Module inhaltlich ausarbeiten:** Dieser Teil der Arbeit war tatsächlich nicht einfach, denn es war zwar viel Material vorhanden, die Zielgruppe dafür war aber neu. Das Training sollte so einfach wie möglich sein und doch eine gute Grundlage für die Prozessverbesserung darstellen. Die Siebe der Reduktion (vgl. S. 75) sind an dieser Stelle ein hilfreiches Tool: einfach jedes Modul bzw. in einem Modul jede PowerPoint-Folie ansehen und entscheiden, ob dieser Inhalt im neuen Training seinen Platz hat oder nicht.

Training designen

Wie immer war zu diesem Zeitpunkt die Liste an Designideen lang. Jetzt war der Zeitpunkt gekommen, mit diesen Ideen zu spielen. Schon früh hatte sich die Idee herauskristallisiert, mit einer Simulation zu arbeiten und gleichzeitig war der Wunsch da, mit echten Prozessen zu arbeiten.

Wenig Trainingserfahrung der Trainer

Es war akkordiert, dass nur Trainer mit inhaltlichem Know-how trainieren würden, es war aber klar, dass nicht alle Trainer Trainingserfahrung haben würden. Daher wurde von Anfang an eine Simulation bevorzugt, da der Trainer großteils vorhersagbare Ergebnisse aus den Gruppenübungen erzielen würde, was es für ihn leichter macht. Ob Businessprozesse in Kleingruppen bearbeitet werden, oder ob jeder Teilnehmer jede Übung mit einem eigenen Prozess durchführt, wirkt sich darauf aus, ob man ungefähr weiß, was das Ergebnis für alle sein soll. Je weniger vorhersehbar, desto komplexer das Training – das macht es für Jung-Trainer schwieriger.

Bei der Auswahl der Simulation wurde darauf geachtet, wie leicht die Materialien auch weltweit zu organisieren waren. Nach Auswahl der Simulation war klar, es wurden nur folgende Dinge benötigt: ein Tisch, ein Maßband, vier Streifen Tape, Papier, ein Stift und zwei unterschiedlich große Münzen.

Das Training wurde nun Modul für Modul beschrieben und das Teilnehmermaterial, die Agenda, das Trainerhandbuch und die Raum- und Materialliste fertiggestellt.

Trainingsmaterial

- **Material für die Teilnehmenden:** Beim Trainingsmaterial für die Teilnehmenden wurden unterschiedliche Strategien angewandt.

  - Die Inhalte mit allen Detailbeschreibungen wurden als PowerPoint-Datei mit Notizenansicht kreiert, als PDF gedruckt und online zur Verfügung gestellt.

  - Für den Trainingsraum selbst wurde ein Workbook gestaltet, das vom Aufbau immer gleich war: auf der linken Seite die Inhalte in kürzester Form, auf der rechten Seite die Übungsanleitung und Platz für Lösungen und Notizen zur Übung bzw. Anwendungsideen im eigenen Bereich.

  - Zusätzlich wurde ein Canvas gestaltet, der in DIN-A3-Größe gedruckt wurde. Die Idee war, dass die ganze Prozessverbesserung auf diesem Canvas dargestellt werden konnte. Dieser Canvas wurde natürlich auch im Training verwendet, damit sich die Teilnehmenden gleich daran gewöhnen konnten. Der Canvas wurde einmal ohne Inhalte zur Verfügung gestellt, einmal mit den Tools, die in jedem Prozessschritt verwendet werden sollten und einmal mit einem durchgängigen Businessbeispiel.

- **Material für die Trainer**: Für die Trainer gab es die üblichen Unterlagen:

  - Agenda,
  - Trainerhandbuch und
  - Raum- und Materialliste.

  Da jeder Trainer vorher in einem der beiden weitaus länger dauernden Trainings war und selbst meist schon ein Projekt durchgeführt hatte, benötigten diese kein weiteres Zusatzmaterial.

Beispielhafte Auszüge – sowohl für die Agenda, Raum- und Materialliste als auch aus dem Trainerhandbuch für dieses Training – finden Sie in den Download-Ressourcen (vgl. außerdem S. 96 ff.).

Pilottraining

An zwei Standorten wurden Pilottrainings durchgeführt und wie immer zeigte sich, dass man gut daran tut, Feedback einzuholen.

- **Teilnehmer:** Die Teilnehmenden empfanden das Training als sehr hilfreich und für den Alltag gut umsetzbar. Das Modul zum Thema „Moderation" kam besonders gut an. War dieses Modul ursprünglich noch am Ende des ersten Tages, wurde es aufgrund des Feedbacks vorverlegt und alle Übungen bekamen den Zusatz „Wählt einen Moderator".

  Eine ursprüngliche Angst davor, nur mit dem Workbook unterstützt selbst Prozessverbesserung zu moderieren, konnte mit Hinweis auf die zusätzlichen digitalen Inhalte und die Vor-Ort-Unterstützung durch Trainer und Coaches verringert werden. Den Teilnehmenden wurde empfohlen, selbst ein bis drei Prozessverbesserungen durchzuführen und dann auch andere dabei zu unterstützen.

  Die Simulation war einfach genug und bot dennoch alle Elemente, die es für das Lernen benötigte. Sie bot somit eine gute Grundlage für das Arbeiten an den eigenen Prozessen.

- **Trainer:** Obwohl die Trainer das Training selber einmal durchlaufen hatten, zeigte sich, dass die Inhalte ihnen doch nicht so geläufig waren, wie gedacht. Deswegen wurde das Trainerhandbuch ausführlicher geschrieben und Bilder des Pilottrainings wurden in das Handbuch integriert.

  Die Beschreibung der Simulation wurde im Trainerhandbuch viel detaillierter. Denn es war genau zu erklären, was die Kundenerwartungen sind und was der Trainer im Laufe der Simulation erlauben darf oder auch nicht, um das gewünschte Ergebnis zu bekommen.

Trainingsdesignprozess Advanced

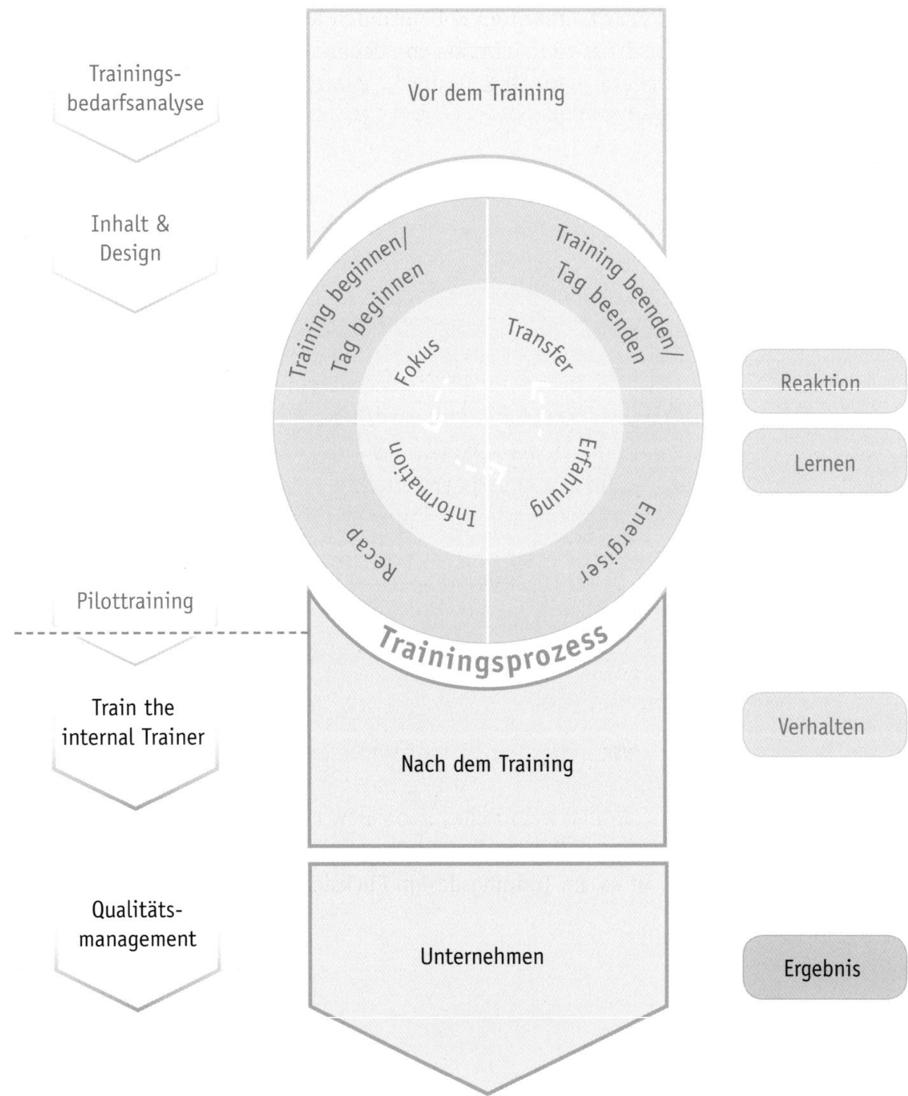

Abb.: Der Gesamtprozess mit Fokus auf die beiden letzten Schritte des Trainingsdesigns.

Nachdem jetzt alle Elemente des Trainingsdesigns klar sind und diese beispielhaft in dem gerade beschriebenen Trainingsdesign eingesetzt wurden, noch ein paar Worte zu Trainings, die besonders umfangreich angelegt sind, weil sie einen unternehmensweiten oder auch konzernweiten Rollout betreffen. Ein Trainingsdesigner kann im Rollout involviert sein und diesen optimieren.

Weltweiter Rollout durch interne Trainer

„Trainingsdesignprozess Advanced" – das ist der Name für den Prozess, der den Gesamtüberblick über den Designprozess und einen unternehmensweiten, auch konzernweiten Rollout durch interne Trainer beinhaltet. Dafür braucht es fünf Schritte, von denen die ersten drei – „Trainingbedarfsanalyse", „Inhalt & Design", „Pilottraining" – im Buch bereits detailliert erklärt wurden (s. S. 35 ff.). Die beiden letzten Schritte werden nun ergänzt und es wird erklärt, auf welche bestimmten Punkte bei besonders umfangreichen und durch das Trainingsdesign betreuten Rollouts besondere Aufmerksamkeit gelegt werden muss.

1. Trainingsbedarfsanalyse

Sehr detailliert werden hier die Inhalte und Rahmenbedingungen für die Durchführung des Trainings festgelegt. Es geht dabei um die Anbindung an die Organisationsstrategie, die Klärung, was tatsächlich verändert werden soll und daraus die Festlegung der Lernziele.

Ein besonderes Augenmerk muss bei umfangreichen Rollouts darauf gelegt werden, wie viele Personen in welchen Ländern und in welchen Sprachen geschult werden und welche Trainingsmaterialien zur Verfügung stehen sollen.

Werden die Trainings durch interne Kollegen durchgeführt, dann ist in der Trainingsbedarfsanalyse besonders darauf zu achten, wer die zukünftigen Trainer sein werden: Es ist detailliert zu eruieren, wie viel inhaltliches und wie viel trainingstechnisches Know-how mitgebracht wird. Je klarer hier schon die zukünftige Trainergruppe genannt werden kann, desto leichter ist es, im Trainingsdesign Rücksicht zu nehmen.

2. Design

Passgenaues, lebendiges und nachhaltiges Training entsteht durch die Kombination aus den vom Unternehmen gewünschten Inhalten und einem kreativen Designprozess.

Wissen und Know-how, Strategie und Werte des Unternehmens – all das fließt in die Ausarbeitung für das Design des Trainings mit ein. Inhaltliches Know-how wird in den meisten Fällen bestehendes Expertenwissen sein und kann durch deren Teilnahme an Workshops zum Trainingsdesign vereinheitlich werden. Das Level an trainingstechnischem Know-how hat einen sehr großen Einfluss auf das kreative Design des Trainings und somit auf die Ausgestaltung des Trainingsprozesses.

Planung für unerfahrene Trainer

Wenn der Designer weiß, dass das Training von Menschen trainiert wird, die noch nie im Trainingsraum gestanden haben, dann wird das Design „leichter" ausfallen. Das kann konkret bedeuten, dass PowerPoint-Folien zur Verfügung gestellt werden, dass die Sprechanteile des Trainers größer sein werden und dass die Übungen weniger kompliziert sein werden.

Planung für erfahrene Trainer

Wenn allerdings Trainerprofis das Design übernehmen werden, kann man vermehrt in das „Training from the back of the room" einsteigen, flexiblere Rollenspiele und komplexere Simulationen einbauen.

Auch die Unterlagen für den Trainer – Trainerhandbuch, Agenda, ergänzendes Material – werden umso detaillierter beschrieben sein, je unerfahrener ein zukünftiger Trainer und je komplexer das Training ist. Im Trainerhandbuch können dann gern standardmäßig auch allgemeine Dinge stehen: zum Beispiel wie man sich gut für ein Training vorbereitet, wie der Einladungsprozess der Teilnehmenden funktioniert, wie die Logistik im Allgemeinen aussieht und dass man das am besten auch noch einmal überprüft.

Im Trainerhandbuch werden die zu erstellenden Flipcharts gezeigt und auch die möglichen Ergebnisse von Übungen detailliert beschrieben. So wird für den Trainer schon in der Vorbereitung klar, was bei den Übungen herauskommt und wann er möglicherweise im Training einschreiten muss, weil die Ergebnisse der Teilnehmenden in eine ganz andere Richtung gehen.

3. Pilottraining

Bei diesem Training wird getestet, ob die Arbeit des Designers gut gemacht ist. Ziel ist es, Feedback der Gruppe für die Überarbeitung und Fertigstellung des Trainings zu erhalten.

Teilnehmer dieses Trainings sind einerseits die echte Zielgruppe, also Mitarbeiter, deren Kollegen später genau in diesem Seminar sitzen werden. Andererseits nehmen auch die Trainer, die später die Trainings durchführen sollen, daran teil und das Training wird so durchgeführt, wie es ausgearbeitet wurde.

Aufgaben der Pilot-Teilnehmer

Die Teilnehmer aus der zukünftigen Zielgruppe zeigen an, ob das Training so ist, wie sie es brauchen, um die geplante Veränderung zu erreichen. Die zukünftigen Trainer haben hier zwei Hüte auf. Zum einen geben sie Feedback, ob das ausgearbeitete Training inhaltlich passt. Zum anderen stellen sie sich gleichzeitig die Frage, ob sie das so trainieren können und was sie für eine gute Umsetzung noch benötigen.

Bei größeren, vor allem bei internationalen Rollouts ist es wichtig, das Training in mehr als einer Region zu testen. Wenn der Rollout weltweit geplant ist, sollte man zumindest drei Pilottrainings einplanen, z.B. in Europa, Südamerika und Asien. Dabei kann man auch testen, ob die Inhalte und die geplanten Aktivitäten auch international anwendbar sind.

4. Train-the-Trainer-Seminar

Fachexperten zu Trainern ausbilden

Nach der Überarbeitung des Trainings auf Basis des Feedbacks aus den Pilottrainings sind das Trainerhandbuch, die Agenda und das Teilnehmermaterial fertig für den Einsatz. Dies ist die Grundlage für das Train-the-Trainer-Seminar, bei dem die Fachexperten zu Trainern ausgebildet werden.

Jetzt ist es gut, wenn diese Trainer schon bei der Zusammenstellung der Inhalte dabei waren und auf jeden Fall am Pilottraining oder einem späteren Training teilgenommen haben. Das macht es für sie viel leichter, sich unter dem beschriebenen Training etwas vorzustellen.

Vor dem Training bekommen die Teilnehmenden die Unterlagen geschickt mit der klaren Aufforderung, bestimmte Teile – meist zwei bis drei – aus dem Training vorzubereiten mit allem, was dazugehört: Flipcharts, Moderationskarten, Aktivitäten etc. Im Training selbst bekommen sie das Handwerkszeug eines Trainers vermittelt und fangen direkt an, die Module des zukünftigen Trainings selbst zu trainieren.

Das wiederholte Training der Inhalte vor einer Gruppe und deren unmittelbares Feedback geben den Trainern Sicherheit in zweierlei Hinsicht: Sie verinnerlichen den Inhalt sowie den Ablauf und werden sicherer im Umgang mit unerwarteten Situationen.

Das Besondere an dieser Vorgehensweise ist, dass alle noch offenen Fragen zum Material und zum Ablauf sofort geklärt werden können. So kann eine gute Stabilität für das Training gewährleistet werden.

Das Arbeiten mit Lead-Trainern

Nach dem Train-the-Trainer kann man die Trainer jetzt selbstständig trainieren lassen oder ein sogenanntes Tandem-System anbieten. Dabei läuft der Trainer einmal mit einem Lead-Trainer mit. Einen Teil des Trainings übernimmt der Lead-Trainer, den anderen Teil übernimmt der Jungtrainer. Das gibt dem Trainer Sicherheit, weil ein Sicherheitsnetz – von mir liebevoll auch Airbag genannt – immer im Raum ist. Eine weitere Möglichkeit besteht darin, zwei Jungtrainer trainieren zu lassen und der Lead-Trainer ist zugegen und greift nur in Notfällen ein.

5. Qualitätsmanagement

Das Qualitätsmanagement bezieht sich auf zwei Bereiche: die Qualität der Inhalte und die Qualität der Trainerleistung.

- **Qualität der Inhalte:** Wenn ein Training über längere Zeit in einem Unternehmen trainiert wird, dann können sich die Inhalte ändern. Hoffentlich nicht alle, aber das eine oder andere Modul kann oder muss geändert oder ganz herausgenommen werden.

  Der Impuls für die Änderung des Trainings kann dann vom internen Auftraggeber, den Trainern oder der Personalentwicklung kommen. Eine andere Möglichkeit ist es, die Teilnehmenden nicht nur am Ende des Trainings, sondern vor allem drei bis sechs Monate nach dem Training zu befragen. Dabei kann über die Feedback-Bögen die Wichtigkeit, Notwendigkeit und Tiefe der einzelnen Module abgefragt werden. Wird in der Auswertung über längere Zeit ersichtlich, dass bei gewissen Themen die Tiefe fehlt, kann man hier ebenso nachsteuern wie wenn man erkennt, dass einzelne Inhalte überhaupt nicht angewendet werden.

- **Qualität der Trainerleistung:** Hier wird sichergestellt, dass die Trainer auch so trainieren, wie es ihnen vorgegeben wurde. Meist reicht es, wenn die Trainer durch die oben beschriebenen Schritte gegangen sind, um die Qualität zu erhalten.

Weiterbildungsreihen erfordern Trainerfeedback-Bögen

Kritisch wird es dann, wenn Teilnehmende durch eine Weiterbildungsreihe gehen und der Trainer des nächsten Trainings darauf vertraut, dass im vorherigen Training alles Wichtige geschult wurde. Da sich hier Lücken auftun können, ist ein Trainerfeedback-Bogen wichtig, in dem die Rückmeldungen zu den Inhalten, zu vorangegangenen Trainings, zum Trainingsmaterial und zur Logistik gesammelt werden.

Trainingsdesign Advanced – ein Fallbeispiel

Die schönsten Aufträge für einen Trainingsdesigner sind die, bei denen man den Rollout längerfristig begleiten kann. Das kann durch das Schulen des Trainings selbst und die darauffolgende Ausbildung der internen Trainer erfolgen. Noch interessanter wird es, wenn auch langfristig das Qualitätsmanangement des Trainings mit zu den Aufgaben des Trainingsdesigners gehört. So kann man bei der weitergehenden Betreuung der Trainer helfen und auch miterleben, wie die Inhalte des Trainings aufgenommen werden und auch Strategieänderungen des Unternehmens während einer längeren Laufzeit ins Training zurückspiegeln.

Zwei Unternehmen fusionierten und der daraus entstandene Konzern mit 50.000 Mitarbeitern sollte daraufhin zu einem Unternehmen zusammenwachsen, weshalb das Management die systematische Integration beider Unternehmen plante und umsetzte.

Dabei ging es auch darum, voneinander zu lernen, weshalb Prozesse der Unternehmen verglichen wurden, um die besten Vorgehensweisen im fusionierten Unternehmen einzusetzen. Dafür wurde in einer groß angelegten Initiative die Leistung der Kernprozesse ermittelt und innerhalb der unterschiedlichen Regionen sowie mit anderen erfolgreichen Unternehmen abgeglichen. Basierend auf diesen Best-Practice-Prozessen wurde verbessert und harmonisiert.

Anfangs wurden die unterschiedlichen Kulturen belassen, damit die Mitarbeiter diese erst mal aufnehmen und auf sich wirken lassen konnten, um im Anschluss eine Bestandsaufnahme der beiden Kulturen durchzuführen. Die Führungskräfte wurden nach dem Status quo gefragt und welche Kultur sie sich im fusionierten Unternehmen wünschen würden. Die kulturelle Integration wurde zum Fusionsthema erklärt und in Form von ganztägigen Vorstandssitzungen, regionalen Workshops mit Managementteams und Hilfestellungen für Führungskräfte bei der Gestaltung der Unternehmenskultur in ihrem Bereich angegangen. Damit die kulturelle Integration keine theoretische Übung bleibt, mussten Mitarbeiter und Manager die Abläufe des Unternehmens so anpassen, dass diese auch die neuen Werte widerspiegelten. Dafür wurden konkrete Defizite bei Prozessen und Gewohnheiten während der Workshops definiert.

Aufgabe des Trainings

Erst hier kam ich ins Spiel: Ein Teil der Unternehmensstrategie war es, ein Training zu entwickeln – ebenfalls zum Thema „kontinuierliche Verbesserung" – das gleichzeitig zu einer gemeinsamen Unternehmenskultur beitragen und weltweit im interkulturellen Kontext ausgerollt werden sollte. Laut Planung sollten mit diesem Training 2.000 Mitarbeiter trainiert werden. Inhaltlich lag der Fokus darauf, mit der Verbesserung von Prozessen die Kundenzufriedenheit zu steigern. Für die Unternehmenskultur gab es auch den Wunsch nach Vereinheitlichung. So sollte eine crossfunktionale Zusammenarbeit von Teams verankert, die Entscheidungsfindung auf Faktenbasis eingerichtet sowie eine kontinuierliche Verbesserungskultur geschaffen werden.

1. Trainingsbedarfsanalyse

Für das Konzerntraining wurde bei der Erarbeitung der Trainingsbedarfsanalyse besonderen Wert auf die Zusammensetzung des Teams gelegt. Anwesend waren unter anderem die zukünftigen Nutznießer, die Mitarbeiter aus den Fachabteilungen, die potenziellen Trainer und die interne Trainingsmanagerin.

Ausgehend von der Anbindung an die vorgegebene Unternehmensstrategie wurden die Zielgruppe und die Voraussetzungen für deren Teilnahme am Training präzisiert. Geklärt wurden in erster Linie folgende Fragen:

Erste Fragen in der Bedarfsanalyse

- *„Was sollen die Teilnehmenden wissen, kennen, können?*
- *Welche Verhaltensweisen sollten sie ändern?*
- *Was sollen sie am Arbeitsplatz anwenden können?"*

Auf dieser Grundlage wurde der Inhalt des Trainings in groben Zügen umrissen. Geklärt wurde auch die Rolle der zukünftigen Teil-Projektleiter, die Durchführung des weltweiten Rollouts, die Sprachen sowie die Frage, wer die internen Trainer für dieses Training sein könnten.

Viele Designideen, die bei der Entwicklung eines anderen Trainings schon ausgezeichnet angekommen waren, sollten weiterverwendet werden: So wurden bei den Visualisierungen ermüdende PowerPoint-Präsentationen durch Flipchart und Pinnwand ersetzt. Beibehalten werden sollte auch die Abfolge von kurzen Informationsphasen, denen jeweils lange Übungsphasen folgten. Dieses schnelle In-Aktion-Bringen und das Andocken an unternehmensinterne Projekte sorgten für extrem viel Unternehmensnähe und für ein lebendiges und anwendungsorientiertes Lernen. Für den Cultural Change kristallisierten sich unter anderem Themen wie „Kundenfokus", „Prozessorientierung", „kontinuierliche Verbesserung" und die „crossfunktionale Teamarbeit" heraus.

In der Trainingsbedarfsanalyse wurde auch geklärt, wie die zukünftigen Teilnehmenden an die trainingsbegleitenden Projekte kommen werden, die Voraussetzung für die Trainingsteilnahme sein sollten. Nur durch das Durchführen eines Projektes begleitend zum Training kann der Transfer des Gelernten tatsächlich stattfinden. Zusätzlich gab es für jeden Projektleiter auch einen Projektcoach, der für inhaltliche Fragen und Fragen zur Projektdurchführung gemäß der geschulten Methodik zuständig war.

2. Inhalte erarbeiten und Training designen

Ganz ohne Herausforderung ging es hier nicht: Unter Zeitdruck war es wichtig, die gewünschten Inhalte zu erarbeiten und im geplanten Zeitrahmen von sechs Tagen unterzubringen.

Dem Wunsch, Teamwork erlebbar zu machen, wurde durch Gruppenarbeiten in unterschiedlichen Kontexten und in unterschiedlichen Konstellationen nachgekommen. Begleitend für das Training wurde eine Simulation entwickelt, die auf die Themen „Kundenfokus", „Prozessorientierung" und „Qualitätsdenken" fokussiert war. Die Herausforderung bestand darin, dass das simulierte Unternehmen verbesserungswürdige Produkte und unzufriedene Kunden hatte und die Teilnehmenden im Laufe des Trainings den Produktionsprozess verbessern sollten.

Für die Entwicklung der Simulation waren zwei Dinge wichtig: Erstens sollte das Material dafür weltweit einfach zu beziehen sein und zweitens sollten alle Übungen des sechstägigen Trainings anhand der Simulation durchgeführt werden können. So konnte sichergestellt werden, dass auch neue Trainer die Richtigkeit der Ergebnisse von Gruppenübungen leichter überprüfen konnten.

3. Pilottraining

Pilottrainings auf drei Kontinenten

Es wurden drei Pilottrainings an drei Standorten in drei Kontinenten geplant. Die Herausforderung war klar: Funktioniert das Training bei allen Teilnehmenden auch im interkulturellen Kontext?

Eingeladen waren „ganz normale" Teilnehmende sowie zukünftige Trainer. Die Teilnehmenden wurden – wie in jedem anderen Training auch – täglich um Feedback gebeten. Das gab uns Rückmeldung darüber, ob es sich um übliches Feedback handelte oder ob sich Unstimmigkeiten im Seminarablauf gebildet hatten. Wir Trainer achteten genau darauf, dass der rote Faden stets gegeben war. Im Designprozess hatten wir uns für die Simulation entschieden. Der Grund dafür war, dass wir wussten, dass sich noch zu trainierende Jungtrainer mit dem Training leichter tun würden, wenn das Outcome der jeweiligen Übungen prognostizierbar ist. Denn bei von Teilnehmenden mitgebrachten Projekten ist das „Risiko" hoch, dass die Betreuung dieser, nicht immer sauber definierten, Projekte für einen Jungtrainer zu anspruchsvoll ist.

Fazit: Genauere Übungsbeschreibungen sind erforderlich

Die Durchführung der Simulation klappte, allerdings wurde uns klar, dass wir im Trainerhandbuch noch viel detaillierter sein mussten als bisher. Die Beschreibung der Übungen musste ganz klar sein und mögliche Stolpersteine darlegen. Wird nämlich die erste Runde der Simulation falsch gespielt, hat das Auswirkungen auf jede Übung im weiteren Trainingsverlauf.

Wir entschieden zusätzlich, bei jeder Übung zu beschreiben, wie das mögliche Ergebnis sein sollte, damit der zukünftige Trainer schon während der Übung gegensteuern konnte, wenn die Gruppe sich verrannt hatte. Die zweite Runde der Simulation hatte es ebenfalls in sich: Was dürfen die Teilnehmenden am Prozess ändern, was kann der Trainer erlauben, was verbieten? Ebenfalls stets wichtig ist: Durch welche der Regeln lernen die Teilnehmenden am meisten?

Zusätzlich waren in diesen Trainings auch die zukünftigen Trainer anwesend. Sie hatten die Gelegenheit, das Training einmal in voller Länge zu sehen, die Zusammenhänge zu verstehen und auch die Durchführung der Übungen zu erleben. Dieses Verständnis ist eine wichtige Grundlage für den nächsten Schritt: das Train-the-Trainer-Seminar.

Nach dem Pilot werden finale Unterlagen erstellt

Mit dem Feedback aus den Pilotseminaren wurden die finalen Unterlagen erstellt: die Agenda mit Zeitangaben und Kurzinformationen, die Teilnehmerunterlagen und das Trainerhandbuch.

4. Train-the-Trainer

Es war das erste Train-the-Trainer-Seminar im Konzern, das direkt mit dem zu trainierenden Training verknüpft war. Die Herausforderung für die Teilnehmenden bestand darin, sich vor dem Training mithilfe des Trainerhandbuches auf das erste Modul vorzubereiten und sich gleich am ersten Tag ins Trainerleben zu stürzen. So wurde schnell klar, wo für den Einzelnen die persönliche Lernkurve startete.

Bewertung nach jeder Trainingseinheit

Jeder der Teilnehmenden durfte sowohl zwei Module als auch einen Energiser oder Recap trainieren. Im Anschluss an jede Trainingseinheit bewertete sich erst der Jungtrainer selbst, dann durften die Teilnehmenden ihre Meinung äußern und erst zum Schluss gab es Feedback von meiner Seite. Jede Bewertung wurde schriftlich auf Moderationskarten gesammelt und jedem Jungtrainer als Geschenk übergeben. Es ist immer wieder eine Freude mitanzusehen, wenn schon der zweite Auftritt deutlich besser läuft. Das liegt an der lehrreichen Erfahrung, dass die Teilnehmenden nicht nur Feedback bekommen, sondern selbst auch welches geben.

Zusätzlich legte ich eine Pinnwand an, auf der ich nützliche Tipps und Tricks, die das Trainerherz erleichtern und die Nerven beruhigen, sammelte. Angefangen beim richtigen Ablösen von Post-its®, über cleveres Mischen der Teilnehmergruppen, bis hin zu dem Selbstbewusstsein, dass Trainer zwar Lernermöglicher, jedoch keine Babysitter sind.

Unterschätzt wurde von allen Teilnehmenden, wie schwierig es ist, eine Simulation vorzubereiten und zu moderieren. Denn bei der Durchführung ist es wichtig, darauf zu achten, dass sich keine Fehler einschleichen, die alle nachfolgenden Übungen beeinflussen würden.

Besonderen Stellenwert und Funfaktor hatte auch jedes Mal die Übung, die verhaltenskreative Teilnehmende entlarvt. Zuerst offenbarte ich, wie man mit störenden Verhaltensweisen umgehen kann. Nach der Übung allerdings wussten die Teilnehmenden das und beobachteten mich wie unter einer Lupe: „Does she walk the talk?“

5. Qualitätsmanagement

Lead-Trainer

Im Konzernumfeld wurde entschieden, dass die Teilnehmenden nach dem Train-the-Trainer-Seminar am Anfang gemeinsam mit einem Lead-/Master-Trainer arbeiten. So konnte sich der Jungtrainer auf seine Module konzentrieren, während der Lead-/Master-Trainer nebst eigenen Modulen das Gesamtgeschehen im Auge hatte. Erst danach und nur wenn sich der Trainer sicher genug fühlte, konnte er das Training alleine durchführen.

Qualitätsmanagement bedeutet auch, dass das Feedback der Teilnehmenden gehört und laufend in das Trainingsmaterial integriert wird. Deshalb wurde jeden Tag direkt Feedback eingeholt, um rasch reagieren

Es wird tägliches Feedback integriert

zu können. Ob es dabei um den Wunsch nach einem Obstkorb, nach einer weitergehenden Erklärung oder nach frischer Luft ging – dem konnte man dadurch direkt nachkommen.

Zusätzlich wurde ein Online-Tool eingeführt, mit dem die Teilnehmenden vor dem Seminar, nach jedem Seminarblock und dann nochmals sechs Monate nach Seminarende befragt wurden. Gerade dieses letzte Feedback enthielt die wertvolle Information, wie nützlich und anwendbar die Teilnehmenden die einzelnen Module fanden.

Rückmeldungen aus dem Seminar und dem Online-Tool wurde an das Trainerteam zurückgespielt, mit eigenen Beobachtungen, Ideen und Wünschen vom Management ergänzt und in regelmäßigen Meetings diskutiert. Je nach Ausmaß der Änderung wurde das Management miteinbezogen oder es konnte gleich umgesetzt werden und die Trainer über die Änderungen informiert werden.

Das Ergebnis

Durch die weltweite Trainingsmaßnahme kam man der Idee „One common culture" durch die Bildung einer gemeinsamen Sprache der kontinuierlichen Verbesserung bedeutend näher. Die internen Trainer lernten Fertigkeiten, die sie nicht nur im Trainingsraum, sondern auch bei der Arbeit in Fachbereichen und als Führungskraft einsetzen konnten. Die Trainer, die auch Projektleiter sind, sind jetzt größtenteils in Führungspositionen tätig, in denen sie das inhaltliche Wissen und die Soft Skills aus der Train-the-Trainer-Maßnahme sehr gut anwenden können.

Der Return on Investment

Das Konzept rechnet sich im Schnitt nach 100 Trainingstagen, so auch bei diesem Konzern. Der Break-even war bereits im ersten Jahr erreicht und innerhalb der ersten fünf Jahre konnten 620.000 EUR an externen Trainerkosten eingespart werden. Vor allem für internationale Konzerne, die oft sehr viele Mitarbeiter trainieren wollen, ist das eine kostengünstige Variante, die sich noch Jahre später bezahlt macht.

Danke!

- Meinen Teilnehmerinnen und Teilnehmern der Trainings, die ich designt und auch weltweit auf allen Kontinenten trainiert habe.
- Den Unternehmen, in denen ich meine kleinen und großen Designprojekte durchgeführt habe und meinen genialen Projektpartnerinnen Christiane Köhm und Brigitte Bauder.
- Sabine Stengel in Berlin für die gegenseitige Unterstützung beim Schreiben: Mögen unsere beiden so unterschiedlichen Bücher die Leser finden, die das Buch gerade brauchen.
- Masha Ibeschitz, die wie in Wirbelwind bei mir erschien und mich binnen kürzester Zeit für Kirkpatricks Evalutionsmodell begeistert hat.
- Ina Weinbauer, die so viel Klarheit zum Thema Transfer beigetragen hat.
- Martina Lauterjung, die dem Buch mit Stift und Pad visuelles Leben eingehaucht und es damit so viel lebendiger gestaltet hat.
- Meiner Textprinzessin Natalie Harapat, die mir seit meinen beruflichen Schreibanfängen immer wieder Mut gemacht hat!
- Meinen Eltern, die in schreibintensiven Phasen für das leibliche Wohl gesorgt haben und mich immer wieder liebevoll an die frische Luft geschickt haben.
- Und meinen Kids David und Jacob, die nicht verhungert sind, wenn ich mal nicht so ansprechbar war und die mit Leichtigkeit auf einen Urlaub verzichtet hätten, damit das Buch fertig wird.

Literatur

- *Alke,* M. (2008). Praxistransfer inklusive! managerSeminare Verlags GmbH: Bonn.
- *Baldwin,* T. T. & Ford, J. K. (1988). Transfer of training: A review and directions for future research. Personnel Psychology, Wiley Periodicals, Inc: New Jersey.
- *Beaulieu,* D. (2008). Impact-Techniken für die Psychotherapie. Carl-Auer: Heidelberg.
- *Besser,* R. (2004). Damit Seminare Früchte tragen: Strategien, Übungen und Methoden, die eine konkrete Umsetzung in die Praxis sichern. Beltz Verlag: Weinheim und Basel. Weitere Informationen stammen aus der persönlichen Korrespondenz mit dem Autor während des Jahres 2017.
- *Bloom,* B. S. (1976). Taxonomie von Lernzielen im kognitiven Bereich (5. Aufl.). Beltz: Weinheim.
- *Bowman,* S. (2009). Training from the BACK of the Room! John Wiley & Sons: San Francisco.
- *Cain,* J. (2009). Essential Staff Training Activities. Kendall/Hunt Publishing Company: Dubuque.
- *Heckmair,* B. (2000). Konstruktiv lernen. Beltz Verlag: Weinheim und Basel.
- *Heß,* H. (2015). Erzählbar: 111 Top-Geschichten für den professionellen Einsatz in Seminar und Coaching. managerSeminare Verlags GmbH: Bonn.
- *Heß,* H. (2017). Erzählbar II: 112 Top-Geschichten für den professionellen Einsatz in Seminar und Coaching. managerSeminare Verlags GmbH: Bonn.
- *Hodell,* C. (2011). ISD From the Ground Up. ASTD Press: Alexandria, Virginia.
- *Hütter,* F.; Lang S. (2017). Neurodidaktik für Trainer. managerSeminare Verlags GmbH: Bonn.
- *Ibeschitz,* M. (2016). Das neue Kirkpatrick Modell. Training aktuell, managerSeminare Verlags GmbH: Bonn.
- *Ischebeck,* K. (2014). Erfolgreiche Trainingskonzepte. Gabal Verlag GmbH: Offenbach.

- *Kauffeld,* S. (2010). Nachhaltige Weiterbildung. Springer-Verlag: Berlin Heidelberg.
- *Kirkpatrick,* J.; Kirkpatrick, W. (2016). Four Levels of Training Evaluation. atd press: Alexandria.
- *Lehner,* M., (2012). Didaktische Reduktion. Haupt Verlag: Bern.
- *Nitschke,* P. (2011). Trainings planen und gestalten. managerSeminare Verlags GmbH: Bonn.
- *Regnet,* E. (2016). Evaluierung und Controlling in Handbuch der Personalentwicklung. Schäffer-Poeschel Verlag: Stuttgart.
- *Tufte,* E. (2001). Visual Display of Quantitative Information.
- *Wallenwein,* G. (1995). Spiele: der Punkt auf dem i. Beltz Verlag: Weinheim und Basel.
- *Weinbauer-Heidel,* I. (2016). Was Trainings wirklich wirksam macht. Tredition GmbH: Hamburg.
- *Wüest,* Y. (2015). Reduziert gewinnt. hep Verlag ag: Bern.

Erweitertes Literaturverzeichnis

Es gibt viele empfehlenswerte Bücher, die im offiziellen Literaturverzeichnis nicht erwähnt sind und wunderbare Ideen für kreatives Training beinhalten. Beim Beschreiben der Toolbox-Ideen ist mir aufgefallen, dass ich manches tatsächlich selbst erfunden habe, manches habe ich „erfunden" und später in Büchern gefunden. Viele Ideen habe ich in Workshops und Trainings, auf Trainerkongressen und Messen mitgenommen und von tollen Kollegen gelernt!

- *Baer,* U. (1994). 666 Spiele: für jede Gruppe, für alle Situationen. Kallmeyer: Seelze.
- *Besser,* R. (2010). Interventionen, die etwas bewegen. Beltz Verlag: Weinheim und Basel.
- *Besser,* R. und andere (2013). Abenteuer aus der Trainerhölle: Strategien und Lösungen für 49 kritische Seminarsituationen. Beltz Verlag: Weinheim und Basel.
- *Groß,* H. (2010). Munterbrechungen - 22 aktivierende Auflockerungen für die Seminarpraxis. Gert Schilling Verlag: Berlin.
- *Groß,* H. (2006). Munterrichtsmethoden - 22 aktivierende Lehrmethoden für die Seminarpraxis. Gert Schilling Verlag: Berlin.
- *Groß,* H. (2014). Munterrichtsmethoden Band 2 - weitere 22 aktivierende Lehrmethoden für die Seminarpraxis. Gert Schilling Verlag: Berlin.
- *Heckmair,* B. (2008). 20 erlebnisorientierte Lernprojekte: Szenarien für Trainings, Seminare und Workshops. Beltz Verlag: Weinheim und Basel.

- *Illi,* B. (2018). Microtraining Sessions: Komprimierte Trainings in Kurzzeitformat. managerSeminare Verlags GmbH: Bonn.
- *Keller,* E. (2013). Nachhaltigkeit in Training und Beratung. managerSeminare Verlags GmbH: Bonn.
- *Messer,* B. (2016). Inhalte merk-würdig vermitteln: 56 Methoden, die den Merkfaktor erhöhen. Beltz Verlag: Weinheim und Basel.
- *Messer,* B. (2014). Ungewöhnliche Trainingspfade betreten. Vertiefende, interaktive, pure und nachhaltige Trainingsinterventionen jenseits der Norm. managerSeminare Verlags GmbH: Bonn.
- *Ritter-Mamczek,* B.; Lederer, A. (2015). Heiter weiter mit Transfermethoden. Gert Schilling Verlag: Berlin.
- *Rachow,* A.; Sauer, J. (2015). Der Flipchart-Coach. Profi-Tipps zum Visualisieren und Präsentieren am Flipchart. managerSeminare Verlags GmbH: Bonn.
- *Rachow,* A. (Hrsg.) (2009). Spielbar: 51 Trainer präsentieren 77 Top-Spiele aus ihrer Seminarpraxis. managerSeminare Verlags GmbH: Bonn.
- *Voss,* T. (2010). Die Metalog Methode: Hypnosystemisches Arbeiten mit Interaktionsaufgaben. Gert Schilling Verlag: Berlin.

Weiterführende Links

- atd – The Association for Talent development: *www.td.org/*
- Defelice, R. (2018). *www.td.org/insights/how-long-does-it-take-to-develop-one-hour-of-training-updated-for-2017*
- Inspiration Day: *www.neuland.at/iday/*
- Kirkpatrick 4-Ebenen-Modell zur Trainingsevaluierung- Zertifizierung Bronze Level: *www.mdi-training.com/de/offenes-training/kirkpatrick-trainingsevaluation/*
- Learning Experience Design: *www.lxcanvas.com/nielsfloor/*
- Metalog-Tools: universell einsetzbaren und gnadenlos flexibel: *www.metalog.de/*
- Planspielzentrum: *www.planspielzentrum.at/*
- Planspiele: *www.schirrmachergroup.de/*
- Reviewing, Roger Greenaway: *reviewing.co.uk/*
- Seminarschauspieler: *www.seminarschauspieler.de/*
- Trainer Kongress Berlin: *www.trainer-kongress-berlin.de/*
- Zaubermaterial von Gert Schilling, mit dem man sehr schöne Effekte unter anderem zum Thema Fokus erzeugen kann: *www.schilling-verlag.de/shop/*

Download-Ressourcen zu diesem Buch

- 40 Fragen
- Agenda Trainingsdesign
- Agenda Trainingsdesign mit Beispiel
- Agenda Trainingsdesign mit Checkliste
- Aussagenblatt
- Canvas Trainingsbedarfsanalyse-Basic
- Canvas Trainingsbedarfsanalyse-Advanced
- Checkliste Vorbereitung, Seminarende und Nachbereitung
- Feedback-Bogen am Ende des Seminars
- Geometrische Formen
- Raum- und Materialcheckliste
- Raum- und Materialcheckliste ausgefüllt
- Trainerhandbuch
- Trainerhandbuch mit Beispiel
- Trainingsdesign-Checkliste
- Transfer-Fragebogen

Dieses Icon macht Sie darauf aufmerksam, wenn Ihnen ein Dokument als Download-Ressource zum Buch zur Verfügung steht. Möchten Sie darauf zugreifen, dann geben Sie dazu den Link ein, der auf der inneren Umschlagklappe dieses Buches steht.

Stichwortverzeichnis

Symbole
3-3-3 ... 193
3-Z-Formel ... 69, 73, 75
40 Fragen ... 207

A
Abochneri ... 138
Adaptierungen ... 30
Advance Organiser ... 93
Agenda Trainingsdesign ... 82
Aktionsplan erstellen ... 190
Aktive Anna ... 209
Aktives Üben ... 253
Aktivitätslevel ... 84
Agenda ... 82, 83, 96, 330, 334
Ampelkarten ... 153
Anpassungen durchführen ... 299
Anti-Lösung ... 270
Anwendung demonstrieren ... 141, 145
Anwendungsfall ... 179
Anwendungsmöglichkeit ... 254
Apps ... 92, 261
Auf in die Galerie! ... 221
Auftraggeber ... 42, 79, 83
Auftragszwickmühlen ... 59
Ausbildungsstand der Trainer ... 34
Ausgangssituation ... 43, 52, 323
Aussagenblatt ... 133

B
Ballon ... 6
Bedarfsanalyse ... 39
Beenden des Trainings ... 118
Begleitendes Lernmaterial ... 280
Begleitung durch die Führungskraft ... 289
Bekanntes anknüpfen ... 26
Beschreiben der Übungen ... 173
Beschreibung des Problems ... 43
Besser, Ralf ... 27
Beziehungsaufbau ... 24
Bilder ... 91
Bilder zeigen ... 127
Bingo ... 137
Blended-Learning ... 54, 59
Blitzlicht ... 239
Brainwalking ... 159
Buchstabensalat ... 216

C
Canvas ... 42, 49
Change five Things ... 139
Chat ... 94
Checkliste für die Organisatoren ... 101
Checkliste Nachbereitung ... 103
Checkliste Seminarende ... 102
Checkliste Vorbereitung ... 102
Content Know-how ... 64
Criticality Matrix ... 69

D
Das innere Reduktionsteam ... 73, 76
Definition ... 9
Der Kunde ist König ... 317
Der Merksatz und das Wort ... 192
Design-Agenda ... 100
Designideen ... 61
Design-Ideenliste ... 61, 80, 81
Designprinzip ... 34, 61, 80
Designprozess ... 29, 35, 62, 81, 122
Designregel ... 30

Didaktische Reduktion ... 30, 69, 72
Die Kopf-Umfang-Messung ... 163
Die neun Knödel ... 228
Die Siebe der Reduktion ... 75
Download-Ressourcen ... 12, 347
Drittel-Regel ... 144

E
Eigenes Projekt ... 179
Einschätzung des Trainingsanteils an der Veränderung ... 313
Emotion Cards ... 211
Energiser ... 118, 223
Erarbeitung der Inhalte ... 30
Erfahrung ... 120, 169
Erwartungen ... 200, 237, 253
Evaluationsmodell ... 304
Evaluierende Beobachtung ... 314
Evaluierung ... 27, 31, 48, 56, 326
Evaluierung konzipieren ... 298
Evaluierungsdaten analysieren ... 299
Evaluierungsdaten sammeln ... 298
Evaluierungsprozess ... 29, 293
Expertenblick ... 78

F
Fachexperten ... 65, 67, 78, 82, 335
Fallbeispiel ... 322, 337
Fallstudie ... 178
Feedback-Bogen ... 310
Feedback-Bogen am Ende des Seminars ... 310
Fertige Trainingstools ... 185
Flammende Rede ... 240
Fokus ... 119, 124
Fokusgruppen ... 67
Follow-up-Session ... 279
Form follows function ... 34, 80
Forum ... 94
Fotoprotokoll ... 92
Fragen ... 149
Fragen stellen ... 188
Fünf Personen ... 269

G
Gemeinsamkeiten und Unterschiede ... 204
Geometrische Formen ... 161
Gesamtprozess ... 29
Gewünschtes Ergebnis ... 44, 53, 323
Graphic Organiser ... 73, 77, 93, 154
Grobplan erstellen ... 62, 68, 73, 327
Grundlandschaft mit Tiefenbohrung ... 73, 78
Grundprinzipien ... 15
Gruppen einteilen ... 174

H
Hallo Pablo ... 222
Hand ... 18
Have the end in mind ... 18, 33, 61, 81, 83, 84, 86
Herz ... 18
Hodell, Chuck ... 69

I
Ich packe meinen Koffer ... 194
Indiaca ... 227
Information ... 120, 141
Inhalte ... 30, 46, 54, 324
Inhalte erarbeiten ... 61, 327, 339
Inhalte präsentieren ... 141, 142
Inhalte zusammenstellen ... 62, 63, 327
Inhaltliches Wissen ... 63
Inhaltsreduktion ... 69
Inhaltsrelevanz ... 253
Interkulturelles Training ... 85, 303
Internationaler Rollout ... 41, 42, 51, 303
Internationale Trainings ... 91, 303
Interventionen nach dem Training ... 261
Interventionen vor dem Training ... 259
Intranet ... 92
Involvieren ... 27
Ist-Situation ... 52, 323

J
Jeder für jeden ... 241
Jogger, Wildschwein und Jäger ... 233

K
Kennen-Können-Wollen-Dürfen ... 271
Kirkpatrick, Donald ... 304, 309
Kirkpatrick-Modell ... 56, 310
Know-how-Aufbau ... 30, 65
Kollegen-Interview ... 266
Konzentration auf das Wesentliche ... 74
Kopf ... 18, 308
Kopf, Herz, Hand ... 73, 74, 99
Kurzanleitung ... 92

L
Laserpointer ... 152
Lehner, Martin ... 72, 74, 76
Lehr-Lernkontinuum ... 143
Lehrvortrag ... 148
Leporello ... 94, 292
Lerneinladung ... 86
Lernen mit Peers ... 281
Lernermöglicher ... 16, 33, 84, 144, 147
Lernfaktoren ... 24
Lernformen ... 55, 325
Lerninhalt-Container ... 86
Lernklima ... 24
Lernlandkarte ... 76, 156
Lernmaterial ... 280
Lernprojekt ... 261, 286, 315
Lerntagebuch ... 93
Lernumgebung ... 24
Lernwürdiges ... 72
Lernziel-Check ... 84
Lernziele ... 18, 19, 45, 54, 59, 72, 324
Lernzielkontrolle ... 27
Logistik ... 48, 98
Luftballonschlacht ... 234

M
Material ... 54, 325
Material für andere Stakeholder ... 87
Material für den Trainingsdesigner ... 100
Material für die Teilnehmenden ... 86, 89, 329
Material für die Trainer ... 87, 96, 330
Megamindmap ... 218
Memory ... 158
Metaphern ... 85
Methodenvielfalt ... 84
Module ausarbeiten ... 62, 72, 328
Murmelgruppe ... 151

N
Nach dem Training ... 277
Nasenkönig ... 232
Navigator ... 31, 116

O
Optionsvielfalt ... 82
Organisatorisches ... 57, 326

P
Performance Driver ... 307
Persönliche Transferkapazität ... 254
Pflichtseminare ... 30
Phasen des Transferprozesses ... 258
Pilot-Checkliste ... 101
Pilottraining ... 30, 330, 334, 339
Pilottraining durchführen ... 104, 107
Pilottraining evaluieren ... 108
Pilottraining planen ... 106
Planspiel ... 183
Plus/Delta ... 238
Pocket Guides ... 90
Projektmanagement ... 58, 327
Projektplan ... 60

Q
Qualität ... 57, 327
Qualität der Inhalte ... 336
Qualität der Trainerleistung ... 336
Qualitätsmanagement ... 336, 341
Quick reference guide ... 92
Quiz ... 73, 150, 219

R
Rahmen setzen ... 125
Raum ... 25, 171
Raum- und Materialliste ... 82, 83, 101, 330

Recap-Kategorien ... 215
Recaps ... 118, 213
Reduktion als Lernhandlung ... 73
Reduktion der Inhalte ... 69
Reduzierte Wiedergabe ... 283
Regeln ... 171
Resultate ... 306
Return on Expectation ... 306
ROE ... 306
Rollen im Transfer ... 255
Rollenspiel ... 180
Roter Faden ... 18, 33, 83, 84, 121

S
Schätzfragen ... 132
Schwierigkeitsgrade der Übung ... 172
Seil skalieren ... 203
Selbsteinschätzung ... 86
Selbstwirksamkeit ... 252
Seminareinladung ... 265
Seminarschauspieler ... 182
Siebe der Reduktion ... 73
Simulation ... 184
Sinn aufbauen ... 125
Sinnstiftung ... 26
Site Visit mit Aufgaben ... 167
Skriptum ... 90
SMARTe Ziele ... 273
Sozialform ... 98
Spickzettel schreiben ... 196
Sprüche ... 129
Stäbchenlauf ... 230
Storytelling ... 135
Strategische Anbindung ... 52, 323
Stühle kippeln ... 165

T
Tag beenden ... 118, 235
Tag beginnen ... 118, 201
Tag und Training beenden ... 235
Taschenleitfaden ... 90
Teach back ... 164
Teilnehmermaterial ... 83
Teilnehmerunterlagen ... 82
Test ... 277
Themenpatenschaften ... 212
Toolbox Energiser mit Themenbezug ... 225
Toolbox Energiser ohne Themenbezug ... 232
Toolbox Erfahrung ... 178
Toolbox Evaluierung ... 310
Toolbox Feedback ... 237
Toolbox Fokus ... 126
Toolbox Lehrvortrag mit Interaktion ... 147
Toolbox Recaps ... 216
Toolbox Training und Tag beginnen ... 202
Toolbox Transfer ... 264
Toolbox Transfer zum Modulende ... 188
Toolbox Übungen zum Inhalte erarbeiten ... 164
Toolbox Übungen, welche zum Thema hinführen ... 155
Trainer ... 34, 57
Trainererfahrung ... 172, 201
Trainerhandbuch ... 25, 34, 82, 83, 97, 145, 330, 334
Trainerkompetenz ... 84, 145, 334
Training ... 9
Training beenden ... 118, 236
Training beginnen ... 198
Training from the back of the room ... 15, 84, 144
Trainingsbedarfsanalyse ... 29, 39, 333, 338
Trainingsbedarfsanalyse-Advanced ... 51, 322
Trainingsbedarfsanalyse-Basic ... 42
Trainings beginnen ... 117
Trainingsdesign ... 9, 28
Trainingsdesign Advanced ... 337
Trainingsdesign-Checkliste ... 83, 100
Trainingsdesigner ... 33, 34, 67, 73, 100, 145, 255
Trainingsdesign-Liste ... 100
Trainingsdesignprozess Advanced ... 332
Trainingserfahrung ... 34, 145, 326
Trainingshandbuch ... 173
Trainingsinhalte ... 46, 54, 324
Trainingsmaterial ... 82, 329

Trainingsmaterialien entwickeln ... 86
Trainingsprozess ... 29, 31, 111
Trainingstransfer ... 248
Training und Tag beginnen ... 197
Train-the-Trainer ... 340
Train-the-Trainer-Seminar ... 335
Transfer ... 47, 55, 85, 120, 186, 247, 325
Transferangebote ... 286
Transferbegleitende Maßnahmen ... 261
Transfererfolg ... 27
Transfererwartung ... 254
Transfer-Fragebogen ... 312
Transfer-Gegenstände ... 94
Transfer hier und jetzt ... 186, 187
Transferkarten ... 94
Transfer-Leporello ... 292
Transfermotivation ... 252
Transferplanung ... 253
Transferprozess ... 29, 31
Transfertagebuch ... 275
Transfer-Tandem ... 284
Transfertools ... 260
Transferunterstützung ... 47, 254, 259
Transfervolition ... 252
Transferziel ... 247
Transfer Zukunft ... 186, 187
Twitter ... 73, 220

U

Übung durchführen ... 169, 170
Übung reflektieren ... 169, 176
Übungsanleitung ... 84, 173
Übungsauswahl ... 170
Umsetzungsunterstützung ... 55, 325
Und was machst du jetzt damit ... 267
Unterlagen und Dokumentation ... 326
Unternehmensinterne Unterlagen ... 65
Unternehmenskritisches Training ... 29, 309
Unternehmenswiki ... 92

V

Verändere fünf Dinge ... 139
Veränderungsbeobachter ... 316
Verhaltensänderung ... 307
Videos ... 91, 131, 191
Videos drehen lassen ... 191
Virtuelle Lerngruppe ... 287
Vision des Trainingsdesigns ... 28
Von der Herzerl-Liste zum Commitment ... 272
Vor dem Training ... 264
Vortrag ... 147

W

Weinbauer-Heidel, Ina ... 7, 251
Weiterführende Literatur ... 84
What ... So what ... What now ... 195
Wie am Arbeitsplatz ... 85
Workbook ... 87, 90

Y

YouTube-Videos ... 131

Z

Zeichenkunst ... 205
Zeit ... 67, 72, 79
„Zeit“ versus „gewünschte Inhalte“ ... 59
Ziele und Schritte ... 297
Zielgruppe ... 44, 53, 107, 323
Zwölf Stellhebel der Tranferwirksamkeit ... 251